Energie

Eduard Heindl

Energie

Wissenschaft statt Wunschdenken: Plädoyer für eine technologieoffene Zukunft

Springer

Eduard Heindl
Fakultät 1
Hochschule Furtwangen
Furtwangen im Schwarzwald, Deutschland

ISBN 978-3-658-50485-4 ISBN 978-3-658-50486-1 (eBook)
https://doi.org/10.1007/978-3-658-50486-1

Die Deutsche Nationalbibliothek verzeichnet diese Publikation in der Deutschen Nationalbibliografie; detaillierte bibliografische Daten sind im Internet über https://portal.dnb.de abrufbar.

Einbandabbildung: https://stock.adobe.com/de/images/futuristic-power-grid-with-high-voltage-tower-and-digital-network-connections/1006478708

Springer ist ein Imprint der eingetragenen Gesellschaft Springer Fachmedien Wiesbaden GmbH und ist ein Teil von Springer Nature.
Die Anschrift der Gesellschaft ist: Abraham-Lincoln-Str. 46, 65189 Wiesbaden, Germany

Wenn Sie dieses Produkt entsorgen, geben Sie das Papier bitte zum Recycling.

Geleitwort

Professor Eduard Heindl ist nicht nur Hochschullehrer und Erfinder. Seit zwei Jahren ist er Energieaufklärer. Auf seinem YouTube-Kanal „Energiegespräche“ lädt er regelmäßig Gesprächspartner zu Dialogen über Energie und Klima ein. Mit über 35.000 Abonnenten und mehr als 100 Gesprächen erreichen seine Beiträge einen breiten Zuschauerkreis – gebührenfrei und in einer Vielfalt, von der die öffentlich-rechtlichen Sendeanstalten Lichtjahre entfernt sind! Bemerkenswert ist, dass Kollege Heindl Wissenschaftler und Unternehmer mit unterschiedlichsten Positionen einlädt – Befürworter und Kritiker der deutschen Energie- und Klimapolitik, Kernenergie-Enthusiasten und Elektroautofans. Als neugieriger, kompetenter und sympathischer Gesprächspartner lässt er seine Gäste ausreden, lässt Freiraum für Kontroversen, belehrt niemanden.

Nun meldet sich Professor Heindl mit einem Energiebuch zu Wort. Was erwartet uns? Die zweiundvierzigste Idee zur Rettung der deutschen Energiewende? Neue Erkenntnisse zum Klimawandel? Werbung für Windkraftanlagen oder Kernkraftwerke? Nichts davon. Der Autor legt mit diesem Buch eine vielfältige Sammlung an Fakten zu Energie und Klima vor, gefolgt von einem Blick in die Energieversorgung der Zukunft. Was ist daran besonders?

Was mich besonders beeindruckt, ist die Art und Weise, wie Professor Heindl komplexe Zusammenhänge verständlich und zugänglich macht.

Er vermittelt Wissen nicht nur sachlich, sondern auch mit einer erfrischenden Leichtigkeit, die das Interesse der Zuschauer und Leser weckt. Seine Fähigkeit, verschiedene Sichtweisen zu integrieren und Raum für unterschiedliche Meinungen zu lassen, macht seine Formate so wertvoll – auch für kontroverse Debatten rund um Energie und Klima.

Zunächst die Vielfalt der Zahlen und Fakten zu Energiequellen, Ressourcen und Energienutzung. Wer weiß schon, dass das Daddeln am Computer und die IT-Anwendungen den größten Einzelblock unseres häuslichen Energieverbrauchs darstellen? In den weiteren Kapiteln finden sich interessante interdisziplinäre Informationen über Technik, Ökonomie und Ökologie der Energieerzeugung. Die Fakten werden vielfältig, sachlich und mit einer guten Prise Humor präsentiert. Man fühlt sich nicht missioniert und nicht belehrt, sondern informiert und unterhalten.

Mir gefällt am besten das Kap. 15. Ohne Weltuntergangsstimmung, ohne politische Kampfbegriffe, stattdessen mit viel Hoffnung auf Forschung und Entwicklung präsentiert Heindl einen optimistischen Blick in die Zukunft. Professor Heindl sieht ein großes Potenzial der Solarenergie – allerdings nicht als universelles Weltrettungsinstrument, sondern ganz pragmatisch als „Fuel-Saver". Bemerkenswert ist auch der Mut des Autors, in seinem Zukunftsbild vom allgegenwärtigen, jedoch unrealistischen „Net Zero" abzuweichen.

Kurzum: Für mich war die Lektüre dieses Buches interessant, unterhaltsam und gewinnbringend. Ich wünsche Ihnen, liebe Leserinnen und Leser, das Gleiche.

André D. Thess ist Professor für Energiespeicherung an der Universität Stuttgart und Direktor des Instituts für Technische Thermodynamik des Deutschen Zentrums für Luft- und Raumfahrt.

André D. Thess

Vorwort

Ein ganz normaler Tagesbeginn: Eben den Orangensaft aus dem Kühlschrank geholt, den Rechner angemacht, die Heizung etwas weiter aufgedreht und das Licht eingeschaltet. Dann folgt ein Telefonat, um die Fahrt zu meiner Mutter zu bestätigen. Das Interessante an dieser durchaus beliebigen Beschreibung ist Ihnen vielleicht gar nicht aufgefallen: Praktisch jedes Wort in diesen Sätzen hat mit Energieverbrauch zu tun. Wir leben in einer Energiewelt, die uns dank ihrer Selbstverständlichkeit kaum bewusst ist. Wir verdanken ihr jedoch fast alles, was unser tägliches Leben ausmacht. Die Basis dieses Wohlstands ist allerdings wackelig, ein längerer und flächendeckender Stromausfall könnte uns fast ins Mittelalter zurückwerfen.

Doch soll es in diesem Buch nicht um Katastrophenszenarien gehen. Stattdessen will ich einen umfassenden Überblick über unsere Abhängigkeit von der Energie geben. Viele ihrer Quellen sprudeln zwar mehr als je zuvor, dennoch sind wir längst an einem kritischen Punkt angelangt. Die Erzeugung von Milliarden von Kilowattstunden Strom kann nicht folgenlos bleiben, vom Heizen und dem Transport ganz abgesehen. Wir spüren am eigenen Leibe, dass die Umwandlung von Kohle, Öl und Gas in Energie erhebliche Nebenwirkungen nach sich zieht. Klimawandel und Umweltverschmutzung kann sich keiner von uns entziehen. Dabei leben wir noch privilegiert, in vielen ärmeren Ländern leiden die Menschen deutlich stärker als hier.

Deshalb benötigen wir Alternativen und ein Blick in die Welt zeigt zum Glück, dass wir als Menschheit daran arbeiten. Zum Beispiel reduzieren viele Staaten bereits ihre CO_2-Emissionen pro erzeugter Energieeinheit und Forscher aus aller Welt arbeiten an praktikablen Lösungen. Auch Deutschland verfolgt mit der Energiewende ambitionierte Ziele. Der Weg dorthin erinnert allerdings an den eines Einzelgängers, fast alle anderen Länder bewegen sich in eine ganz andere Richtung. So viel möchte ich schon verraten: Ihre Erfolge sind nachweislich deutlich besser, auch wenn das hierzulande oft ganz anders klingt. Denn weltweit betrachtet findet ein beachtlicher Wandel statt; und wo Gefahr droht, wächst das Rettende – wie ich es in Anlehnung an den Dichter Friedrich Hölderlin aus meiner Studentenstadt Tübingen formulieren möchte. Die Wege hinaus aus unserem Energiedilemma spielen eine zentrale Rolle in diesem Buch, es soll die wissenschaftlich plausiblen Ansätze und Lösungen analysieren. Dabei betrachte ich das Thema nicht nur aus physikalischer und technischer Sicht, sondern auch der ökonomische Hintergrund kommt zur Sprache.

Die Energie liegt mir als Physiker natürlich nahe und ich beschäftige mich seit Jahrzehnten wissenschaftlich und praktisch damit. Zudem habe ich mich hinausbegeben in die Welt und über hundert Wissenschaftler und auch einige Politiker und Unternehmer gefragt, wie es weitergehen soll. Alle Gespräche finden Sie online.[1] Die Antworten meiner Gäste gleichen sich in manchen Bereichen ganz erstaunlich, in vielen Details zeigen sich jedoch auch erhebliche Widersprüche. Ich sehe hauptsächlich zwei Gründe für diese Diskrepanzen: Zum einen verändert sich unsere Welt extrem schnell und die Wissenschaft ist ebenfalls in Bewegung. Endgültige Wahrheiten, wie in vielen Religionen, gibt es nicht. Zum anderen resultiert die Uneinigkeit vieler Experten auch aus der Manie unseres Landes, Probleme immer perfekt, moralisch einwandfrei und vorbildlich lösen zu wollen. Durch die Aufzeichnungen der Gespräche kann ich hoffentlich dazu beitragen, diese Gefahr der Spaltung einzudämmen.

[1] Meinen YouTube-Kanal „Energiegespräche“ finden Sie unter https://www.youtube.com/@EduardHeindl.

Ich selbst habe bereits im Jahr 1997 mit der Website „Solarserver"[2] das erste und lange Zeit größte Portal zu den erneuerbaren Energien im deutschsprachigen Internet aufgebaut. Dadurch kenne ich viele Akteure der Energiewende persönlich und weiß zum Beispiel schon sehr lange, dass die Solarenergie riesige Chancen bietet. Allerdings musste ich gleichzeitig lernen, dass die erforderlichen Speicher und eine vollständige Umstellung auf diese Technologie außerordentlich teuer werden. Daraufhin habe ich mein physikalisches und Ingenieurwissen genutzt, um 2010 mit dem Lageenergiespeicher einen neuartigen Großspeicher zu entwickeln und zu patentieren. Diese Technologie konnte sich leider bisher nicht durchsetzen, offensichtlich war sie zu groß oder zu teuer.

Was ich erlebt habe, zeigt sich auch im viel größeren Maßstab: Unsere Energiestruktur lässt sich gar nicht so leicht verändern – Komplexität und Kosten machen vielen Ideen einen Strich durch die Rechnung. Deshalb möchte ich mit diesem Buch die Hintergründe des Themas Energie aufbereiten. Ich möchte allen Menschen ein Verständnis dafür vermitteln, warum wir Energie benötigen und in welchen Größenordnungen Industriegesellschaften wie unsere denken müssen. Selbst dieser Maßstab ist bei manchen Fragen zu klein. Denn die mit der Energie verbundenen Probleme wie Klimawandel und Rohstoffverbrauch sind global. Wir können sie nur lösen, wenn wir ebenso global denken und handeln. Vor diesem Hintergrund möchte ich Ihnen auch die Nebenwirkungen unserer derzeitigen Energiewirtschaft näherbringen und Ihnen damit auch die erforderliche Urteilsfähigkeit für praktikable Wege in eine (energie-)sichere Zukunft vermitteln.

Furtwangen im Schwarzwald, Deutschland Eduard Heindl

[2] Die Webseite https://www.solarserver.de/ wird noch immer erfolgreich von meinen Nachfolgern betrieben.

Danksagung

Ein herzliches Dankeschön gilt den zahlreichen Expertinnen und Experten, die mich in über 100 Gesprächen für meinen YouTube-Kanal mit ihrem Wissen und ihren Perspektiven bereichert haben. Jeder Austausch war eine Quelle der Inspiration und hat dieses Buch maßgeblich geprägt. Besonders hervorheben möchte ich einige Gesprächspartner: Mit Professor Hans-Werner Sinn durfte ich zweimal über ökonomische Steuerung diskutieren, mit Professor Heinz-Otto Peitgen über Chaos und Rohstoffe, mit Frank Sieren über die Entwicklungen in China, mit Professor Christian Rieck über Spieltheorie, mit Professor Gerd Ganteför mehrfach über Klima und Wissenschaft, mit Franz Alt über die Kraft der Sonne, mit Prof. Dr. Maximilian Fichtner über Batterien, mit Prof. Dr. Friedrich Wagner über Kernfusion, mit Professor Timo Leukefeld über Heizungen und mit Professor André Thess über die Carnot-Batterie und Subventionen. Die Liste[1] ist lang, und leider kann ich hier nicht alle

[1] Sie finden alle Gespräche auf der Website: https://energiespeicher.blogspot.com/p/energiegesprache-mit-eduard-heindl.html.

Personen nennen – doch jede Begegnung hat mich tief beeindruckt und dieses Werk bereichert. Ohne Ihre Offenheit, Ihr Wissen und Ihre Leidenschaft wäre dieses Buch nicht möglich gewesen. Vielen Dank!

Interessenskonflikt Der/die Autor*in hat keine relevanten Interessenskonflikte im Zusammenhang mit dieser Publikation.

Inhaltsverzeichnis

Abkürzungen

BIP	Bruttoinlandprodukt
BTU	British Thermal Unit
CAPEX	Capital Expenditure
CCS	Carbon Capture and Storage (Kohlenstoffabscheidung)
CO_2	Kohlendioxyd
COP	Coefficient of Performance (Leistungszahl)
EEG	Erneuerbare Energien Gesetz
EEX	European Energy eXchange (Europäische Strombörse in Leipzig)
ESG	Environmental, Social, Governance (Grundsätze zur Nachhaltigkeit)
fEE	fluktuierende Erneuerbare Energien
GuD	Gas- und Dampf-Kombikraftwerk
HGÜ	Hochspannungsgleichstromübertragung
IAEA	International Atomic Energy Agency
ICE	Intercity Express (Andernorts: Internal Combustion Engine)
IEA	International Energy Agency
ICCT	International Council on Clean Transportation
IPCC	International Panel of Climate Change
KI	Künstliche Intelligenz
LCOE	Levelized Cost of Energy
LED	Light Emitting Diod
LCOLD	Levelized Cost of Load Demand
LNG	Liquified Natural Gas
OECD	Organisation for Economic Co-operation and Development

OPEX	Operational Expenditure
Pkm	Personenkilometer
Ppm	parts per million
SDGs	Sustainable Development Goals
SKE	Steinkohleeinheit
SMR	Small Modular Reactor
tkm	Tonnenkilometer
UBA	Umweltbundesamt
VLh	Volllast Stunden
WHO	World Health Organisation (Weltgesundheitsorganisation)
WLAN	Wireless Local Area Network

Abbildungsverzeichnis

Tabellenverzeichnis

1

Einleitung

Bereits die nackte Zahl wirkt ernüchternd: 80 % der globalen Energieversorgung beruhen nach wie vor auf der Verbrennung fossiler Träger wie Kohle, Gas und Öl. Lediglich 10 % stammen aus erneuerbaren Energien wie Wasser, Sonne und Wind. Der Rest entfällt auf Kernkraft und Biomasse. Bei einem genaueren Blick auf die einschlägigen Prognosen gewinnen die genannten 80 % noch weiter an Dramatik. Demnach wird der globale Energieverbrauch bis zum Jahr 2040 um mindestens 30 % steigen, und wenn es beim Anteil der Fossilen bleibt, nehmen auch alle damit zusammenhängenden Probleme zu. Der prognostizierte Anstieg des Energieverbrauchs lässt sich zum einen durch den Nachholbedarf vieler Länder Afrikas, Asiens und Südamerikas zurückführen. Viele Menschen dort leben noch in ärmlichen Verhältnissen und unsere selbstverständlichen Standards müssen dort erst noch geschaffen werden. Denken Sie an eine zuverlässige Gesundheitsversorgung oder ein sicheres Dach über dem Kopf. Dieser Blick rund um den Globus zeigt sehr deutlich, dass die Herausforderungen weit über das Klima hinausgehen. Damit nicht genug, gleichzeitig nimmt die Weltbevölkerung weiter zu. Voraussichtlich erreichen wir die Marke von 10 Mrd. im Jahr 2050 und damit zwei Milliarden Menschen mehr als heute. Beide Entwicklungen werden

E. Heindl, *Energie*, https://doi.org/10.1007/978-3-658-50486-1_1

den Energieverbrauch deutlich erhöhen und damit vermutlich eine Zunahme der CO_2-Emissionen nach sich ziehen. Denn gerade in armen Ländern fehlt den Menschen schlicht das Geld, um beispielsweise auf Solarzellen und einen Speicher umzusteigen. Ohne Hilfe von außen bleibt ihnen gar nichts anderes übrig, als weiterhin die (vergleichsweise günstigen) fossilen Brennstoffe zu nutzen. Für die reichen Industrieländer erwarten wir ebenfalls einen steigenden Strombedarf – denken Sie etwa an das Wachstum von Technologien wie der Künstlichen Intelligenz (KI), aber auch an die zunehmende Mobilität, den Zubau von Klimaanlagen und die Rohstoffgewinnung. Wir stehen also vor der großen Herausforderung, Lösungen zu entwickeln, die den sehr unterschiedlichen Voraussetzungen und Bedürfnissen weltweit gerecht werden.

Diese Lösungen braucht es vor allem aufgrund der Endlichkeit von Öl und Gas sowie der Probleme, die durch den Klimawandel entstehen können. Schließlich wissen wir, dass die herkömmlichen Arten der Energieerzeugung mit fossilen Brennstoffen Treibhausgase emittieren und dass sich dadurch unsere Atmosphäre verändert. Vergegenwärtigen wir uns zudem die bereits erwähnten Prognosen in Bezug auf Weltbevölkerung, Verbesserung der Lebensverhältnisse und KI, sollte jedem klar sein, dass es sich um ein globales Phänomen handelt und alle Menschen sowie Länder im gleichen Boot sitzen. Verbesserungen lassen sich nur dann erzielen, wenn zumindest die Mehrzahl der Menschen und Staaten mitmacht. Das werden sie erfahrungsgemäß nur dann, wenn sie in irgendeiner Weise davon profitieren. Deshalb sollten wir uns darum kümmern, die effektivsten Maßnahmen gegen den Klimawandel zu priorisieren und gleichzeitig die Bedürfnisse der Menschen weltweit im Auge zu behalten. Deshalb halte ich es für unerlässlich, die Motivation der anderen und zu einem Großteil weniger entwickelten Staaten zu verstehen und ihnen bestmöglich zu helfen. Diese Hilfe ist durchaus erwünscht, schließlich sehen sich vor allem die Entwicklungsländer überproportional von den Folgen des Klimawandels und von den mit der Energieerzeugung verbundenen Umweltschäden bedroht. So verwundert es nicht, dass die meisten Länder bereits an möglichst ökonomischen Wegen zur CO_2-armen Energieerzeugung arbeiten. Speziell hier in Deutschland sollten wir unsere Strategie des vor allem lokal verstandenen Kampfs gegen den Klimawandel hinterfragen und uns auf den Kern der Sache fokussieren:

Wie klimaschädlich oder -nützlich sind ein Produkt oder Verhalten tatsächlich und auf globaler Ebene?[1] Dazu kommt, dass die Bewertung von Produkten oder Verhaltensweisen einen komplexen Prozess darstellt. Meiner Erfahrung nach dreht sich die Diskussion viel zu oft nur um einzelne Aspekte, das Gesamtbild spielt kaum eine Rolle bei der Suche nach Lösungen. Ich möchte mit diesem Buch versuchen, alle relevanten Aspekte der Energiediskussion zu beleuchten und sie in Beziehung setzen zu der genannten Kernfrage.

Das Thema Energie beruht zu einem großen Teil auf Physik. Egal ob es um Photovoltaikmodule, Windstrom oder den Dieselmotor geht: Diese Systeme funktionieren stets nach eindeutigen, physikalischen Regeln. Mitunter spielen auch Chemie oder Mathematik eine Rolle, doch ohne Kenntnisse dieser naturwissenschaftlichen Basis lässt sich keine sinnvolle Energieinfrastruktur aufbauen und betreiben. Leider fehlen diese Grundlagen jedoch in vielen Diskussionen und auch manche energiepolitische Entscheidung ignoriert diese Prinzipien. Dieses Buch soll die wichtigsten Lücken schließen und Ihnen das Thema Energie näherbringen. Dieses Verständnis verschafft Ihnen ganz praktische Vorteile. Sie können zum Beispiel Ihre Mobilität, Ihre elektrischen Geräte oder Ihre Heizung besser beurteilen und nutzen. Zudem stärkt es Ihre Urteilsfähigkeit in Bezug auf die Energiepolitik. Fragen etwa nach der Ausgestaltung der Energiewende oder dem Für und Wider der Kernenergie lassen sich mithilfe des entsprechenden Wissens leichter beantworten. Zudem möchte ich das Bewusstsein dafür schärfen, dass sich viele Entwicklungen kaum voraussehen lassen und wir stets nur auf der Grundlage unseres aktuellen Wissens handeln können. Zwar verfügen wir über Erfahrungswerte und erkennen Trends, doch meist schreiben wir diese nur linear fort und unterschätzen die Potenziale. In der Realität erfolgt ein Wandel dagegen häufig exponentiell. Diese Feststellung gilt sowohl im Hinblick auf die jeweilige technologische Entwicklung, als auch bezogen auf unser Wissen. Deshalb halte ich eine detaillierte Planung der Energiewende, die 20 Jahre in die Zukunft reicht, für wenig zielführend. Wir müssen erst einmal eine ernsthafte und umfassende Diskussion über

[1] Radermacher, Franz Josef (2024): All in!: Energy and Prosperity for a Growing World, Murmann Verlag.

die unterschiedlichen Optionen und deren tatsächliche Folgen beginnen – ohne das Ergebnis schon vorher zu kennen. Deshalb dürfen wir meines Erachtens nach keine Option wie Kernenergie oder Fracking von vornherein ausschließen oder an anderen krampfhaft festhalten. Denn eines wissen wir aus der Geschichte sehr gut: Vielversprechende Technologien erweisen sich 5 oder 10 Jahre später oftmals als unsinnig, sie produzieren lediglich hohe Kosten. Andere wiederum werden hauptsächlich aus sachfremden Erwägungen abgelehnt. Viel wichtiger sind sinnvolle Ziele wie die CO_2-Reduktion und ein schrittweises Vorgehen, das die jeweils verfügbaren, optimalen Technologien nutzt.

Eine solche Offenheit fällt oft schwer, denn neue oder unbekannte Technologien stoßen immer wieder auf Skepsis und Unverständnis. Verstärkt werden derartige Antipathien durch die typischen, praktischen Probleme bei der anfänglichen Umsetzung. Zudem verursachen neue Technologien in der Regel hohe Kosten, ihr flächendeckender Einsatz erscheint daher zuerst gänzlich abwegig. So war es bereits bei der Eisenbahn, dem Automobil, der Solarzelle oder dem Internet. Heute befinden wir uns in einer ähnlichen Situation, wenn es zum Beispiel um die Elektromobilität und autonomes Fahren, um den Einsatz 100 % erneuerbarer Energien oder um die Künstliche Intelligenz geht. Falls Sie an den Potenzialen dieser Entwicklungen zweifeln, denken Sie etwa an die jüngsten Entwicklungen bei der Fertigungskapazität von Batteriezellen oder der Größe von Computerfestplatten. In beiden Fällen wurden wir Zeugen eines enormen Fortschritts in extrem kurzer Zeit. Technologien wie diese werden stetig günstiger und besser nutzbar, gleichzeitig entdecken immer mehr Menschen ihre Vorteile. Im Laufe dieses Prozesses greifen dann später die Skaleneffekte der Massenproduktion und neue Technologien verdrängen zu einem bestimmten Zeitpunkt das Alte. Pferdekutschen, mehrbändige Lexika oder Versandhauskataloge gibt es bis auf Nischenanwendungen nicht mehr. Fast alle bisherigen Skeptiker machen nach einiger Zeit mit, weil es eben einfacher, günstiger, schneller oder schöner geht. Derartige Umwälzungen werden auch im Energiesystem auftreten – wenn man sie lässt. Das Stichwort hier heißt Technologieoffenheit. Bisher hat unser Erfinder- und Entdeckergeist stets die erforderlichen Innovationen hervorgebracht. Denn die Geschichte zeigt zwei Dinge ganz deutlich: Erstens ergreift die Menschheit die sich bietenden Chancen und setzt sie um. Zweitens nutzen wir als Individuen dieses Neue ohne zu zögern, wenn es besser ist als das Alte. In unserer vernetzten Welt gelten diese Regeln global.

Um Sinn vom Unsinn bestimmter Entwicklungen unterscheiden zu können, benötigen wir daher ein breites Wissen und einen Blick über den Tellerrand hinaus. Denn viele zunächst plausibel erscheinende Entscheidungen erweisen sich bei Berücksichtigung des Gesamtzusammenhangs als kontraproduktiv. Man muss Zusammenhänge herstellen können, in diesem Buch möchte ich dazu beitragen. Es beginnt mit der auf den ersten Blick banal klingenden Frage nach unseren Wünschen und Ansprüchen an Energie: Was wollen wir überhaupt? Anschließend möchte ich verdeutlichen, um welche Größenordnungen es überhaupt geht und wofür wir die gewonnene Energie benötigen. Die physikalischen Grundlagen – Stichwort Energieumwandlung – kann und möchte ich Ihnen nicht ganz ersparen. Denn als Physiker weiß ich, dass wir uns darüber nicht hinwegsetzen können. Darauf aufbauend geht es um Antworten auf die Frage, wie wir diese Energie erzeugen. Die diesbezüglichen Stichworte heißen fossil versus erneuerbar. Natürlich dürfen dabei die Ressourcen und auch die möglichen Risiken nicht fehlen. Im Anschluss folgen die Hintergründe zu Themen wie CO_2 und Klima. Eine wichtige Rolle auf den globalen Energiemärkten und auch hier im Buch spielen zudem die Fragen nach möglichen Speicherlösungen und den unterschiedlichen Preismechanismen. Danach komme ich dann auf unseren zentralen Energieträger der Zukunft zu sprechen: den Strom. In diesem Zusammenhang gehört auch ein Blick auf die deutsche Energiewende, denn wir Menschen beurteilen die Welt doch gerne anhand unserer persönlichen Perspektive. Zum Abschluss schlage ich dann noch den Bogen zu meinem Zukunftsszenario. Doch zunächst einmal möchte ich dafür sorgen, dass all diese Aspekte nicht komplett in der Luft hängen. Das Buch beginnt daher mit den Rahmenbedingungen für die Energie und setzt diese in Beziehung zu den Wünschen sowie Ansprüchen von Mensch und Umwelt. Beginnen wir also mit einer ganz einfach klingenden Frage:

2 Was will die Gesellschaft?

In vielen Diskussionen zum Thema Energie fehlt die zentrale Frage: Was erwarten wir eigentlich von der Energie? Schließlich haben alle Beteiligten in den modernen Gesellschaften eigene Anforderungen und mitunter fällt es schwer, diese auf einen gemeinsamen Nenner zu bringen. Oft genug handelt es sich um gegensätzliche Wünsche und wir verfahren menschlich nach dem Motto: Wasch mich, aber mach mich nicht nass. Wie lassen sich zum Beispiel niedrige Preise und hohe Umweltstandards vereinbaren? Wie ist die Bereitschaft bestimmte Einschränkungen in Kauf zu nehmen? Ist die CO_2-Einsparung vorrangiges Ziel und ziehen wir dazu an den richtigen Hebeln? Welche Prioritäten sind sinnvoll? Der Aufbau einer optimalen Energieversorgung im Sinne von Mensch und Umwelt erfordert valide Antworten auf derartige Fragen. Diese Entscheidungsfindung fällt sicher nicht leicht und sie erfordert Offenheit sowie die Bereitschaft, Denkweisen zu hinterfragen. Immerhin zeigt sich beim Blick auf die Geschichte, dass es folgende Schwerpunkte zu berücksichtigen gilt:

E. Heindl, *Energie*, https://doi.org/10.1007/978-3-658-50486-1_2

- Energie muss umweltverträglich sein.
  Durch die Verbrennung von fossilen Brennstoffen entsteht CO_2, diese Emissionen sind so gut wie möglich einzuschränken. Minimieren sollten wir auch die Belastungen durch weitere Schadstoffe oder Eingriffe in die Natur.
- Energie muss nachhaltig sein.
  Eine tausendjährige Perspektive ist aus technischer Sicht nicht sinnvoll, doch eine stabile Energieinfrastruktur sollte über Generationen Bestand haben. Damit heißt Nachhaltigkeit auch, die Weiterentwicklung von Technik und Gesellschaft mitzudenken.
- Energie muss zuverlässig sein.
  Zuverlässigkeit bedeutet, immer verfügbar zu sein. Blackouts oder vorübergehende, sogenannte Brownouts, sind für ein Industrieland wie Deutschland kaum vorstellbar. Sie würden schwere wirtschaftliche und gesellschaftliche Schäden anrichten.
- Energie muss sicher sein.
  Diese Forderung gilt hauptsächlich in Richtung Gesundheit. Todesfälle oder Erkrankungen aufgrund einer Energiequelle sollten wir vermeiden.
- Energie sollte preiswert sein.
  Ist sie das nicht, kann sich kaum jemand Energie leisten und Wirtschaft sowie Gesellschaft leiden. Die soziale Dimension und der Erhalt der Wettbewerbsfähigkeit spielen daher eine wichtige Rolle bei der Gestaltung der Energieinfrastruktur.
- Energie muss Platz sparen.
  Energiequellen dürfen nicht zu viel unserer kostbaren Landschaft einnehmen, sonst verlieren wir Erholungsräume und der Landschaftsschutz leidet.

Die Gewichtung dieser Punkte hat zwar viel mit Physik und Technik zu tun, aber auch mit Gesundheit und Ästhetik. Letztlich muss ein Großteil davon politisch und gesellschaftlich verhandelt werden. Nimmt man ein Windrad in Kauf, obwohl es den Landschaftsschutz beeinträchtigt? Akzeptiert man Stromtrassen in der eigenen Umgebung? Die Antworten auf solche Fragen benötigen eine solide Wissensbasis und die Bereitschaft des Einzelnen, eine solche Abwägung auch tatsächlich durchzuführen. Jeder sollte sich klar machen, was die eine Alternative wirklich bedeutet. Im Zweifelsfall heißt Energiewende zum Beispiel, dass mangels grüner Stromquellen mehr Gas verfeuert werden muss – was aufgrund der damit verbundenen CO_2-Emissionen die Atmosphäre verändert. Viele Widersprüche bleiben daher auch auf den zweiten Blick bestehen und wir sind als Gesellschaft dazu aufgerufen, sie einvernehmlich zu lösen. Das gilt umso mehr, weil Energie einen Grundpfeiler des Gemeinwesens bildet. Fehlt sie, sieht unsere Existenz ganz anders aus. Schließlich lässt sich nur mit Ihrer Hilfe ein gewisser Lebensstandard sicherstellen. Dabei geht es nicht nur um die Bewahrung des Wohlstandes, auch Gesundheit oder Sicherheit hängen untrennbar davon ab. Im Krankheitsfall muss das erforderliche Medikament verfügbar sein – und diese Verfügbarkeit impliziert neben vielem anderen das Funktionieren der Lieferketten oder das Know-how zur Herstellung. Beides geht aktuell nicht ohne den Schiffsdiesel zum Transport oder die Kühlung für das Labor.

Der Zusammenhang zwischen Energie und Wohlstand zeigt sich in Ländern wie China. Zwar kam es zu einem Anstieg der CO_2-Emissionen hauptsächlich durch die Kohleverstromung, gleichzeitig wurden im Zuge dieser Entwicklung mehrere 100 Mio. Menschen aus der Armut geholt und die durchschnittliche Lebenserwartung stieg stark an. Der Lebensstandard korreliert also mit dem Energieverbrauch. Wohlstand einer Gesellschaft bedeutet auch, dass Energieverbrauch für alle bezahlbar ist. Wir benötigen daher günstige Energie.

Energie als Zivilisationsfaktor

Welch entscheidende Rolle die Energie für ein Land spielt, zeigt der Blick auf gesellschaftliche, wirtschaftliche und soziale Kennzahlen. So lässt sich ein direkter Zusammenhang herstellen zwischen Lebenserwartung, Einkommen und Energieverbrauch. Eine Faustregel besagt zum Beispiel, dass wohlhabende Länder und Menschen mit hoher Lebenserwartung viel Energie verbrauchen und Ärmere wenig. Die Erklärung dafür ist relativ einfach: Die wirtschaftliche Aktivität in hoch entwickelten Staaten benötigt Energie und ein höheres Einkommen führt zu mehr Konsum, der ebenfalls den Energieverbrauch steigert. Das Verhältnis zwischen Energieverbrauch sowie Gesundheit und Lebensstandard korreliert daher nicht nur, vielmehr bestehen kausale Zusammenhänge. Messen lässt sich dieser Zusammenhang am CO_2-Ausstoß pro Kopf, schließlich entsteht das Treibhausgas hauptsächlich bei der Erzeugung von Energie, beispielsweise für Wärme (und Kälte), Transport oder Produktion. Ein ähnlich signifikanter Zusammenhang lässt sich zwischen Energieverbrauch und Lebenserwartung herstellen. Die Menschen in den ärmsten Ländern der Welt verbrauchen kaum Energie und haben eine geringere Lebenserwartung, wohingegen reiche Staaten bei Lebenserwartung und Energieverbrauch weit oben rangieren. Ist Energie sehr preiswert, wird auch relativ viel davon verbraucht. Diese aus anderen Wirtschaftsbereichen bekannte Wechselwirkung zeigt sich ebenfalls beim Thema Energie und so sollte es kaum verwundern, dass manche Ölländer sehr viel Energie verbrauchen.

Der Klimaschutz und die Reduktion der CO_2-Emissionen dürfen daher nicht die alleinigen Leitlinien für die Gestaltung des Energiesystems bilden. Was zeigt ein genauerer Blick auf sinnvolle Rahmenbedingungen? Hervorragend gebündelt finden sich diese in den 17 Zielen für nachhaltige Entwicklung, die von den Mitgliedstaaten in der UN-Generalversammlung am 25. September 2015 in New York verabschiedet wurden und damit bindend für die Staatengemeinschaft sind (Abb. 2.1). Diese nachhaltigen Entwicklungsziele (Sustainable Development Goals, SDGs) beinhalten auch den Klimaschutz, jedoch nur als eines von 17 Zielen. Ganz vorn in der Liste stehen die Bekämpfung von Armut und Hunger, dann folgen Gesundheit und Wohlergehen sowie hochwertige Bildung.[1] Die Wünsche der Menschen in armen Ländern spielen damit eine wichtige Rolle für die Formulierung der wichtigsten Politikziele auf globaler Ebene. Bei einer Fixierung in Deutschland auf Klimawandel und CO_2 sollte man nicht vergessen, dass große Teile der Menschheit mit akuten und existenziellen Problemen konfrontiert sind.

Zur Bekämpfung von Armut und Hunger braucht es nun einmal Energie. Diese findet sich als Ziel 7 auf der Liste, es fordert zuallererst den Zugang zu erschwinglichen, verlässlichen, sauberen und modernen Energiequellen. Die Betonung von *modern* resultiert primär aus der Tatsache, dass noch immer ein großer Teil der Menschen auf offenem Feuer kocht. Selbst Strom aus einem Kohlekraftwerk wäre sauberer und würde

[1] Die Liste mit allen 17 Zielen findet sich auf der offiziellen Website der UNO. (https://sdgs.un.org/goals).

Abb. 2.1 Entwicklungsziele der Vereinten Nationen. (Quelle: Vereinte Nationen (https://www.un.org/sustainabledevelopment))

die Lebenserwartung in diesen Ländern erheblich verlängern. Es lohnt sich daher, bei der Diskussion über Energie und Klima etwas über den Tellerrand zu blicken. Die Kernfrage nach Klimaschaden und -nutzen unseres Handelns bildet nur einen Aspekt unter vielen, wenn es um die Lösung der großen Herausforderungen der Menschheit geht. Einen Überblick über die Ziele der Vereinten Nationen finden sich in der Abb. 2.1:

Neben diesen globalen Schwerpunkten sind noch weitere Zusammenhänge bei der Ausgestaltung der Energiepolitik zu berücksichtigen. So bringt eine CO_2-Reduktion in Deutschland oder Europa wenig, solange sie durch einen erhöhten Ausstoß etwa in Indien überkompensiert wird.

Hierzulande dreht sich die Debatte fast ausschließlich um unsere Energiewende. Es geht um Fragen, wie wir von den Fossilen wegkommen oder wie wir die Mobilität umbauen. Ein derart isoliert betrachtetes Vorgehen ist angesichts der globalen CO_2- und Ressourcenproblematik nicht sinnvoll. Klimawandel ist nur auf globaler Ebene in den Griff zu bekommen und wie Deutschland mit seinen 80 Mio. Einwohnern agiert – wir stehen lediglich für 1 % der Weltbevölkerung und 2 % des CO_2-Ausstoßes – spielt in der Gesamtrechnung fast keine Rolle. Dabei zeigt sich bereits, dass der eingeschlagene Weg teilweise kontraproduktiv wirkt. So stiegen nach dem Atomausstieg die Emissionen pro Jahr um circa 125 Mio. t CO_2 – da in sonnen- und windarmen Zeiten heute Kohle- und Gaskraftwerke als Ersatz laufen.

Der aktuelle, deutsche Strommix gehört zu den schmutzigsten in Europa, trotz der Anstrengungen für den Ausbau der Erneuerbaren. Durch den begrenzten Fokus auf hiesige Rahmenbedingungen gerät die globale Rechnung sogar noch schlechter. Deutschland verbietet zum Beispiel Fracking, kauft aber in den USA Fracking-Gas. Dabei sind die dortigen Umweltauflagen geringer und dieses Gas verfügt, hauptsächlich aufgrund des Transports, über ein höheres CO_2-Äquivalent als heimische Kohle. Ein vermeintlich gutes Gewissen torpediert so mitunter den Klimaschutz. Zudem geht durch Verbote Technologieoffenheit verloren. Die Beschränkungen ändern jedoch nichts am Einsatz neuer Technologien in der Welt. Sie führen nur dazu, dass wir Heizungen oder Stromerzeuger in Zukunft in China, Indien oder anderswo kaufen.

Dieser Blick über den Tellerrand fehlt auch bei einem weiteren Aspekt: Viele Menschen sehen Konsum sehr kritisch und fordern beispielsweise, weniger Auto zu fahren, in kleinere Wohnungen zu ziehen oder seltener zu fliegen. Derartige Ideen der Verknappung haben vor allem in den OECD-Ländern Konjunktur. Allerdings lebt nur ein Sechstel der Weltbevölkerung in diesen Gegenden, viele Inder, Brasilianer oder Chinesen können sich kein Auto leisten, leben beengt und sind noch nie geflogen. Die 17 Nachhaltigkeitsziele spiegeln diese Situation deutlich wider. Entsprechende Ideen greifen bei den meisten Menschen daher gar nicht und sind auf weltweiter Ebene ziemlich nutzlos. Es wird nicht funktionieren, der großen Mehrheit auf der Welt eine Steigerung des Lebensstandards mit dem Argument des damit verbundenen CO_2-Ausstoßes verweigern zu wollen. Nachhaltige Lösungen brauchen zwingend die Teilhabe der fünf Sechstel. Stets gilt es zu klären, was die eine oder andere Alternative bedeutet.

Diese Ehrlichkeit braucht es sicher auch beim Blick auf die Kosten einer Energiewende. Denn frühere Kostenschätzungen haben sich längst als unzureichend erwiesen. Die Energiewende wird erheblich mehr kosten. Jedes Unternehmen und jeder Privathaushalt muss sich vor neuen Anschaffungen oder Projekten überlegen, wie viel Geld sie erfordern und ob sie leistbar sind. Diese Transparenz fehlt beim Thema Energiewende, es gibt nicht einmal eine Hausnummer dafür. Im Gegenteil, es gibt Aussagen, dass die Energiewende Kostenvorteile verschaffen wird. Spätestens der Blick auf die Stromrechnung verdeutlicht ein anderes Bild. Natürlich, die Energiepreise hängen auch von den Entwicklungen auf den internationalen Rohstoffmärkten ab. Vor allem die Kosten unserer Mobilität werden auch von den Schwankungen des Ölpreises beeinflusst – neben Mineralöl- und CO_2-Steuer.

Ein weiterer, wichtiger Faktor beim Thema Energie heißt Verfügbarkeit im Sinne der Nutzung. Strom, Gas oder Öl müssen dort zur Verfügung stehen, wo wir diese Energieträger benötigen. Erdgas in Russland oder Katar nützt wenig, um ein Haus in Deutschland zu heizen. Stets braucht es die erforderliche Infrastruktur und damit entsteht eine große Abhängigkeit von den Transportsystemen, insbesondere von Pipelines und Stromleitungen. Dieser Zusammenhang geriet durch die Sprengung der North-Stream-Pipelines schlagartig ins Bewusstsein von Öffentlichkeit und Politik. Eine vergleichbare Verwundbarkeit gilt auch bei anderen Energieträgern. Beispiel Strom: Ausfälle großer Überlandleitungen oder wichtiger Umspannwerke können zu erheblichen Problemen in der Versorgung führen. Ein weiterer Aspekt der Verfügbarkeit zeigt sich vor dem Hintergrund des Ausbaus der Erneuerbaren. Diese erfordern einen Blick auf die zeitliche Dimension, schließlich muss der Strom auch bei Nacht und Windstille fließen.

Noch ein Aspekt der Verfügbarkeit kommt hinzu: Angesichts geopolitischer Spannungen rücken globale Lieferketten verstärkt in den Fokus. Dies betrifft selbstverständlich auch den Energiesektor. Rohstoffe wie Kupfer, Lithium und Silber sind unverzichtbar für die Energiewende; sie entscheiden etwa über die Möglichkeiten zur Elektrifizierung zusätzlicher Bereiche von Wirtschaft und Verkehr. Beim Erdöl zeigen sich die komplexen Abhängigkeiten ebenfalls deutlich, beispielsweise zwangen politische Unsicherheiten rund um den Suezkanal und im Jemen die Reeder zur Umleitung ihrer Schiffe um Afrikas Südspitze herum. Das verlängert nicht nur die Lieferzeit, sondern erhöht den Treibstoffbedarf, längerfristig werden auch zusätzliche Schiffe benötigt. In der Regel schlagen derartige Störungen „nur“ auf den Preis durch, größere Konflikte können jedoch die Versorgung insgesamt beeinträchtigen. Nach diesem Blick auf unsere Erwartungen an die Energie und ein wenig Politik ist es Zeit, genauer auf den Verbrauch zu schauen. Denn alles, was auf der Erde geschieht, benötigt einen Antrieb.

3 Wir benötigen viel Energie

Wenn die Uhr stehen bleibt, müssen wir sie aufziehen oder die Batterie wechseln. Dieses Prinzip gilt für alles: Ohne Energie geschieht nichts im Universum. Von der Zellteilung bis zum Fortbestehen einer leuchtenden Galaxie hängt alles von deren Verfügbarkeit ab. Ein menschlicher Körper zum Beispiel verwertet Kohlenhydrate, Fette und Proteine aus der Nahrung und nutzt sie als Energiequellen, etwa für die Grundfunktionen wie Herzschlag, Hirntätigkeit, Atmung und Verdauung. Zudem werden sie in mechanische Energie über die Muskeln umgewandelt, mit dem Abfallprodukt Körperwärme. Jeder stellt ein kleines Kraftwerk dar, das Energie umwandelt. So benötigen wir sogar im Ruhezustand eine Leistung von circa 100 W, denn Kopf und Bauch ruhen nie. Wer Fahrrad fährt, leistet sogar bis zu 200 W mechanische Leistung. Nach einer Radtour von fünf Stunden haben wir eine (mechanische) Leistung von 1 kWh abgegeben und sind vielleicht 100 km weit gekommen. Danach haben wir Hunger und müssen mindestens 3 kWh essen. Das gelingt zum Beispiel mit 500 g Schokolade, der Preis dafür ähnelt den Treibstoffkosten eines Autos.

Übrigens verbraucht das menschliche Gehirn rund 20 % der gesamten Energiemenge und ist angesichts seiner geringen Masse von nur 2 % des Körpergewichts ein echter Großverbraucher. Was auf Ebene des mensch-

E. Heindl, *Energie*, https://doi.org/10.1007/978-3-658-50486-1_3

lichen Körpers gilt, lässt sich weitgehend auf das große Ganze übertragen. Denn dieser kurze Exkurs in die Biologie zeigt bereits viele Grundprinzipien, die für das Thema Energie auf einer generellen Ebene gelten. Stets braucht es Energie, um etwas zu tun. Allerdings führt der Terminus Energie*verbrauch* in die Irre. Egal um welchen Zusammenhang es geht: Energie wird nicht verbraucht, sondern in Bewegung und letztlich immer in Wärme umgewandelt. Da in der Öffentlichkeit jedoch fast immer die Rede ist vom Verbrauch,[1] nutzen wir auch im Buch diesen Begriff. Dieser Punkt zeigt jedoch nebenbei, wie wichtig es ist, grundsätzlich genauer auf die Begrifflichkeiten zu achten. Sonst reden wir aneinander vorbei, wie das in vielen Diskussionen leider geschieht. Obwohl Worte wie Energie, Kraft, Wärme oder Leistung jeweils eine ganz eigene physikalische Bedeutung haben, werden sie im Diskurs munter durcheinandergewirbelt. Unter anderem trägt diese Unschärfe dazu bei, dass Menschen Sachverhalte falsch beurteilen und ungeeignete Schlüsse ziehen.

Der Begriff *Energie* meint in unserem Zusammenhang die Fähigkeit, Arbeit zu verrichten oder Wärme erzeugen zu können. Energie dient also lediglich als Mittel zum Zweck. Mit ihrer Hilfe heizt die Heizung, fährt das Auto oder wird Eisenerz zu Stahl verhüttet. Nun gibt es Zwecke, die mehr Energie erfordern, und andere, die weniger davon benötigen. Deshalb ist es sinnvoll, die jeweilige Menge anzugeben und unterschiedliche Tätigkeiten damit auch vergleichen zu können. Die physikalische Maßeinheit der Energie heißt Joule (J). Sie gilt für alle Formen wie Bewegungsenergie, elektrische Energie oder für die in Brennstoffen vorhandene, chemische Energie. Der Name geht zurück auf den britischen Bierbrauer James Prescott Joule (1818–1889). Seine bahnbrechenden Entdeckungen über die naturwissenschaftlichen Grundlagen – nicht nur der Brauerei – machten ihn zu einem der wichtigsten Physiker seiner Zeit. Joules maßgeblicher Beitrag zur Weiterentwicklung der Wissenschaften führte dazu, dass die Maßeinheit der Energie seit 1960 als offizielle SI-Einheit[2] seinen Namen trägt. Es braucht zum Beispiel 1 J, um

[1] Buchholz, Martin: Energie – Wie verschwendet man etwas, das nicht weniger werden kann? Springer 2016.

[2] Der Begriff SI-Einheit meint eine internationale, metrische Maßeinheit zur Bestimmung physikalischer Größen. Sie basiert auf dem Internationalen Einheitensystem SI. (Auf französisch Système international d'unités).

einen 2 kg schweren Körper aus dem Ruhezustand auf eine Geschwindigkeit von einem Meter pro Sekunde (m/s) zu beschleunigen oder um einen 100 g[3] schweren Gegenstand 1 m hoch zu heben. Diese Einheit gilt auch für den Energieumsatz in unserem Körper. Der Nährwert für die Angabe des physiologischen Brennwerts wird ebenfalls in Joule angegeben (meist als kJ, also 1000 J). Weil die meisten Menschen in Kalorien rechnen: Eine Kilokalorie gleicht 4,12 kJ. Doch zurück auf die allgemeine Ebene. Je nach Tätigkeit benötigt der Energieumsatz mehr oder weniger Zeit und wird mit dem Begriff *Leistung* angegeben. Die Einheit dafür heißt Watt (W); sie meint nichts anderes als *Energie* pro *Zeit.* Auch hier ist die Berechnung wieder recht einfach: 1 J wird bei einer Leistung von 1 W (W) in 1 s erzeugt. Die Ehre der Namensgebung im Fall der Leistung gebührt James Watt (1736–1819), einem schottischen Erfinder. Bekannt ist er vorwiegend für seine Weiterentwicklung der Dampfmaschine.

Der Schotte steht auch Pate für eine weitere Maßeinheit der Energie, die Kilowattstunde (kWh), die wir auf der Stromrechnung finden. Eine Kilowattstunde beschreibt die Gesamtmenge an Energie, wenn man 1 h lang 1000 W (kW) leistet. Wer 1 h lang 1000 W verbraucht, kommt damit auf 1 kWh. Läuft also etwa ein Elektroauto mit einer kontinuierlichen Leistung von 15 kW eine Stunde lang, verbraucht es dabei 15 kWh Energie. Das Problem bei dieser Einheit ist, dass eine Stunde bekanntlich aus 60 min und damit aus 3600 s besteht. Da diese Zählweise nicht zum Dezimalsystem passt, sondern so vor fünftausend Jahren von den Babyloniern eingeführt wurde, müssen wir mit dem anstrengenden Umrechnungsfaktor leben, dass eine kWh genau 3.600.000 J sind. Dieses Buch konzentriert sich daher meist auf die kWh als Energieeinheit, da wir dank der Strom- und Heizungsrechnung zumindest ein gewisses Gefühl dafür entwickelt haben.

Mit Watt und Joule kommen wir allerdings nicht weit. In vielen Veröffentlichungen zum Thema Energie findet sich ein wahrer Einheitenzoo, beispielsweise mit einem Barrel Öl, SKE (Steinkohleeinheiten), BTU (British Thermal Unit), toe (tonne oil-equivalent) und vielen mehr. Eine Übersicht findet sich im Anhang unter Punkt „Wichtige Umrechnungsfaktoren“. Der Grund für diese Vielfalt liegt darin, dass die

[3] Genaugenommen werden 98,1 g mit der Kraft 1 N im Schwerefeld der Erde nach unten gezogen.

Tab. 3.1 Wichtige Präfixe

Präfix	Name	Wortherkunft (Griechisch)	Potenz	Zahl	Faktor
k	Kilo	tausend	10^3	Tausend	1000
M	Mega	groß	10^6	Million	1.000.000
G	Giga	Riese	10^9	Milliarde	1.000.000.000
T	Tera	Monster, Wunder	10^{12}	Billion	1.000.000.000.000
P	Peta	fünf (10^5 x 10^3)	10^{15}	Billiarde	1.000.000.000.000.000
E	Exa	sechs (10^6 x 10^3)	10^{18}	Trillion	1.000.000.000.000.000.000

Menschheit seit langem mit Energierohstoffen handelt. So wurde und wird etwa die Kohle gewogen oder das Volumen beim Öl gemessen. Erst später stellte sich der Zusammenhang her, dass eine gewisse Energiemenge mit diesen Mengenangaben zusammenhängt. Dieses Prinzip ist aus dem Alltag bekannt: Wir kaufen nicht drei Kilowattstunden Brot, sondern ein Kilogramm davon, was etwa das Gleiche ist.

Ebenfalls wichtig zum Verständnis von Energiemengen sind die sogenannten Einheitenpräfixe, die sogar gesetzlich festgelegt sind (Tab. 3.1). Denn oft ist zum Beispiel von Kilowatt (kW) oder Megawatt (MW) die Rede. Vor der jeweiligen Einheit findet sich ein Vorsatz – Präfix genannt –, um Zahlen mit sehr vielen Nullen abkürzen zu können. Viele kennen diese Vorsilben inzwischen aus der Computerwelt, dort kauft man Speicher für Computer oder Handys in Größenordnungen von Gigabyte oder Terabyte. Derart große Vorsilben spielen bei der Betrachtung von Energie eine wichtige Rolle, vor allem beim Blick auf ganze Länder.

Zum Einstieg wollen wir uns jedoch nicht auf einzelne Länder beschränken und stattdessen die gesamte Welt in den Fokus nehmen. Schließlich ist das Thema Energie ein globales und auch die Auswirkungen – Stichwort CO_2 – zeigen sich länderübergreifend. So haben die 8 Mrd. Menschen im Jahr 2021 rund 160.000 TWh oder 160 PWh sogenannte Primärenergie verbraucht.[4] Dies entspricht einem Kohleberg von einem Quadratkilometer Fläche und rund 24 km Höhe. Diese Menge würde in drei Jahren das Volumen des Zugspitzmassivs erreichen – aus reiner Kohle.

[4] Statistical Review of World Energy. (https://www.energyinst.org/statistical-review).

Angesichts dieser großen Zahl verwundert es kaum, dass viel Geld im Spiel ist. Ein Blick auf die von der Zeitschrift *Fortune*[5] im Jahr 2024 veröffentlichte Liste der weltweit größten Firmen zeigt, dass immerhin ein Stromanbieter sowie drei Ölunternehmen in den Top Ten rangieren. Diese vier (State Grid, Saudi Aramco, Sinopec und China National Petroleum) machten zusammen knapp 1900 Mrd. Dollar Umsatz. Zahlen wie diese verdeutlichen zudem, dass die Umstellung der Energieversorgung und eine Ablösung fossiler Quellen eine Mammutaufgabe darstellen. Es handelt sich schlicht und einfach um gigantische Mengen und eine gewaltige Infrastruktur. Dieses Fazit gilt nicht nur global, sondern auch auf nationalstaatlicher Ebene. So verbrauchte Deutschland im Jahr 2023 circa 2.911.000 GWh oder 2911 TWh Primärenergie. Um diese Menge zu erzeugen, müssten beispielsweise 330.000 durchschnittliche Windenergieanlagen (5 MW) oder 330 durchschnittliche Kohlekraftwerke (1 GW) durchgängig laufen.

Diese Zahlen zur Energieerzeugung klingen zwar imposant, sie bleiben aber eine kleine Menge im Vergleich zur Energie, die die Sonne auf den Erdboden strahlt. Diese ist um den Faktor zehntausend größer und reicht daher rein rechnerisch aus, um den Energiehunger der Menschheit zu stillen. Praktisch funktioniert es nicht so einfach, doch lässt sich festhalten, dass die Sonne die primäre Energiequelle der Erde darstellt. Eine Ausnahme bildet die Kernenergie, sie resultiert aus den in einer Supernova erzeugten Elementen Uran und Thorium. Weitere Sonderfälle sind die Gezeiten, die auf der Rotation der Erde und der langsamen Bewegung des Mondes beruhen. Die hohe Temperatur im Erdinneren kommt durch Radioaktivität verschiedener natürlicher Elemente sowie durch die Schwerkraftenergie, die während der Erdgeschichte wirkte – man denke nur an Meteoriteneinschläge.

Im Grunde beruhen alle Vorgänge des Lebens, des Wasserkreislaufs und des Windes auf der Strahlungsenergie der Sonne. Mit ihrer Hilfe sind auch fossile Energieträger wie Kohle und Öl entstanden, deren Basis die Pflanzen und Lebewesen der Vorzeit bilden. Sie wuchsen mithilfe der Photosynthese, also durch die Aufnahme von Sonnenlicht. Über Jahrmillionen hinweg versanken diese organischen Verbindungen in tiefere Erd-

[5] Ranking nach der Zeitschrift Fortune, https://fortune.com/ranking/global500/.

schichten. Interessant ist hier das Zeitalter des Karbons (vor 350–300 Mio. Jahren), in dem die meisten Kohlevorkommen auf der Erde gebildet wurden. Offensichtlich existierten bereits Pflanzen, es fehlten jedoch Pilze, die die Pflanzenfasern zersetzen konnten. So blieben die Pflanzenfasern nicht verrottet liegen. Ähnliches findet man heute nur noch in Mooren, wo unter Luftabschluss die Pflanzenfasern erhalten bleiben und letztlich verkohlen. Die Schichten wurden dann etwa von Geröll aus Flüssen oder Sand und Tonablagerungen aus Wüsten bedeckt – hier in Deutschland sind dies in der Regel Sedimentschichten. Durch Druck und hohe Temperaturen verwandelten sich diese Pflanzenfasern zum Beispiel in Kohle oder Öl. Fossile Brennstoffe sind daher (energetisch) konzentrierte Biomasse aus der Erdgeschichte. Um fossile Lagerstätten zu finden, muss man nach Sedimentbecken suchen.

Wo kommt eigentlich die Energie her?

Unser gesamtes Leben und auch unsere Zivilisation beruhen auf Energie. Diese grundlegende Bedeutung provoziert die Frage, woher diese Energie stammt. Die Antwort lässt sich physikalisch herleiten und ist nicht ganz trivial. Man muss weit in die Vergangenheit zurückblicken, um die Ursprünge zu verstehen. Genaugenommen fand das entscheidende Ereignis vor rund 13,8 Mrd. Jahren statt. Exakt drei Minuten nach dem Urknall war das Weltall noch winzig klein und extrem heiß. In dieser Situation bildeten sich aus den sich einzeln bewegenden Protonen – es gab sie schon seit drei Minuten – die Elemente Deuterium, Helium und ein wenig Lithium. Diese Verbindungen kamen zustande, weil einzelne Protonen keinen energetisch optimalen Zustand darstellen. Am liebsten verbinden sie sich zu mehreren, ein Teil davon wird zu Neutronen. Die optimale Verbindung aus energetischer Sicht ist erreicht, wenn sich der Atomkern von Eisen gebildet hat. Der Grund: Weniger Energiegehalt geht in einem Atomkern nicht. Da sich das Weltall extrem schnell ausdehnte, wurde es sehr rasch kühler und schon nach weiteren zwei Minuten endete diese Phase. Nur etwa 25 % der Protonen konnten in der kurzen Zeit eine Verbindung mit anderen eingehen, und Eisen ist dabei überhaupt nicht entstanden, weil die Zeit dafür nicht gereicht hat. In den folgenden Jahrmillionen wurde es dann still um die Protonen. Diese Ruhe hielt so lange an, bis sich Sterne aufgrund der Schwerkraft bildeten, und im Inneren dieser Sterne wurde es fast wieder so heiß wie kurz nach dem Urknall. Seitdem geht es in diesen Sternen eher gemütlich zu, im Laufe von Jahrmilliarden erfolgt eine stetige Verbindung von Protonen zu Heliumkernen. Dieses Prinzip nennen wir Kernfusion und einen dieser Sterne kennen wir unter dem Namen Sonne. Sie scheint dank der Kernfusion seit 4 Mrd. Jahren, und die Biologie erzeugt aus dem zunächst sehr reichlich vorhandenen CO_2 mithilfe von Licht die beiden Elemente Sauerstoff und Kohlenstoff. Der Sauerstoff bildet einen Bestandteil unserer Atmosphäre, der Kohlenstoff findet sich etwa in Form von Holz und ein großer Teil davon hat es in Kohleflöze geschafft. Aus dieser gespeicherten Sonnenenergie erzeugen wir heute unsere Verbrennungswärme.

Die Existenz energetisch günstiger Elemente wie Helium wäre also geklärt, wo kommen aber die schweren Elemente wie Gold oder Uran her? Ihre Entstehung lässt sich mit sogenannten Supernova-Explosionen erklären. Dabei handelt es sich um das kurzzeitige, helle Aufleuchten eines Sterns am Ende seiner Lebenszeit. Dabei entfalten sich derart extreme Bedingungen, dass energetisch ungünstige Elemente wie Gold, Thorium und Uran entstehen können.

4 Energienutzung

Im letzten Kapitel kam bereits zur Sprache, dass die Menschheit im Jahr 2021 enorme 160 PWh Primarenergie verbraucht hat. Zudem wächst dieser Wert jährlich um circa 1,5 %. Diese Zahl führt zur Frage, wofür diese Energie überhaupt genutzt wird. Wie wir bereits wissen, handelt es sich nur um ein Mittel zum Zweck. Energie dient dazu, bestimmte Dienstleistungen zu ermöglichen, wie das Fahren, Heizen oder Beleuchten.[1] Bei einer tiefer gehenden Analyse der einschlägigen Statistiken und Zahlen fällt auf, dass sich die Verwendungsarten und Dienstleistungen nicht immer ganz so leicht abgrenzen lassen. Daher sind diese Statistiken sehr genau zu betrachten. Gehört die Erhitzung des Duschwassers zum Bereich Wärme oder doch eher zur Hygiene? Oder muss man zur Stahlerzeugung auch bestimmte Transportaufwände hinzuzählen? Solche Fragen spielen in der Fachliteratur immer wieder eine Rolle und in der praktischen Analyse von Verbrauch und Nutzung sollten wir sie ebenfalls berücksichtigen. Zunächst werden wir den Bedarf an Energie auf die vier, in der öffentlichen Diskussion gebräuchlichen Sektoren herunterbrechen: Benötigt wird sie im

[1] Peters, Aribert (2010): Energie für Verbraucher.

E. Heindl, *Energie*, https://doi.org/10.1007/978-3-658-50486-1_4

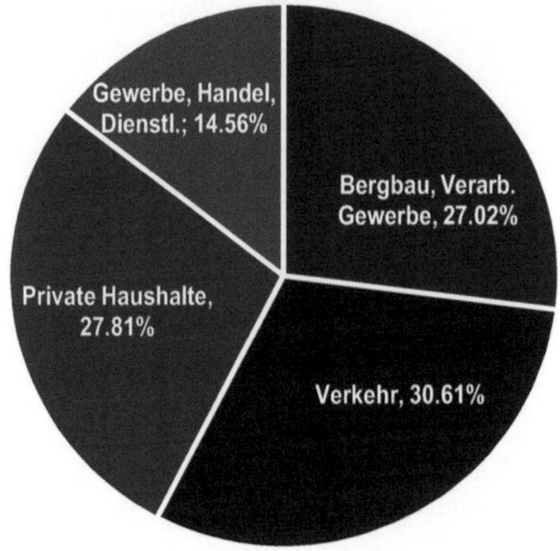

Abb. 4.1 Energieverbrauch nach Sektoren. (Quelle: AG Energiebilanzen)

1. Verkehr,
2. privaten Verbrauch,
3. Bergbau und verarbeitendes Gewerbe und
4. Gewerbe, Handel und Dienstleistungen.

In Deutschland konsumiert der Verkehrssektor die meiste Energie, wie in Abb. 4.1 zu sehen, gefolgt von den privaten Haushalten. Dann folgen Bergbau sowie verarbeitendes Gewerbe. Vergleichsweise wenig benötigen die Unternehmen aus Gewerbe, Handel und Dienstleistung.

Etwas mehr als ein Viertel des Gesamtenergieverbrauchs in Deutschland lässt sich den privaten Haushalten zurechnen, das ist erstaunlich wenig und trotzdem sind Angaben zum Bau von Kraftwerken häufig mit Sätzen wie „damit können 1000 Haushalte versorgt werden" versehen. Eigentlich ist viermal so viel Energie nötig, weil die anderen Bereiche die Haushalte versorgen. Auf das Konto der Haushalte gingen im Jahr 2023 rund 632 Terawattstunden (TWh). Enthalten sind alle Energieformen, etwa Strom, Gas und Heizöl. Benzin und andere für private Verkehrsleistungen benutzte Energieträger werden dagegen nicht mitgerechnet, diese zählen zum Transportsektor. Um auf die genannten 632 TWh zu kommen, konsumiert jede Person privat rein rechnerisch circa 1 Kilowatt – und zwar permanent. Interessant ist, dass der private Endenergiekonsum seit 1990 mehr oder weniger gleichgeblieben ist. Schwankungen beruhen häufig auf Veränderungen der Witterung. In warmen Wintern wird weniger geheizt, Klimaanlagen spielen in Deutschland bislang kaum eine Rolle. Zum Beispiel lag der Verbrauch im kalten Jahr 2010 etwa 12 % über dem Wert des vergleichsweise milden Jahres 1990.[2] Innerhalb einer gewissen Schwankungsbreite gilt dieser über 30-jährige Gleichstand auch auf den Gesamtverbrauch hierzulande bezogen, also inklusive der anderen drei Sektoren Verkehr, Bergbau und verarbeitendes Gewerbe sowie Gewerbe, Handel und Dienstleistung.

Alles zusammengenommen pendelte der Wert um rund 4 Billionen kWh pro Jahr. Seit 2010 zeigt sich eine abnehmende Tendenz mit einem vorläufigen Tiefstwert im Jahr 2023 von etwa 2,91 Billionen kWh. Wurde dank Energiewende und effizienterer Prozesse ein Viertel eingespart? So einfach ist das leider nicht und wie so oft können derartige Entwicklungen trügen. Wie die Verfasser dieser Statistik bei der Arbeitsgemeinschaft Energiebilanzen schreiben, hat vor allem die zurückgehende wirtschaftliche Leistung in Deutschland den Energieverbrauch beeinflusst und energieintensive Industriezweige produzierten weniger. Heißt im Umkehrschluss: Zieht die Konjunktur wieder an und entscheiden sich mehr Unternehmen für eine Produktion in Deutschland – was Politik und Experten hoffen –, könnte der Verbrauch wieder steigen. Die genauere Analyse der Daten lässt noch weitere Schlussfolgerungen zu. So zeigen die Zahlen, dass sich der Energiemix stark verändert hat, Abb. 4.2. 2024 stammten knapp 20 % unserer Primärenergie für die Privatnutzung aus erneuerbaren Quellen, wohingegen es 1990 nur 1,3 % waren. Deutlich zugenommen hat auch der Anteil des Energieträgers Gas. Auf dem absteigenden Ast befinden sich dagegen Kohle und Kernenergie. Auf den ersten Blick überrascht, dass Mineralöle noch eine ähnliche Rolle spielen wie vor knapp 35 Jahren. Der Grund dafür ist jedoch einfach: Es gibt deutlich mehr Autos, diese werden zudem größer und viele Menschen heizen nach wie vor mit Öl.

---

[2] Alle Zahlen stammen von der Arbeitsgemeinschaft Energiebilanzen.

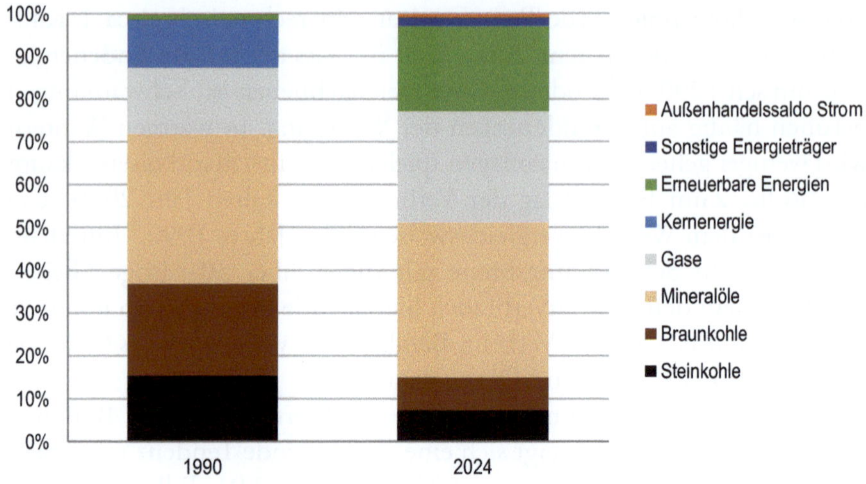

Abb. 4.2 Primärenergieverbrauch nach Energieträgern. (Quelle: AG Energiebilanzen)

Die Verteilung der einzelnen Energieträger unterscheidet sich stark in den einzelnen Weltregionen. Verantwortlich dafür sind vorwiegend die natürlichen Bedingungen wie Klima und Geografie. So dominiert in Afrika und Südamerika die Wasserkraft. Dort finden sich geeignete Wasserläufe und die Bevölkerungsdichte ist relativ gering. Der Nahe Osten und Osteuropa nutzen viel Erdgas, die dortigen Länder verfügen über große Lagerstätten. Dagegen setzen Kalifornien, Südeuropa und Deutschland auf die Solarenergie; wenn auch nicht in allen Regionen gleich ausgeprägt. Windenergie wiederum ist vorwiegend im Atlantikraum verbreitet, insbesondere in Spanien, Portugal, Irland, Schottland, Norddeutschland und Dänemark. Die USA fördern viel Erdgas, dementsprechend spielt es als Energiequelle dort eine große Rolle. Indien und China sind die weltweit größten Kohleverbraucher. Besonders in Nordchina und Indien bildet Kohle eine der Hauptenergiequellen.

Dabei liegen Förder- und Nutzungsort oft weit auseinander. Unser Gas kommt teilweise aus den USA und die in China verbrannte Kohle aus Australien. Diese örtliche Trennung ist möglich, weil der Transport großer Mengen billig ist. Ob per Pipeline oder Schiff, die Masse macht's. Das günstigste Transportmittel für Rohstoffe heißt übrigens Schiff. Große Kohlefrachter oder Öltanker transportieren die Kilowattstunde Energie deutlich günstiger als lange Pipelines oder Stromnetze. Grundsätzlich ist es sinnvoll, energieintensive Industrien zukünftig dort zu konzentrieren, wo es dauerhaft sauberen Strom im Überfluss gibt. Denn der Energietransport stellt oft große Herausforderungen, bringt Verluste mit sich und kostet Geld. Das Prinzip der örtlichen Nähe funktioniert übrigens schon länger sehr gut, etwa in Südamerika befinden sich Aluminiumwerke oft in der Nähe großer Wasserkraftwerksanlagen.

Um Verbräuche, Alternativen, Verbesserungs- und Einsparpotenziale besser identifizieren zu können, ist es oftmals sinnvoll, den Verbrauch nicht anhand der verschiedenen Energieträger zu analysieren. Bessere Einblicke lassen sich erhalten, wenn wir auf die verschiedenen Nutzungsarten abheben. Sie gestatten trennscharfe Betrachtungen der einzelnen Verbraucher und eine Priorisierung der erforderlichen Maßnahmen zur Energieeinsparung sowie zur CO_2-Reduktion. Deshalb werden wir den Verbrauch im Hinblick auf sieben verschiedene Formen der Energienutzung abgrenzen:

1. Wärme (oder Kälte)
2. Transport
3. Lebensmittel
4. Materialien
5. Hygiene
6. Kommunikation
7. Beleuchtung

Eine derartige Abgrenzung macht zudem klar, worum es beim Energieverbrauch immer geht: um die Befriedigung menschlicher Bedürfnisse. Es soll warm sein, wir müssen etwas essen, benötigen Kleidung oder ein Dach über dem Kopf, möchten gerne mit dem Auto in Urlaub fahren, uns waschen und nicht im Dunkeln sitzen. Insofern ist einer der wichtigsten Energieverbraucher, die Wärme- und Kälteerzeugung.

4.1 Wärme und Kälte

Vor allem die Erzeugung von Wärme erfordert einen hohen Aufwand; dieser Zusammenhang ist bekannt aus dem täglichen Leben. So benötigen zum Beispiel Backofen oder Föhn deutlich mehr Strom als ein Fernseher. Der Blick auf die Gesamtrechnung zeigt eindrucksvoll, dass mehr als zwei Drittel des Endenergieverbrauchs bei deutschen Privathaushalten in die Raumheizung fließen. Das liegt zunächst daran, dass wir relativ viel Platz pro Person bewohnen und damit relativ große Volumina geheizt werden müssen. Auch die Dauer schlägt zu Buche, über die Wintermonate hinweg laufen die Heizungen fast permanent. Genutzt werden dafür hauptsächlich Erdgas und Mineralöl, danach folgen erneuerbare Energien und Fernwärme. Strom und Kohle spielen eine geringe Rolle, das Gleiche gilt für Kaminöfen oder Pelletheizungen. Doch mit der Raumheizung nicht genug: Zur Gesamtrechnung kommen nochmals rund 15 % für die Warmwasserbereitung. Insgesamt wandeln die Privathaushalte damit knapp 85 % ihrer Energie direkt in Wärme um. Wer zudem Verbraucher wie Backöfen, Spülmaschinen oder Föhne dazuzählt, landet bei mehr als 90 %. Damit bieten diese Nutzungen auch die größten Potenziale zur Einsparung. Das Dumme ist nur: Wir können nicht einfach darauf verzichten. Unser Überleben hängt davon ab, dass wir die Temperaturen um uns herum an unsere Bedürfnisse anpassen.

Die Menge der benötigten Wärme – und damit der Energie – richtet sich nach diversen Faktoren. Die entscheidende Rolle spielt jedoch die Außentemperatur. Je größer der Unterschied zwischen drinnen und draußen, desto mehr müssen wir heizen. Auch umgekehrt wird ein Schuh daraus, denn viele der äquatornahen Länder leiden unter sehr hohen Außentemperaturen und einer ebensolchen Luftfeuchtigkeit. In derartigen Gefilden braucht es viel Energie für die Klimatisierung, und diese Problematik kommt durch den Klimawandel so langsam auch in Deutschland an. Allerdings sind die energetischen Auswirkungen des Kühlens längst nicht so spürbar. Die Differenz zwischen heißen 40 und erträglichen 25 Grad ist nur halb so groß wie diejenige zwischen kalten - 10 und annehmbaren 20 Grad. Das Heizen in nördlichen Breiten erfordert daher mehr Energie, als das Kühlen in warmen Klimazonen. In

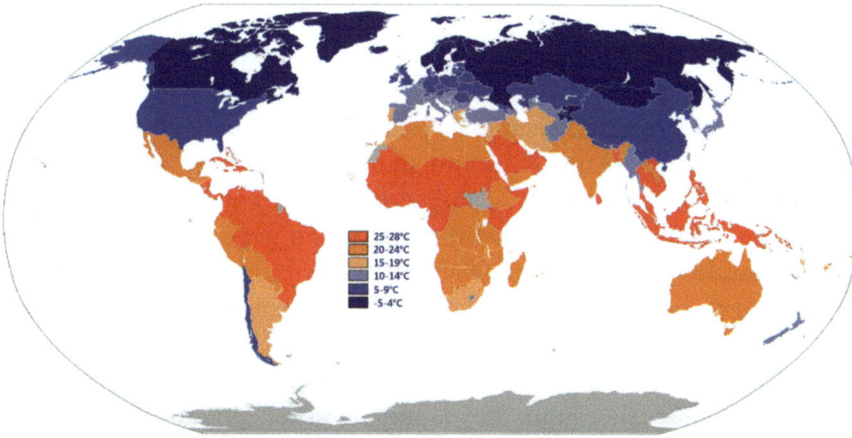

Abb. 4.3 Jahresdurchschnittstemperatur auf der Erde (Die Jahresdurchschnittstemperatur kommt zustande, indem man die minimalen und maximalen Tagestemperaturen im Land mittelt. Basis sind die 2011 erstellten Klimatologien der ClimaticResearch Unit. (https://de.m.wikipedia.org/wiki/Liste_der_L%C3%A4nder_nach_Temperatur)). (Quelle: Wikipedia, OchTom, CC BY-SA 4.0)

diesem Zusammenhang lohnt ein Blick auf die Weltkarte und die Klimazonen (Abb. 4.3). So leben die meisten Menschen in ausreichend warmen Gegenden und benötigen damit deutlich weniger Energie zur Wärmegewinnung, als etwa Deutsche oder Skandinavier.

Dieser Zusammenhang lässt sich quantifizieren: Mit jedem Grad Anstieg der Außentemperatur sinkt der Heizenergieverbrauch um sieben Prozent. In dieser Beziehung hilft der Klimawandel sogar. Denn wärmere Außentemperaturen senken den Heizbedarf und somit gehen auch die CO_2-Emissionen zurück. Doch unabhängig davon gilt: Viele Ländervergleiche verzerren die Realität, weil der geringere Energieverbrauch ärmerer Länder auch mit ihren klimatischen Rahmenbedingungen zusammenhängt. Verkürzt ausgedrückt ist es also logisch, dass die Wärme in Gegenden wie unserer als Hauptenergiefresser fungiert. Noch ein Wort zur Raumtemperatur: Die Forschung zeigt, dass sich der Mensch bei circa 27 Grad wohlfühlt, allerdings ohne Bekleidung. Angezogen kommen wir je nach Persönlichkeit mit 18 oder 20 Grad aus, zudem variiert die Wohlfühltemperatur mit der jeweiligen Tätigkeit.[3] Diese Temperaturen müssen erst einmal erzeugt werden – ungeachtet der klimatischen oder saisonalen Bedingungen.

Das Abkühlen von Räumen in heißen Gegenden geschieht mit Klimaanlagen. Sie saugen warme Raumluft an und kühlen diese, ähnlich einem Kühlschrank. Das genutzte Prinzip ist das gleiche wie bei einer Wärmepumpe, nur dass die Raumwärme nach außen gepumpt wird, um im Innenraum komfortable Temperaturen zu erreichen. Zudem müssen Klimaanlagen noch Luftfeuchtigkeit entziehen, sonst sitzen wir in einer Waschküche, da die Löslichkeit von Wasser in Luft bei sinkender Temperatur stark abnimmt. Auch dazu braucht es Energie, das Wasser in der Luft wird kondensiert und die dadurch entstehende Kondensationswärme muss ebenfalls nach außen abgeleitet werden. Noch ein wichtiger Punkt zum Unterschied zwischen Heizen und Kühlen: Der Energiebedarf fürs Kühlen lässt sich nicht über Brennstoffe in einer Heizung decken, für eine entsprechende Klimaanlage braucht es zwingend Strom. In vielen südlichen Ländern steigt der Strombedarf daher massiv. Die erforderliche elektrische Energie macht bei Wärmepumpen und Klimaanlagen übrigens nur ein Drittel der transportierten Wärmeenergie aus. Dieser hohe Wirkungsgrad hängt mit physikalischen Effekten zusammen, das Thema Wärmepumpe folgt in Abschn. 6.1. Allerdings bleibt diese Rechnung nur so lange vorteilhaft, wie die Temperaturdifferenz zwischen drinnen und draußen relativ gering bleibt. Mit einer Wärmepumpe lassen sich kühle 10 Grad Außentemperatur einigermaßen energiearm auf angenehme 20 Grad erwärmen. Soll das gleiche Gerät kaltes Wasser dagegen auf 60 Grad für eine Zentralheizung bringen, braucht es überproportional viel Strom und es lohnt sich kaum.

Die benötigte Energiemenge für Heizung wie Kühlung lässt sich durch unterschiedliche Maßnahmen beeinflussen. Die Wichtigste davon heißt Isolierung. Geeignete Dämmmaterialien und gute Fenster können den Energiebedarf fürs Heizen fast auf null reduzieren, sie halten so gut wie die gesamte Wärme im Inneren. Ist es draußen nicht zu kalt, reicht die Körpertemperatur der im Raum befindlichen Personen mitunter aus, um

[3] In Klassenzimmern sind es zum Beispiel 23 Grad – dies zeigt zumindest eine Studie von Prof. Dr. Michael Laar an der TH Deggendorf.

eine angenehme Temperatur zu erzeugen. Wir erinnern uns: Ein Mensch produziert circa 100 W, und diese äußern sich in Form von Körperwärme. Die solcherart konzipierten Nullenergiehäuser sind jedoch sehr dicht. Damit bringen sie den Nachteil mit sich, dass die Luft schnell schlecht wird und ausgetauscht werden muss. Wer dann die Fenster aufreißt, lässt gleichzeitig Kälte herein und muss wieder heizen. Zum Vergleich: Die Erwärmung von 50 m^3 Luft und von 15 L Wasser auf eine bestimmte Temperatur benötigt etwa die gleiche Energiemenge. Es handelt sich also um einen erheblichen Faktor in der Gesamtbilanz des jeweiligen Gebäudes. Dieser Problematik können wir jedoch begegnen, und um eine gute Dämmung nicht durch Lüften ad absurdum zu führen, bietet sich eine Wärmerückgewinnung beim Luftaustausch an. Derartige Technologien sind für Neubauten mittlerweile vorgeschrieben, mithilfe eines Wärmetauschers lässt sich ein erheblicher Teil der Wärme zurückgewinnen. Anstatt per Fensteröffnung sorgt eine eingebaute Lüftung für den Austausch.

Neben der Gebäudeklimatisierung existieren noch Sonderfälle für die Wärmegewinnung wie die Autoheizung. Bei Verbrennungsmotoren ist das kein Problem, wir können einfach die Motorwärme nutzen. Davon gibt es genug, über 60 % der im Kraftstoff enthaltenen Energie entweichen bei der Verbrennung in Form von Wärme. Der umgekehrte Fall ist weniger günstig: Eine Klimaanlage benötigt Strom und dieser muss vom Motor erzeugt werden. Im Elektroauto reicht jedoch in der Regel ein Klimaaggregat sowohl fürs Heizen als auch fürs Kühlen, sofern man die Wärmeentwicklung des Akkus nicht nutzt. Allerdings geht die Klimatisierung auf Kosten der Reichweite. So benötigt das Aufheizen im Winter etwas mehr Energie als das Kühlen im Sommer. Analysen zeigen, dass sich dieser Faktor besonders bei Kurzstrecken bemerkbar macht, wenn für wenig Fahren verhältnismäßig viel Klimatisierung erforderlich ist. Akkus können bei Kälte weniger Kapazität zur Verfügung stellen, da sie selbst geheizt werden müssen. Deshalb zeigen Messungen, dass die Reichweite bei Minusgraden signifikant sinkt. Falls das Auto am Stromnetz hängt, hilft es daher, es vor der Fahrt zur Arbeit aufzuheizen. Die Reichweite der Batterie steigt damit spürbar an, da wir sozusagen Wärme getankt haben.

Energiegeschichten: Das Feuer

Die Wärmegewinnung stellt historisch gesehen eine der wichtigsten Fertigkeiten seit Anbeginn der Menschheit dar – denken wir nur an das Lagerfeuer in der Steinzeit. Sie bildet einen zentralen Bestandteil unserer Evolution und kulturellen Entwicklung. Bereits in der prähistorischen Zeit (vor 1,5 bis 1 Mio. Jahren) dürften die Vorläufer des Homo Sapiens natürliche Feuer nach Blitzeinschlägen oder Ähnlichem genutzt haben, und die kontrollierte Nutzung lässt sich seit etwa 400.000 Jahren nachweisen. So war es unseren Urahnen möglich, Nahrung zu kochen und damit die Voraussetzung für ein verbessertes Gehirnwachstum zu schaffen und Krankheitserreger zu reduzieren. Zudem bot das Feuer Schutz vor Raubtieren. Seit wir uns darum noch ein Haus bauen, überleben wir auch in sehr ungünstigen Klimazonen. Ab 10.000 v. Chr. kommt die Landwirtschaft auf und das Feuer dient zudem zur Rodung von Flächen, zum Brennen von Ton und später zur Metallverarbeitung. Diese Fertigkeiten führten zur Sesshaftigkeit und handwerklichen Spezialisierung der Menschen. Ein Riesenschritt erfolgte dann in der industriellen Revolution, in der die Kohle das Holz ersetzte und Dampfmaschinen die zuverlässige Erzeugung mechanischer Energie ermöglichten. Erst mit der Kohle wurden die Menschen zu Netto-CO_2-Emittenten, da dabei geologisch gebundener Kohlenstoff freigesetzt wird. Erst in den vergangenen 100 Jahren ging die direkte Feuernutzung zugunsten von Elektrizität und Verbrennungsmotoren zurück. Die Wärme verkommt seitdem bei vielen Prozessen zum eher unerwünschten Abfallprodukt und mindert den Wirkungsgrad. Das Interessante: Seit Beginn der Menschheitsgeschichte blieb das Feuer stets ein Symbol für Leben und Zerstörung gleichermaßen. Auch heute noch steht unsere Spezies vor der Herausforderung, die Kraft des Feuers nachhaltig zu nutzen und besonders auf den Zusammenhang mit den damit verbundenen CO_2-Emissionen zu reagieren.

Die Erzeugung von Wärme und Kälte schlägt sich nicht nur in der Bilanz von Privatverbrauchern nieder, beides wird auch in der Industrie benötigt. Auch sie müssen Büros, Produktionshallen oder Lager beheizen oder kühlen, und es gilt dasselbe wie für den privaten Bereich: Der Energiemix ist ähnlich, und Faktoren wie Temperaturunterschiede oder Isolation spielen natürlich eine vergleichbare Rolle wie im Einfamilienhaus. Die Erzeugung der passenden Raumtemperatur benötigt jedoch nur einen kleinen Anteil, deutlich größere Energiemengen fließen etwa in Produktionsprozesse wie das Schmelzen von Stahl oder die Herstellung von Aluminium. Doch auch von diesen energieaufwendigen Prozessen abgesehen, fließt im vergleichsweise kühlen Deutschland ein großer Anteil der Energie in die Erzeugung von Wärme. Der Blick auf die Verteilung der Sektoren zeigt jedoch, dass der Verkehrssektor trotz allem an Nummer eins steht, und global gesehen sieht die Verteilung genauso aus.

4.2 Privat- und Frachttransport

Der Verkehrssektor steht in Deutschland für rund 30 % des gesamten Verbrauchs und sein Energiehunger hängt vor allem damit zusammen, dass weltweit eine hohe Nachfrage nach Transportdienstleistungen herrscht – egal ob es um Personen- oder Frachtbeförderung geht. Dabei handelt es sich um ein junges Phänomen, bis ins 19. Jahrhundert hinein waren Mensch und Ware deutlich weniger mobil. Es gab zwar Handwagen, Ochsenkarren, Pferdekutschen, Segelschiffe und so weiter, diese waren jedoch wenig leistungsfähig und der Transport damit oftmals zu aufwendig. Die Folge: Die Menschen und auch die meisten Produkte blieben an einem Ort. Ein grundlegender Wandel kam erst mit der Erfindung von Verkehrsmitteln mit Maschinenantrieb. Bekannt wurde die Eisenbahn im heutigen Sinne im Jahr 1808, als sie der Engländer Richard Trevithick in London vorführte. Das Interessante daran: Seine Lokomotive lief auf einer Kreisbahn und das Ganze glich eher einer Jahrmarktsattraktion. Danach dauerte es nochmals einige Jahre, bis die erste öffentliche Eisenbahn 1825 die Städte Shildon und Stockton-on-Tees in Nordengland verband. Bei dieser Strecke ging es zwar hauptsächlich um die Verbindung der umliegenden Gruben und Zechen, es wurden jedoch auch Personen befördert. Aufgrund des großen Erfolgs wuchs das Eisenbahnnetz dann weltweit explosionsartig, bereits 1885 betrug die Streckenlänge in Großbritannien etwa 30.000, in Deutschland sogar knapp 40.000 km. Stand 2013 liegen auf der Welt circa 1,15 Mio. Kilometer Schienennetz. Die längsten Strecken befinden sich in Amerika, die meisten Passagier- und Frachtkilometer werden jedoch in Asien zurückgelegt. In der Abb. 4.4 sieht man, wie sich eine exponentielle Entwicklung vollziehen kann. Das gerade einmal 332 km lange Streckennetz des Jahres 1830 vertausendfachte sich in 50 Jahren durch exponentielles Wachstum auf 367.235 km.

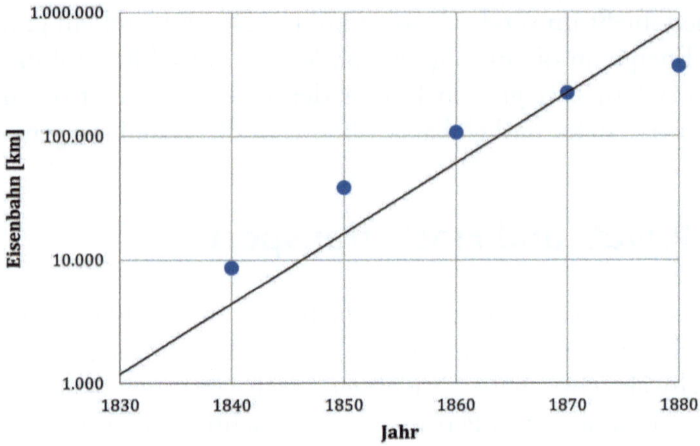

Abb. 4.4 Entwicklung des Eisenbahnnetzes (logarithmisch). (Eigene Darstellung, Datenquelle: Meyers Konversationslexikon, 4. Auflage, 1886)

Dieser große Erfolg kommt nicht von ungefähr. Die Bahn ist ein energetisch effizientes Verkehrsmittel, der Rollwiderstand ihrer Stahlräder liegt um den Faktor zehn unter dem von Autoreifen. Der Energieverbrauch eines Zuges wächst aufgrund des Luftwiderstandes quadratisch mit steigender Geschwindigkeit. Deshalb verbrauchen ICE, TGV & Co. überproportional viel Strom im Vergleich zu langsamen Zügen. Allerdings steht diese Rechnung nicht für sich allein. In unserer Gesellschaft ist Zeit kostbar, sodass den Mehrkosten der Fahrt an sich die eingesparte Zeit von Personen und Gütern gegenübersteht. Zudem ist festzustellen, dass der Energieverbrauch im Zugverkehr seit 1995 kontinuierlich sinkt. So werden die Antriebe immer effizienter und beim Bremsen wirken die Motoren vieler moderner Lokomotiven als Generatoren, sodass der Strom zurück in die Fahrleitung fließt.

Erst lange nach dem Durchbruch der Eisenbahn kamen mit Pkw und Lkw ernsthafte Konkurrenten auf. Mehr als 100 Jahre lang dominierte die Bahn den Landtransport, und erst nach 1945 setzte – beginnend in den USA – ein fast weltweiter Niedergang ein. Ausnahmen bildeten zunächst etwa die kommunistischen Staaten, in denen der Individualverkehr weniger zunahm. Heute verbrauchen Pkws und Lkws einen großen Teil der Energie im Verkehrssektor. Dabei lief der Beginn der Motorisierung im Straßenverkehr ziemlich holprig ab, es gab zunächst große Widerstände und manche Staaten reagierten auf die herrschenden Ängste per Gesetz. Wie absurd Regulierungsbemühungen im Nachhinein aussehen können, zeigt der britische Red Flag Act aus dem Jahr 1865. Demnach musste ein Fußgänger vor jedem Automobil hergehen und zur Warnung eine rote Flagge tragen. Erst 1896 schaffte das Oberhaus diese Regel wieder ab. Im Kanton Appenzell Innerrhoden in der Schweiz wurde das Autofahren erst am 23. September 1925 offiziell erlaubt. Was lernen wir daraus? Neue Technologien erschrecken viele Menschen und rufen starke Abwehrreflexe hervor. Wir sind nun einmal Gewohnheitstiere und können uns Neues kaum vorstellen. In eine ähnliche Richtung gehen derzeit die Bedenken in puncto Elektromobilität. Vor allem die Batterien beherrschen die Diskussion und mit ihnen die vermeintlichen Reichweitenprobleme. Doch kommen zu diesem Thema fast täglich Neuigkeiten, sodass die Betriebskosten von E-Autos bald unter denen der Verbrenner liegen dürften. Hinzu kommt noch eine andere Entwicklung: Derzeit wachsen die Märkte für E-Autos und Batterien exponentiell, vorwiegend in Asien, womit Skaleneffekte die Preise weiter drücken werden. Diese Entwicklungen äußern sich in dynamischen Wachstumszahlen der E-Autos weltweit. Die Abb. 4.5 umfasst alle E-Fahrzeugtypen von Pkw über Busse bis zu Lkw. Hier sieht man einen exponentiellen Trend, ähnlich wie beim Wachstum der Eisenbahnstrecken vor fast 200 Jahren.

Das jüngste Massenverkehrsmittel heißt Flugzeug. Seit den 90ern zählen wir mehr als eine Milliarde Flugpassagiere weltweit pro Jahr und eine Million Menschen befindet sich immer in der Luft. Dazu kommt: Alle Prognosen erwarten weiter steigende Verkehrsleistungen im Flugverkehr. Trotz effizienterer Triebwerke nahm die weltweit getankte Kerosinmenge zwischen 1990 und 2017 um 73 % zu.[4] Damit stammen rund 2,5 % der weltweiten CO_2-Emissionen vom Flugverkehr. Zudem erzeugt der Ausstoß von Partikeln in Flughöhe Kondensstreifen, die einen zusätzlichen erwärmenden Effekt in gleicher Größenordnung haben. Es herrscht also doppelt Druck, diese Emissionen zu senken. Dazu sind mehrere Ansatzpunkte denkbar. Mehr noch als bei allen anderen Verkehrsmitteln hängen Leistungsfähigkeit und Effizienz eines Flugzeugs von seinem Ge-

[4] Die Zahlen in diesem Abschnitt stammen vom Umweltbundesamt.

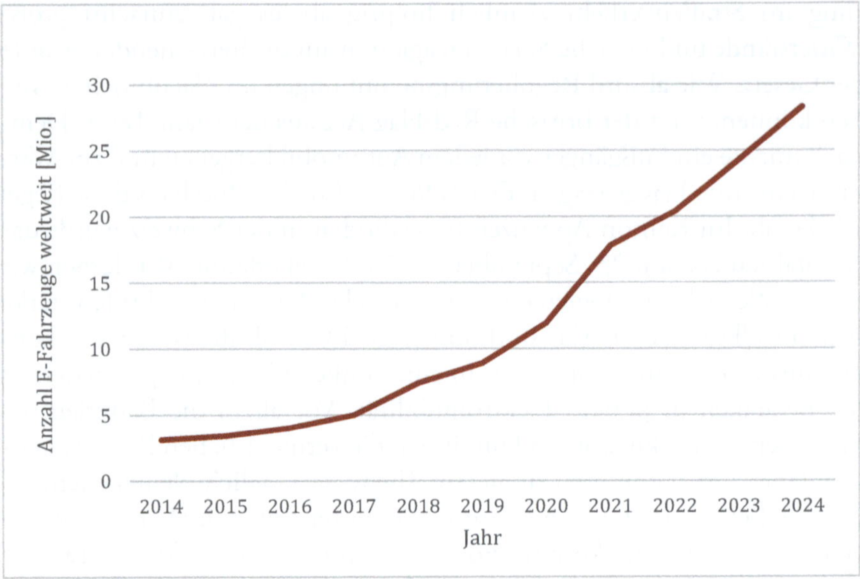

Abb. 4.5 Anzahl der E-Fahrzeuge weltweit. (Quelle: IEA. CC BY 4.0 (The International Energy Agency (IEA) https://www.iea.org/data-and-statistics/data-tools/global-ev-data-explorer))

wicht ab. Je leichter, desto weniger Energie braucht es für den Flug. Weitergedacht bedeutet dieser Zusammenhang, dass das Fliegen einen Kraftstoff mit hoher Energiedichte benötigt. Er darf also nur sehr wenig wiegen pro enthaltener Energieeinheit. Derzeit technisch mögliche Stromspeicher erfüllen diese Bedingung nicht. Zudem wissen wir aus Biologie und Physik, dass die Kohlenwasserstoffe die beste Wahl darstellen – sprich, nur Benzin verfügt über das Potenzial, einen Jet mit 400 t Gesamtgewicht über einen Ozean zu bringen. So müssen wir bedauerlicherweise konstatieren, dass im Passagierbetrieb auch mittelfristig nicht mit einem Elektrojet von Frankfurt nach New York geflogen wird. Möglicherweise können aber mithilfe von Strom erzeugte Treibstoffe das Problem beheben: Stichwort E-Fuel.

Eines der ältesten Transportmittel der Menschheit ist das Schiff, und schon sehr lange können Menschen damit weite Strecken überbrücken sowie Unmengen laden. Vor 5000 Jahren haben die Ägypter Segelschiffe gebaut, und bereits um das Jahr 1000 sind skandinavische Wikinger über den Atlantik gekommen und in Nordamerika gelandet. Diese Bedeutung hat die Seefahrt auch heute noch. Das weltweit bedeutendste Transportgut heißt nach wie vor Rohöl, es macht allein etwa ein Viertel der Ladungen aller Seetransporte aus. Neben Öl und Ölprodukten bilden Container heute den wichtigsten Teil der globalen Lieferketten. So kommen mehr als 90 % aller weltweit produzierten Waren zumindest teilweise per Containerschiff. Sogar mehr als 40 % des EU-Binnenhandels erfolgen auf dem Wasserweg. Die Schifffahrt lässt sich grob in den Markt für Flüssigladungen wie Öl und Ölprodukte sowie den Markt für trockene Ladungen aufteilen. Zu diesen Trockenladungen gehören unter anderem Eisenerz, Kohle, Getreide, Futter- und Düngemittel. Zudem gibt es die sogenannten Stückgüter, die meist per Container unterwegs sind oder in so großen Mengen anfallen, dass sie ganze Schiffsladungen allein füllen – etwa Autos. Vor allem die Standardisierung von Containern hatte zur Folge, dass sie mit jedem beliebigen Transportmittel befördert und schnell umgeladen werden können. Die größten Containerschiffe sind heute bis zu 400 m lang und können knapp 25.000 Container laden. Damit sanken die Transportkosten dramatisch und ein Kilogramm im Container um die halbe Welt zu schicken, kostet heute gerade einmal 5 Cent. Beim Blick auf den Globus sehen finden sich zwei Hauptrouten der Seeschifffahrt. Eine führt von Asien an den Westen der USA, die andere von Asien über den Suezkanal und das Mittelmeer nach Europa. Gerade auf den Ozeanen dient hauptsächlich das sogenannte Schweröl als Treibstoff. Dabei handelt es sich um Rückstände aus Erdölraffinerien, die preiswert zu haben sind. Allerdings enthielten sie bis vor einiger Zeit noch einen großen Anteil an Schwefel. Bei der Verbrennung entstehen daraus Schwefeloxide und diese führen zur Bildung von Seenebel. Aus diesem Grund zeigen alte Satellitenbilder oft lange Nebelspuren hinter den Schiffen. Da die winzigen Tröpfchen das Sonnenlicht hervorragend reflektieren, hatten diese einen abkühlenden Effekt. Seit dem weltweiten Verbot hoher Schwefelkonzentrationen im Jahr 2020 sind diese Wolken weitgehend verschwunden und es kam zu einer messbaren Erwärmung des Ozeanwassers.[5]

[5] Die Angaben stammen vom International Council on Clean Transportation.

Die verschiedenen Verkehrsmittel Eisenbahn, Pkw/Lkw, Flugzeug und Schiff verfügen also jeweils über ganz spezielle Rahmenbedingungen. Zudem lässt sich ihre Antriebsart nicht beliebig verändern, sie wird weitgehend von den jeweiligen Anforderungen bestimmt. Diese schränken aufgrund der Reichweitenanforderung die Wahl des Kraftstoffs ein. Eine Dekarbonisierung – sprich ein Umstieg auf Elektroantriebe – lässt sich auf absehbare Zeit nicht überall bewerkstelligen. Ohnehin sollte man bedenken, dass elektrische Verkehrsmittel bei isolierter Betrachtung zwar CO_2-arm sein können, die Gesamtenergiebilanz jedoch vom Strommix abhängt. Es kommt immer darauf an, woher der Strom stammt. Davon abgesehen bietet sich noch ein anderer Vergleichsmaßstab für die Beurteilung der unterschiedlichen Verkehrsmittel an: Dieser misst den Verbrauch pro Personenkilometer (Pkm) oder Tonnenkilometer (tkm) für Fracht (Tab. 4.1). Interessant ist in diesem Zusammenhang, dass ICEs und Autos gleichermaßen etwa eine Tonne Material bewegen, um einen Menschen zu transportieren. Beim Flugzeug ist es dagegen nur ein Drittel. So passen bis zu 180 Personen in einen Airbus A320, er bringt es jedoch nur auf ein Leergewicht von knapp 50 t und auf ein Startgewicht, inklusive Passagiere, Gepäck und Kerosin, von 66 bis 78 t.[6] Doch sagt das Gewicht nur wenig über den Energieverbrauch. Die Tab. 4.1 zeigt zum Beispiel, dass die Bahn beim Personen- und Frachttransport ausgesprochen effizient fährt. Bemerkenswert ist die Diskrepanz beim Schiff: Ein Containerschiff verfügt über den geringsten Energieverbrauch aller Transportmittel, das Kreuzfahrtschiff dagegen über den höchsten. Wer hätte gedacht, dass ein Langstreckenflug auf der gleichen Entfernung effizienter ist als eine Autofahrt?

Ein Aspekt beim Vergleich von Auto, Bahn und Flugverbindungen wird oft übersehen. Autos müssen eine Straße nutzen, Züge passende Bahngleise. Damit wird die zu fahrende Strecke länger als die Luftlinie zwischen zwei Orten. Die Faustformel dafür: Auto- oder Bahnstrecken sind um den Faktor 1,3 länger als die Luftlinie zwischen zwei Orten. Damit ist der tatsächliche Verbrauch des Autos oder auch der Bahn höher, zumindest wenn man die Luftlinie zwischen den Flughäfen vergleicht und von dort aus nicht noch weiter muss. Ein weiterer Aspekt ist,

[6] Zahlen von http://www.airplanepics.ch/Flugzeugtypen/A%20320-200.html.

Tab. 4.1 Energieverbrauch verschiedener Verkehrsmittel

Verkehrsmittel (Personentransport)	Energieverbrauch (kWh/Pkm)
Bahn	0,06
Auto (Elektro)	0,14
Flugzeug (Langstrecke)	0,50
Auto (Verbrenner)	0,64
Kreuzfahrtschiff	0,70

Verkehrsmittel (Frachttransport)	Energieverbrauch (kWh/tkm)
Containerschiff	0,04
Güterzug	0,08
LKW	0,42
Frachtflugzeug	2,78

Quellen: Studien von ICCT, Umweltbundesamt, IEA. Es handelt sich um gerundete Durchschnittswerte

dass Bahn- und Autobahntrassen sehr viel Fläche benötigen und dabei pro gebautes Streckenkilometer außerordentlich teuer sein können. Flugzeuge benötigen kaum Verkehrsfläche außer dem Flughafen. In diese Betrachtung nicht eingerechnet ist die nötige Infrastruktur. Ein Flugzeug benötigt lediglich Flughäfen, Autos oder Züge erfordern umfangreiche Netzwerke von Straßen und Schienen.

Durch Effizienzsteigerungen und andere Anpassungen lassen sich diese Zahlen in den nächsten Jahren möglicherweise drücken. Denn der Verbrauch hängt unter anderem von Technologie, Auslastung und Strecke ab, sowie von Fahrweise und Aerodynamik. Mögliche Einsparungen dürften allerdings kompensiert werden durch die insgesamt ansteigende Verkehrsleistung. Vor allem Autos, Lkw, Flugzeuge und Schiffe befördern immer mehr Menschen und Waren. So ist mittelfristig mit höheren Emissionen des Verkehrssektors zu rechnen, bevor etwa grüne E-Fuels verfügbar sind und mehr erneuerbare Quellen zum Einsatz kommen. Bislang dominieren fossile Kraftstoffe den Verkehrssektor in Deutschland, im Jahr 2022 machten sie etwa 98,1 % des Verbrauchs an Endenergie aus. Anteilig fließen 27,1 % in Form von Benzin, 52 % als Diesel, 15,5 % als Flugkraftstoff und 0,3 % als Flüssig- und Erdgas. Der Anteil von Biokraftstoffen liegt bei 5,1 % und nur rund 1,9 % entfallen auf Strom – obwohl die Bahn hierzulande zu 75 % elektrisch fährt. Seit 1995 hat der Verbrauch von Diesel kontinuierlich zugenommen und lag 2022

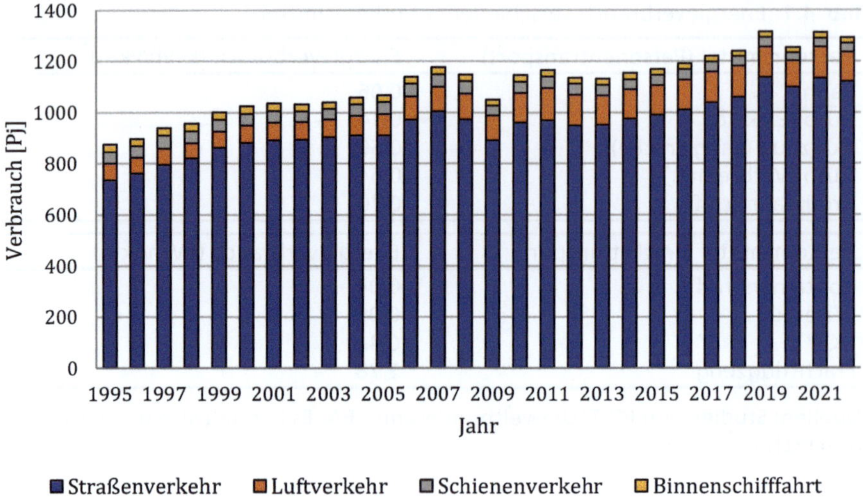

Abb. 4.6 Entwicklung des Primärenergieverbrauchs im deutschen Güterverkehr. (Quelle: Umweltbundesamt)

etwa 25 % höher als im Jahr 1995. Analog hat sich der Verbrauch der Vergaserkraftstoffe wie Benzin verringert. Obwohl sie das umweltfreundlichste Verkehrsmittel ist, stagniert die Bahn in Deutschland oder ist sogar rückläufig. Ganz anders sieht es beispielsweise in den USA aus, dort boomt der Schienengüterverkehr und liegt mit seiner Transportleistung weit vor dem Lkw. Allerdings fahren die Bahnen dort hauptsächlich mit Dieselkraftstoff. Doch zurück nach Deutschland: Hier steigt auch der Verbrauch von Kerosin, hauptsächlich durch die Zunahme internationaler Flüge. Abb. 4.6 verdeutlicht, was sich täglich auf den Straßen beobachten lässt: Beim Güterverkehr dominiert der Lkw mit großem Abstand. Ebenso zeigt sie die Zunahme des Güterverkehrs hierzulande insgesamt.

In der Praxis fällt es schwer, die in der Grafik zu erkennende Aufteilung zu verändern und damit auch die Emissionen des Güterverkehrs nachhaltig zu senken. Diese Schwierigkeit lässt sich mit einer zentralen Herausforderung des Schwerverkehrs begründen: Die Fahrzeuge müssen möglichst viel Masse bei möglichst kleinem Fahrzeuggewicht transportieren. Deshalb sind Antriebsarten per se mit Vorsicht zu genießen, die mehr wiegen als der herkömmliche Dieselmotor. Durch die geringe Energiedichte von Batterien war es bislang kaum möglich, Lastwagen zu elektrifizieren. Batterien liegen mit derzeit circa 0,2 kWh pro Kilogramm deutlich unter der von Diesel mit 12 kWh_{TH}. Übrigens speichert Wasserstoff nur ein Drittel der Energie der synthetischen Kraftstoffe. Die jüngsten Fortschritte bei der E-Mobilität haben jedoch dazu geführt, dass manche Elektro-Lkw heute ähnlich weit fahren wie Dieselmodelle. Dazu kommt, dass die Reichweite im nahen Zubringerverkehr nur eine untergeordnete Rolle spielt.

Wissen muss man zudem, dass es selten ums Gewicht geht. Die meisten Lastwagenladungen werden eher durch das Volumen der jeweiligen Güter begrenzt. Die in der Diskussion befindlichen Giga-Lkw sollen daher vorrangig mehr Platz bieten und können dazu beitragen, die Anzahl der Fahrten zu reduzieren. Dieser kurze Überblick zeigt, dass die Beurteilung von Energieform und Transportmitteln für den Warentransport nicht so leicht fällt, die jeweiligen Positionen hängen stark von den verwendeten Maßstäben ab. Zudem sollte eine faire Messung das Gesamtsystem der jeweiligen Verkehrsleistung berücksichtigen. Das offensichtlichste Beispiel dieser Rechnung: Ein Elektrolastwagen ist nicht CO_2-neutral, wenn der Strom aus einem Kohlekraftwerk kommt. Doch bei allen Bemühungen um Veränderungen beim Güterverkehr: Fast zwei Drittel des gesamten Primärenergieverbrauchs gehen auf das Konto des Personenverkehrs und nur etwas mehr als ein Drittel fließt in Lkw & Co.

Dieser Energiehunger des Privatverkehrs kann sich jedoch ändern. Denn neue Rahmenbedingungen für den Straßenverkehr sind absehbar, sollten Fahrzeuge in großem Maßstab autonom fahren. Derartige Plattformen sind international in der Praxis im Einsatz. Waymo, Tesla und einige chinesische Hersteller experimentieren damit erfolgreich auf öffentlichen Straßen. Die in der Diskussion befindlichen Robotaxis könnten das eigene Auto überflüssig machen. Besteht Transportbedarf, ruft man das nächste Fahrzeug an und steigt ein. Allein aufgrund der Einsparpotenziale – Autos stehen bisher durchschnittlich 23 h pro Tag nutzlos herum und im Dauerbetrieb würden sie weniger kosten – dürften viele

Menschen solche Technologien nutzen. Damit sinkt zwar nicht die Fahrleistung insgesamt, sie kann sogar etwas steigen, weil man abgeholt wird. Insgesamt braucht es aber weniger Autos.

Das autonome Fahren beeinflusst nicht nur die Rahmenbedingungen für den Personentransport, sondern auch die Logistik steht vor Umwälzungen. In einem autonomen Lkw muss zum Beispiel kein Lkw-Fahrer mehr Lenkzeiten einhalten und der Platz für die Fahrerkabine steht für Fracht oder die Batterie zur Verfügung. Standzeiten lassen sich reduzieren und damit verbessert sich auch die Kostenstruktur der Fahrzeuge. Denkt man noch weiter, könnten autonome Transportcontainer sogar selbstständig zum Güterzug fahren und am Zielbahnhof zur lokalen Verteilung. Ein Beispiel: Der Transportcontainer wird in Spanien am Feld mit Orangen beladen, fährt zum nächsten Güterbahnhof und dann Richtung Paris. Dort „steigt" der autonome Container in den Zug nach Köln um. Nach dem Verlassen des Güterbahnhofs fährt er autonom zum Supermarkt und liefert seine Orangen dort ab. Funktioniert das autonome Fahren, wäre ein derartiges Szenario kein Problem. Die Logistik könnte sich grundlegend ändern.

Der bereits bekannte Zusammenhang von Verbrauch und Status zeigt sich auch im Verkehrssektor: Wohlhabende Menschen verlangen nach mehr Transportleistungen als ärmere. Dieses Phänomen kennt jeder „reiche Westler" aus eigener Erfahrung. In den Natur- und Kultursehenswürdigkeiten von armen Ländern tummeln sich vorwiegend asiatische, europäische oder amerikanische Touristen, in unseren Städten sehen wir vergleichsweise wenige Menschen aus Afrika oder Südamerika als Besucher. Sie können sich einen solchen Trip nicht leisten, viele arme Menschen kommen ihr Leben lang nicht aus ihrer Heimatprovinz heraus. Ähnliches gilt für den Frachttransport. Zum Beispiel finden sich in durchschnittlichen Wohnungen hierzulande zahlreiche Produkte aus aller Welt, in ärmlichen Behausungen finden sich deutlich weniger Dinge. Nicht zuletzt stehen 25 % aller Transporte im Zusammenhang mit Ernährung, also landwirtschaftlichen Produkten und verarbeiteten Lebensmitteln, die im Lkw, Schiff oder gar mit dem Flugzeug transportiert werden. Mit den Transportleistungen und damit auch den damit verbundenen Energieverbräuchen sowie CO_2-Emissionen korrelieren diese direkt mit der Kaufkraft der Menschen. Dieses Phänomen zeigt sich auch in der nächsten Nutzungsart, den Lebensmitteln. In der Regel enthalten unsere Kühlschränke diverse Produkte aus aller Welt, in armen Ländern ist der Speiseplan viel lokaler.

4.3 Lebensmittel

Alle Lebewesen benötigen Energie, die Grundlagen beim Menschen kamen bereits zur Sprache. Diese Energie muss in Form von Lebensmitteln durch die Landwirtschaft sowie der gesamten Ernährungsindustrie erzeugt werden. Dabei verbraucht diese Sparte ungefähr 20 % der weltweit bereitgestellten Energie. Eine ganze Menge also, in Zahlen sind das rund 32 Billionen Kilowattstunden pro Jahr. Welche Menge für die Herstellung eines bestimmten Nahrungsmittels erforderlich ist, hängt von den jeweiligen Produktionsmethoden ab. Für die folgenden Betrachtungen gehen wir von der umfassend industrialisierten Landwirtschaft der westlichen Welt aus, schließlich lässt sich der Trend zu deren Methoden weltweit beobachten. Schauen wir uns im Detail an, wie dieser hohe Energieverbrauch zustande kommt. Lebensmittel werden durch mehr oder weniger technische Prozesse produziert, am Beginn der Kette steht der Düngemitteleinsatz. Dieser benötigt circa 1/4 der gesamten Energie, die uns die Lebensmittel hinterher liefern. Zum Einsatz kommt primär Stickstoffdünger, früher zumeist in Form von Gülle und Mist, heute aus Luftstickstoff und Methan gewonnen. Seit Beginn des 20. Jahrhunderts ist es möglich stickstoffhaltige Düngemittel auf Basis von Ammoniak künstlich herzustellen, Grundlage ist das Haber-Bosch-Verfahren. In der Regel wird dazu Erdgas aufgespalten, und aufgrund der hohen Produktionsmengen verursacht es mehr als ein Prozent der weltweiten CO_2-Emissionen. Es gibt auch andere technische Prozesse, zum Beispiel auf Basis von Wasserstoff.

Werfen wir noch einen genaueren Blick auf die bereits erwähnte Verarbeitungskette. Zunächst braucht es Felder, auf denen etwa Getreide wächst. Dieses Getreide bezieht seine Energie von der Sonne. Normalerweise bleibt dieser Anteil außer Acht, schließlich bekommen wir ihn kostenlos und niemand führt eine Statistik. Gleichwohl können wir diese Energie berechnen und wissen, dass die Pflanzen das Sonnenlicht relativ ineffizient umwandeln – nur etwa ein Tausendstel der Sonnenenergie wandert in die Lebensmittel. Pflanzen brauchen erstaunlich viel Sonnenenergie zur Produktion essbarer Ergebnisse wie Kartoffeln oder Mais. Das ist auch ein Grund, warum der Anbau von Energiepflanzen nicht sinnvoll ist: Eine Solarzelle kann, ohne Dünger und Bewässerung, auf der gleichen Fläche fast hundertmal mehr Energie liefern.

Soviel zur puren Natur, jetzt kommt wieder die Verarbeitungskette ins Spiel. 6,4 Billionen Kilowattstunden und damit rund 20 % der oben erwähnten Gesamtmenge an Energie fließen direkt in die Produktion von Getreide, vom Traktor bis zum Mähdrescher. Die Hälfte dieser Lebensmittel essen wir etwa in Form von Getreideprodukten oder Reis, die andere Hälfte dient als Futtermittel für Tiere und wird damit zu Fleisch. Dann kommt der größte Anteil: Circa die Hälfte der Energie wird benötigt, um die ursprünglichen Lebensmittel vom Feld in Lebensmittel für den Verkauf umzuwandeln. Dieser Anteil umfasst die gesamte Kette von der Ernte, über Schritte wie Trocknung, Lagerung und Transport. Erst dann liegt das Produkt als Lebensmittel verpackt oder unverpackt im Supermarkt. Die noch fehlenden 30 % gehen auf unsere Kappe als Verbraucher; wir müssen diese Lebensmittel einkaufen, nach Hause fahren und Essen daraus zubereiten. Statistiken zeigen zudem, dass ein nennenswerter Teil weggeworfen wird und der gesamte Energieeinsatz für diese Produkte somit vergebens war. Hier kann jeder persönlich überlegen, ob sich Wegwerfen vermeiden lässt. Diese Energieverbrauchsrechnung differiert weltweit jedoch erheblich. So nutzen die Menschen südlich der Sahara praktisch keine Düngemittel und können nur ernten, was der Boden hergibt. Bei uns fließt Energie nicht nur in den erwähnten Kunstdünger, sondern wir kultivieren Obst und Gemüse zudem häufig in Gewächshäusern. Für eine derart industrialisierte Landwirtschaft kommen erstaunliche Zahlen heraus. Es braucht für die Produktion von einem Kilogramm frischen Tomaten aus dem beheizten Gewächshaus etwa so viel (2,9 kg CO_2-Äq./kg) Energie, wie für die Herstellung der gleichen Menge Fleisch (4,6 kg CO_2-Äq./kg).[7] Selbstverständlich gelten diese Rechnun-

[7] Guido Reinhardt, Sven Gärtner, Tobias Wagner, Ökologische Fußabdrücke von Lebensmitteln und Gerichten in Deutschland, ifeu, Heidelberg, 2020.

gen nicht für die Tomaten aus dem eigenen Garten, sondern für die gekauften Gewächshaustomaten.

Vor einer Forderung nach einer Reduzierung des Fleischkonsums sind erst einmal die zugrunde liegenden Kriterien zu analysieren. In diesem Zusammenhang verdient ein weiterer Punkt Beachtung: die Bewässerung. Ohne sie wäre Landwirtschaft in vielen Gegenden nur eingeschränkt möglich und mit ihrer Hilfe lassen sich Felder sogar zwei- oder dreimal pro Jahr abernten. Die dazu nötigen Wassermengen werden zumeist aus Tiefbrunnen hochgepumpt. Dazu werden bis zu einer Kilowattstunde pro Kubikmeter Wasser benötigt. Zudem kann sich der Wasserverbrauch für den Obst- und Gemüseanbau lokal ungünstig auswirken, etwa auf den Grundwasserspiegel. Eine Alternative ist entsalztes Meerwasser, das allerdings vier Kilowattstunden pro Kubikmeter an Energie benötigt, um das Salz aus dem Wasser zu entfernen. In Wüstengegenden kann sich das lohnen, da dort Solarenergie oft für 2 ct/kWh zur Verfügung steht. Rein aus Energiesicht ergibt sich daraus ein Wasserpreis von etwa 10 ct/m^3.

Der bislang nur am Rande erwähnte Transport spielt in der Energierechnung von Lebensmitteln eine erhebliche Rolle. Viele Sorten legen große Entfernungen zurück, und wenn frisches Obst aus Neuseeland im Supermarkt liegt, dann muss der Apfel die halbe Erde umrunden, er reist also 20.000 km. Lebensmittel legen – je nach Produkt und Lieferkette – sehr unterschiedliche Distanzen zurück. Studien für die USA schätzen etwa 1600 bis 2400 km vom Produzenten bis zum Handel und rund 6800 km über die gesamte Lieferkette. Weltweit wird der größte Teil der Transportleistung per Schiff und Lkw erbracht, selten von Bahn und Flugzeug.[8] Die Durchschnittsentfernung kommt durch Güter wie Getreide, Mais oder Säfte zustande – sie stammen häufig aus Ländern mit großen Flächen und damit etwa aus Nord- oder Südamerika. Wir wissen jedoch schon, dass der Schiffstransport außerordentlich effizient erfolgt und nur sehr wenig Energie pro Kilogramm Transportgut benötigt. Kaum präsent im öffentlichen Diskurs ist dagegen die letzte Meile. Wie kommt die Ware vom Supermarkt in die eigene Wohnung? Wer mit dem Auto zehn Kilometer zum Supermarkt fährt und vielleicht nur eine

[8] Weber, Christopher L., Matthews, H. Scott, Food-Miles and the Relative Climate Impacts of Food Choices in the United States doi:10.1021/es702969f.

Milch, ein paar Äpfel und ein bisschen Salat kauft, erzeugt einen erheblichen Energieaufwand für die Beschaffung der Kalorien aus den gekauften Lebensmitteln. Anders ausgedrückt: Der Transport des Apfels aus Neuseeland belastet die Umwelt weniger, als die paar Kilometer zum Supermarkt per Auto. Rein aus der Energieperspektive betrachtet, sollten wir auch viele Fischarten erwähnen. Hier schlägt vorwiegend der Dieselkraftstoff für die Schiffsflotte enorm zu Buche und teilweise macht er die Hälfte der Kosten für frischen (Hoch-)Seefisch aus. Diese hohen Treibstoffkosten werden bemerkenswerterweise in der EU durch Subventionen reduziert. Lokale Fischerei oder küstennahe Aquakulturen benötigen selbstverständlich weniger Transportenergie.

Ein weiteres Glied der Verarbeitungskette heißt Lagerung. So verbrauchen die großen Kühlhäuser erhebliche Energiemengen; um die Temperatur eines Durchschnittskühlhauses um ein Grad abzusenken, sind mehr als vier MWh erforderlich. Interessant ist an dieser Stelle die thermische Trägheit eines Kühlhauses, das Gefrierprodukte lagert. Da diese großen Lagerhallen gut isoliert sind, dauert es bei abgeschalteter Kühlung einen Tag, bis die Temperatur um ein Grad steigt, bei geeigneter Tiefkühlung also mehrere Tage, bis die kritischen − 18 °C erreicht werden; die Details hängen vom jeweiligen Kühlhaus ab. Diesen Effekt kann man bei der Energieversorgung insofern nutzen, dass bei überschüssiger Wind- oder Solarenergie das Kühlhaus um einige Grad stärker abgekühlt wird als erforderlich. Bei längerer Flaute können die Kühlaggregate warten, bis sich die Lage entspannt und günstiger Strom verfügbar ist. Aber nichts kommt ohne Zusatzkosten. In diesem Fall benötigt man größere Kühlaggregate, die in der kurzen Zeit kräftigen Winds oder Sonneneinstrahlung das Kühlhaus rasch abkühlen.

Mit der Kühlung bei den Herstellern ist es nicht getan, auch die Lagerung im Supermarkt benötigt viel Energie. Diese fließt zum Großteil in die Erzeugung von Gewerbekälte, und bei den Kühlanlagen geht circa ebenso viel Energie in Kälte, wie in Abwärme. Diese lässt sich zur Gebäudeheizung und Warmwasserbereitung nutzen, sie eignet sich je nach Größe des Marktes sogar für benachbarte Wohnquartiere. Für viele Menschen sicher überraschend: Die heimischen Kühlschränke tragen einen signifikanten Teil zum erheblichen Energieverbrauch der Kühlkette bei.

Die jeweilige Menge hängt stark von der Qualität des Gerätes und von den Nutzungsgewohnheiten ab.

4.4 Materialien

In unserer näheren Umgebung befinden sich fast ausschließlich Gegenstände, die im Rahmen eines industriellen Produktionsprozesses hergestellt wurden. Dazu benötigen die Unternehmen Energie. Die größten Verbraucher im Produktionssektor – auch verarbeitendes Gewerbe genannt – sind die chemische Industrie, die Metallverarbeitung sowie die Glas- und Papierindustrie. Sie nutzen Energie in unterschiedlichen Formen, etwa in Form von elektrischem Strom, als Wärme oder direkt als Brennstoff wie Erdgas und Kohle. Auch im verarbeitenden Gewerbe ist der Energieverbrauch über 10 Jahre hinweg weitgehend konstant geblieben, allerdings ging der spezifische Energieverbrauch zurück. Mit anderen Worten: Für die Herstellung einer Tonne Stahl oder Chemieprodukte wenden die Betriebe immer weniger Energie auf, sie arbeiten offensichtlich effizienter. Die Fortschritte sind teilweise erstaunlich, so sank die Primärenergieintensität der deutschen Gummi- und Kunststoffwarenindustrie um 34 %, die der Glas-, Keramik-, Steine- und Erdenverarbeitung um 23 % sowie die der Nahrungs- und Futtermittelindustrie um circa 24 %.[9] Hier lässt sich also ein echter Fortschritt konstatieren, für andere Zahlen gilt dagegen die bereits erwähnte Einschränkung: Statistiken zum Energieverbrauch bestimmter Sektoren eignen sich nur begrenzt, um die Entwicklung der Energieeffizienz in den jeweiligen Herstellungsprozessen zu analysieren. Vielleicht haben die Kunststoffbetriebe weniger produziert und deshalb sank auch der Verbrauch? Zu beachten ist zudem, dass die Energiekosten vor Beginn der Energiekrise über Jahre hinweg kontinuierlich sanken. Ein Beispiel bildet der Rückgang in der Papierindustrie. Deren Energiekostenanteil an den Gesamtkosten betrug im Jahr 2008 knapp 30 %, um bis 2020 auf circa 9 % zu fallen. Im Jahr 2022 flossen dagegen wieder 34 % der Kosten in Richtung Energie.[10]

[9] Diese Zahlen stammen vom Statistischen Bundesamt, siehe Quellenverzeichnis.

[10] Diese Zahlen stammen aus der strukturellen Unternehmensstatistik von Eurostat.

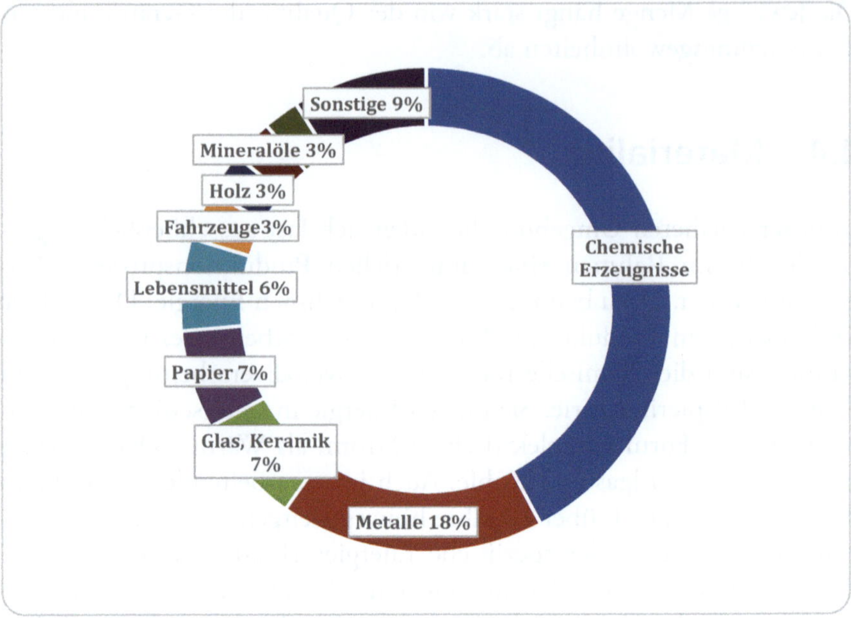

Abb. 4.7 Primärenergieverbrauch nach Sektoren im verarbeitenden Gewerbe. (Quelle: Statistisches Bundesamt, Zahlen für 2022)

Aufschluss bietet zudem ein Blick auf Abb. 4.7, die Verteilung des Energieverbrauchs in den einzelnen Sektoren des verarbeitenden Gewerbes. Vor allem die chemische Industrie sticht deutlich heraus.

Gerade bei Branchen wie Chemie oder Stahl ist es offensichtlich, dass die Energiekosten einen erheblichen Einfluss auf die Wettbewerbsfähigkeit entfalten. Sie bestimmen darüber, ob der jeweilige Betrieb kostendeckend in Deutschland produzieren kann. Das Thema Energie entscheidet also direkt zum Beispiel darüber, ob bestimmte Unternehmen insolvent sind, Leute entlassen oder ins Ausland abwandern. Natürlich ändert eine Abwanderung nichts am Bedarf dieser Produkte, er wird nur durch andere Länder befriedigt. Weiterhin sollten wir jedoch auch die anderen Branchen betrachten; es gibt schließlich nicht nur energieintensive Produktionsprozesse. In vielen Unternehmen rangiert die Energie weit unten in der Kostenbilanz, etwa in der Pharmaindustrie oder bei Elektronikherstellern. Beim Blick auf die Bedeutung dieser Kostenart im

Geschäftsalltag ist es daher sinnvoll, die sogenannten Energiestückkosten zu betrachten. Diese stellen das Verhältnis der Energiekosten zur Bruttowertschöpfung des jeweiligen Unternehmens dar. Vereinfacht gefragt: Welche Rolle spielt der Energiepreis, um Aspirin, einen Tisch oder Zement zu einem bestimmten Wert herzustellen? Die Antwort lautet, dass die Energiestückkosten bei energieintensiven Branchen stark gestiegen sind. Solche Unternehmen haben in Deutschland daher derzeit schlechte Karten. Bei Firmen mit geringem und mittlerem Energiebedarf sind sie dagegen innerhalb der langjährigen Schwankungsbreite geblieben und ihre Wettbewerbsfähigkeit ist – zumindest aus der Energieperspektive – nicht so stark gefährdet.

Die Zementproduktion

Beim Themenkomplex Energie plus Ressourcen spielt der Zement eine wichtige Rolle. So gut wie keine Baustelle weltweit kommt ohne große Mengen dieses Stoffes aus. Als Ausgangsmaterialien dienen unter anderem Kalkstein und Ton, sie stammen zumeist aus Steinbrüchen. Diese Stoffe werden zermahlen und dann auf rund 1500 Grad erhitzt. Diese Erhitzung erfolgt heute mithilfe von Kohle, Gas oder – wegen der hohen Energiedichte und der großen Verfügbarkeit – mit alten Autoreifen. Die erforderliche, chemische Umwandlung der Ausgangsmaterialien erfordert extreme Energiemengen, und aufgrund des chemischen Prozesses, der CO_2 freisetzt, gehört die Zementindustrie zu den Hauptverursachern dieses Klimagases weltweit. Dazu kam bis vor einigen Jahrzehnten noch eine große Menge an Staub und anderen Abgasen. Diese werden mittlerweile großenteils weggefiltert. Als Baustoff gibt es Zement übrigens schon seit der Antike. Das fast 2000 Jahre alte Pantheon in Rom stellt mit seiner Zementkuppel ein beeindruckendes Beispiel für die Geschichte dieses Baustoffs dar.

International gesehen steigen die Produktionsvolumina von fast allen Produkten, gleichzeitig nimmt jedoch die Energieeffizienz zu. Dies zeigt sich vor allem in China, dem weltweiten Standort Nummer eins für die Produktion von Gütern aller Art. Noch in den 90er-Jahren des vergangenen Jahrhunderts stand das Reich der Mitte nur für circa 5 % der globalen Industrieproduktion und fast drei Viertel kamen aus den westlichen Industrieländern. Seitdem hat sich das Bild grundlegend gewandelt, aktuell stammt rund ein Drittel der gesamten Weltproduktion aus China. Der deutsche Anteil hat sich in der gleichen Zeit fast halbiert. Ein anderes Bild zeigt sich beim Blick auf die Energieeffizienz. So sank der Energieverbrauch pro Einheit BIP in China deutlich – allerdings von einem hohen Niveau kommend. Auch heute liegen die Chinesen in dieser Beziehung noch immer um den Faktor 4 über dem deutschen Wert, hier schlummern offensichtlich noch erhebliche Einsparpotenziale. Jedoch sollten wir nicht vergessen, dass China energieintensive Branchen wie die Aluminiumindustrie bündelt und generell mehr in der direkten Produktion aktiv ist, der Westen dagegen viel stärker von Dienstleistungen, wie Software, lebt. Auch diese Gegenüberstellung zeigt, dass es sich lohnt genau hinzuschauen, um einen Eindruck vom technologischen Stand der Chinesen zu bekommen.

Die Aluminiumproduktion

Ein besonders anschauliches Beispiel für den Energieverbrauch bestimmter Sektoren liefert die Aluminiumherstellung. Als eines der wichtigsten und meistverwendeten Metalle der Welt steckt es zum Beispiel in Fahrzeugen oder Flugzeugen, in Verpackungen und in Bauwerken. Bevor wir das Leichtmetall nutzen können, ist jedoch ein langer und energieintensiver Weg von der Rohstoffgewinnung bis zum fertigen Aluminiumprodukt erforderlich. Die Grundlage heißt Bauxit. Dieses Erz kommt hauptsächlich in tropischen und subtropischen Regionen wie Australien oder Brasilien vor und wird meist im Tagebau gewonnen. Energie spielt hierbei noch keine übermäßige Rolle, stattdessen kommt es manchmal zu anderweitigen Umweltbelastungen wie der Verunreinigung von Wasser. Nach einer ersten Reinigung wird das Bauxit in einem chemischen Prozess zu Aluminiumoxid (Al_2O_3) verarbeitet. Bereits diese Phase benötigt viel Energie, etwa um die chemischen Reaktionen mithilfe von Wärme und Druck anzutreiben. Der richtige Stromfresser kommt jedoch erst jetzt: Im Rahmen der sogenannten Schmelzflusselektrolyse wird das Aluminiumoxid bei etwa 950 °C geschmolzen. Danach wird Strom durch das flüssige Gemisch geleitet und das Aluminium trennt sich vom Sauerstoff. Das reine, flüssige Aluminium sammelt sich daraufhin am Boden der Elektrolysezelle. Entwickelt haben diesen Prozess der amerikanische Chemiker Charles Martin Hall und der Franzose Paul Héroult parallel

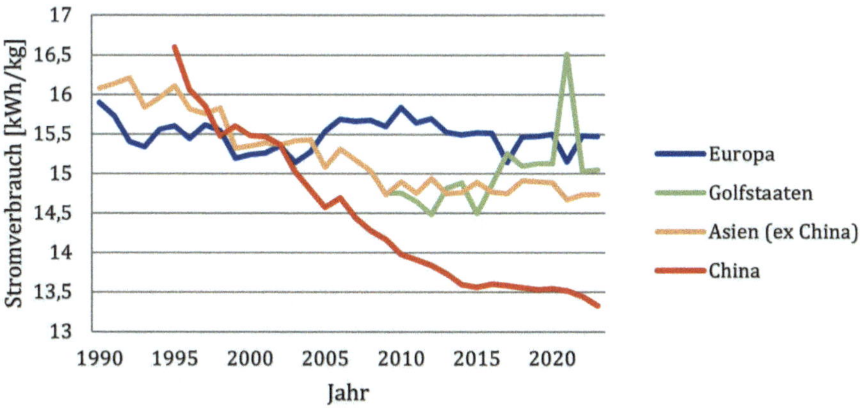

Abb. 4.8 Stromverbrauch pro Tonne Aluminium. (Quelle: International Aluminium Institute)

und unabhängig voneinander. Beide waren zu diesem Zeitpunkt im Jahr 1886 übrigens erst 22 Jahre alt.

Die Herstellung eines Kilogramms Aluminium erfordert durchschnittlich etwa 13 bis 16 kWh Strom. Um diese Energiemengen möglichst preisgünstig beziehen zu können, befinden sich viele Aluminiumwerke in der Nähe von Wasser- oder großen Kohlekraftwerken. Als Hauptenergieträger kommt Kohle zum Einsatz (50 %), danach folgen Wasserkraft mit 33 und Erdgas mit 10 % Anteil. Heute steht China für knapp 60 % der weltweiten Aluminiumproduktion, danach folgen Europa mit knapp 10 und die Golfstaaten mit knapp 9 %. Bemerkenswert ist die Entwicklung der Energieeffizienz, Abb. 4.8, gerade China leistet hier Vorbildliches. So verbraucht das Reich der Mitte nur 13,3 kWh Strom pro Kilogramm Aluminium, was nahe am theoretischen Optimum liegt, Europa dagegen 15,5. In der Grafik beeindruckt vor allem die Entwicklung der letzten Jahre:

Die Umweltbilanz von Aluminium hängt aufgrund der hohen Energieintensität stark von der Herkunft dieser Energie ab. Je mehr CO_2-freie Energien zum Einsatz kommen, desto nachhaltiger lässt sich das Metall produzieren. Einen weiteren wichtigen Faktor in Bezug auf die Umwelt bildet das Thema Recycling, das Einschmelzen von Altaluminium benötigt nur etwa 5 % der Energie im Vergleich zur Neuproduktion aus

Bauxit. Die gute Nachricht: Weltweit verzeichnen wir eine sehr hohe Recyclingquote für das Leichtmetall.

4.5 Hygiene

Die hohe Lebensqualität vor allem in den Industrieländern beruht zu einem Großteil auf den existierenden Hygienestandards. Fehlen diese, breiten sich Krankheiten leichter aus. Deshalb bildet der Faktor Hygiene eine absolute Notwendigkeit, wenn wir gut und gesund leben wollen. Selbstverständlich braucht es für alle damit verbundenen Prozesse eine Menge Energie. Allerdings lässt sie sich etwas schwerer bestimmen, weil sich hygienebezogene Aufwände mit anderen Vorgängen überschneiden. So benötigt etwa das Duschen einen Hauptteil der Energie für die Hygiene, das Warmwasser erscheint jedoch meist beim Punkt Heizen. Zur Verdeutlichung der Zusammenhänge soll der dezidierte Hygieneenergiebedarf an dieser Stelle jedoch getrennt betrachtet werden. Pro Dusche fließen durchschnittlich 10 bis 15 L Warmwasser durch die Leitung, die 1 bis 2 kWh Energieverbrauch entsprechen. Den zweiten Hygienevorgang mit einer erheblichen, energetischen Komponente bildet das Haartrocknen. Zwar läuft ein Föhn mit 1 bis 2 Kilowatt Leistung keine ganze Stunde, insgesamt kommt aber trotzdem eine nennenswerte Energiemenge zusammen. Andere Vorgänge, wie das Zähneputzen oder das Rasieren mit elektrischen Geräten, fallen aufgrund des minimalen Verbrauchs kaum ins Gewicht. Neben der Körperpflege existieren jedoch noch andere Energieverbraucher im Bereich Hygiene. So wollen wir zum Beispiel in sauberer Kleidung und mit sauberen Handtüchern leben. Dazu benötigen wir eine Waschmaschine und diese verbraucht je nach Programm und Effizienzklasse circa eine weitere Kilowattstunde pro Waschgang. Wer die Kleidung häufig wäscht und wo Kinderkleider dazukommen, steigt der Energiebedarf. Das entscheidende Thema der Häufigkeit begegnet uns oftmals in Form der Hinweisschilder in Hotels, wonach wir Handtücher möglichst mehrmals benutzen sollten. In der Tat handelt es sich hierbei um einen nennenswerten Faktor, denn ein Waschgang im Hotel benötigt jedes Mal circa eine halbe Kilowattstunde Strom. Wer das gleiche Handtuch einige Tage benutzt – was auch aus Hygienegesichtspunkten vertretbar sein sollte –, realisiert damit einen deutlichen Energieeinspareffekt. Zudem sinkt natürlich auch der Wasserverbrauch.

Obwohl dieser Faktor meist im Thema Wärmebereitung enthalten ist, gehört zumindest ein Teil der Badezimmerheizung in den Block Hygiene. Schließlich ist die Temperatur dort normalerweise höher eingestellt, als im Rest der Wohnung. Nur wenige wollen bei Schlafzimmertemperatur duschen. Dieser Mehrenergieverbrauch geht in der allgemeinen Heizungsrechnung unter, ließe sich jedoch auch separat ausweisen. Um etwa ein Zimmer mit 25 m^3 Volumen und Mobiliar um 1 Grad aufzuwärmen, braucht es circa 1 kWh. Damit ist es natürlich nicht getan, wir möchten das Bad warmhalten. Rechnen wir Wärmeverluste ein, benötigen wir für diese höhere Temperatur ungefähr 0,4 kWh pro Tag. Hygiene beschränkt sich natürlich nicht auf das Badezimmer. Hinzu kommen Tätigkeiten in der Küche. So verbraucht eine Spülmaschine im Schnitt eine Kilowattstunde pro Beladung. Auch wer mit der Hand wäscht, muss dafür Warmwasser bereiten. Untersuchungen haben sogar gezeigt, dass eine Maschine durchschnittlich nur die Hälfte des Wassers und deutlich weniger Energie verbraucht als Handspülen.

Das Thema Hygieneenergieverbrauch beschränkt sich natürlich nicht auf unser Zuhause, einen deutlich messbaren Faktor machen Kläranlagen aus. Zunächst muss das gesamte Abwasser zu einer Kläranlage gelangen, mechanisch und biologisch gereinigt werden sowie weitere chemische Reinigungsstufen durchlaufen. Alle Schritte benötigen Energie, zum Beispiel für die zahlreichen Pumpen. So summiert sich der Energieverbrauch der deutschen Klärwerke auf rund ein Prozent des gesamten Stromverbrauchs. Diesen Anteil können wir natürlich nicht einsparen, denn die hygienische Abwasserbehandlung ist eine wichtige zivilisatorische Leistung. Letztlich gewinnen viele Abwasserunternehmen sogar Energie aus dem aus Faulschlamm entstehenden Klärgas. Insgesamt steht die Hygiene für einen erheblichen Energieverbrauch. Auf die gesamte Jahresleistung umgerechnet, kommt man in Deutschland auf etwa 60 Terawattstunden im Jahr. Das entspricht etwa einem Zehntel unseres Stromverbrauchs. Wer den Wärmeanteil abzieht, kommt auf zwei bis fünf Prozent des Gesamtenergieverbrauchs. Die Abgrenzung ist also nicht trivial und beim Blick auf die entsprechenden Statistiken sollten derartige Überschneidungen immer im Hinterkopf bleiben.

4.6 Kommunikation

Bereits das vorliegende Buch – sofern es sich um Papier handelt – verfügt über einen energetischen Fußabdruck. Papier, Druck, Transport und viele andere Bereiche erfordern Energie. Ähnliches gilt selbst dann, wenn Sie ein E-Book lesen. Denn gerade im Zeitalter von Digitalisierung und Vernetzung benötigt fast jede Technologie Strom. Dieser Energiehunger kommt vorwiegend durch die schiere Masse der Geräte und Schaltkreise zustande. Jeder einzelne Transistor in unseren modernen Elektronikbauteilen verbraucht pro Schaltvorgang eine winzige Menge Energie, diese liegt im Bereich von Femtojoule. Dabei handelt es sich um ein Millionstel eines Milliardstel Joules, 10^{-15}J. Wenn wir uns jetzt vergegenwärtigen, dass ein Computer jede Sekunde Milliarden von Rechnungen durchführt und dass Milliarden von Menschen Smartphones und PCs gleichzeitig nutzen und damit Schaltvorgänge auslösen, bekommen wir eine Ahnung der Dimensionen. Die Details dahinter sind daher eine genauere Betrachtung wert. Erster Datenpunkt: Alle Rechenzentren weltweit haben im Jahr 2022 ungefähr 460 Terawattstunden Strom verbraucht und damit ziemlich genauso viel wie Deutschland insgesamt in diesem Jahr. Alleine die großen Rechenzentren von Google, Amazon, Microsoft & Co. benötigen mindestens 20 Terawattstunden pro Jahr. Dieser Energiebedarf lässt sich auf die einzelnen Aktivitäten der Internetnutzer herunterbrechen. Vergleichsweise sparsam ist eine einfache Google-Suche und auch nach 3000 Suchen hat man erst eine Kilowattstunde verbraucht. Ebenso undramatisch sind E-Mails, ihr Verbrauch rangiert im Bereich weniger Milliwattstunden und damit auf dem Niveau eines Tausendstels dieser Menge. Deutlich mehr Aufwand macht das Streamen in HD. Server- und nutzerseitig müssen die Rechner sehr intensiv arbeiten, die meiste Energie verbraucht aber der Monitor. So benötigt das Anschauen eines langen Films bei Netflix oder YouTube bis zu 0,5 kWh.

All das geht nur, wenn wir die entsprechenden Netzwerkverbindungen haben und auf die Server von Google & Co. zugreifen können. Neben dem Telefonnetz ist ein Internetanschluss nötig, zum Beispiel über Glasfaser, Mobilfunkmasten, WLAN, Hubs und so weiter. Weltweit benötigt diese Infrastruktur circa 500 Terawattstunden Strom pro Jahr – der Bedarf liegt daher sogar leicht über dem bereits bekannten, deutschen

Stromverbrauch. Einzelne Geräte wie Router benötigen zwar nur 10 oder 20 W, sie sind dafür ständig eingeschaltet und verbrauchen über den Tag hinweg eine halbe Kilowattstunde. Weil diese Systeme im Hintergrund laufen, nehmen wir sie kaum mehr wahr und registrieren ihren Energiehunger damit auch nicht. Allerdings könnte man das Ganze noch in eine positive Richtung drehen, da die Geräte unsere Räume ein klein wenig erwärmen und dadurch anderweitig Energie einsparen. Sicher keine optimale Art, eine Wohnung zu heizen! Dazu kommen andere Geräte wie Computer, Monitore oder die großen Bildschirme im Wohnzimmer. Deren Energieverbrauch hängt zwar von Modus und Technologie ab, je nach Nutzer kommen im Lauf eines Tages noch mal ein oder zwei weitere Kilowattstunden hinzu. Im Vergleich zu den bereits geschilderten Prozessen im Hintergrund arbeiten moderne Monitore erstaunlich effizient, ebenso, wie die meisten Laptops. Weniger sparsam sind dagegen Gaming-PCs. Ihre High-End-Monitore und leistungsfähigen Grafikkarten mit den großen Lüftern, können über 5 kWh pro Tag verbrauchen. Da wir sehr viele und vor allem kontinuierlich laufende Geräte aus dem Bereich Kommunikation nutzen, sorgen sie für einen erheblichen Anteil an der Gesamtstrombilanz im Haushalt. Die Abb. 4.9 zeigt die Dominanz des Bereichs Kommunikation und dass Energiefresser wie das Kochen inzwischen unter ferner liefen rangieren.

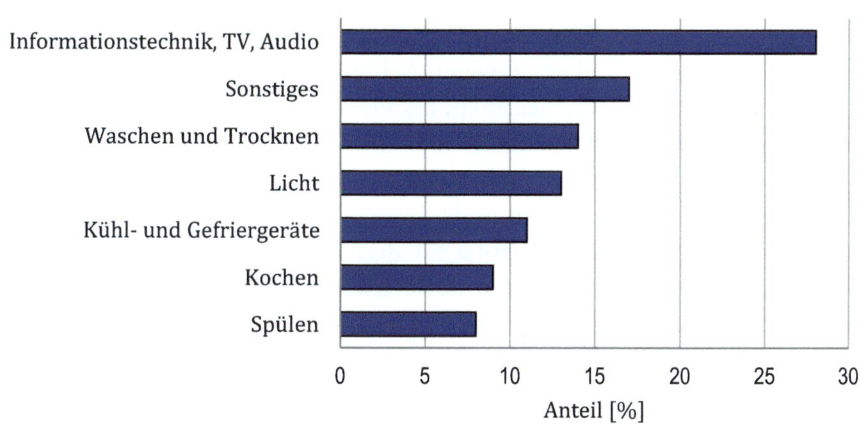

Abb. 4.9 Die größten Stromfresser im Haushalt in Prozent. (Quelle: BDEW)

Auch außerhalb der vier Wände spielt der Energieverbrauch für den Bereich Kommunikation eine wichtige Rolle. Zudem geht er derzeit massiv nach oben durch die leistungsfähigen Rechner für die künstliche Intelligenz. Vor allem das Training dieser Systeme benötigt erhebliche Mengen an Energie. Das initiale Füttern von ChatGPT-4 mit Daten hat rund 20 Gigawattstunden benötigt. Umgerechnet müsste ein Kernkraftwerk einen ganzen Tag dafür laufen oder 10.000 Haushalte dürften ein ganzes Jahr Energie verbrauchen. Eine Frage an dieses KI-System verbraucht etwa 5 Wattstunden Energie. Nach circa 200 Fragen sind also eine Kilowattstunde verbraucht. Angesichts dieser großen Zahl an Fragen bleibt auch das sicher im Rahmen. Kompliziertere Anfragen, zum Beispiel mit einer Bildgenerierung, steigern die benötigte Energie um das Zehnfache, und damit landen wir schnell bei 100 Wattstunden. Zehn Bilder ergeben eine Kilowattstunde. Klar ist, dass derartige Rechenzentren nur in Ländern mit niedrigen Strompreisen stehen werden. In Deutschland wäre das aktuell nicht wirtschaftlich zu betreiben.

Absurd wird es, wenn wir uns die Kryptowährungen anschauen, zum Beispiel Bitcoin. Alleine diese Währung verbrauchte im Jahr 2024 rund 170 Terawattstunden Strom und damit genauso viel, wie das Land Argentinien. 2014 waren es noch weniger als 5 TWh.[11] Der Grund für diesen hohen Verbrauch: Um neue Bitcoins zu erschaffen – diese bringen viel Geld – müssen die sogenannten Miner einen neuen Block in der zugrunde liegenden Blockchain berechnen. Für die Verschlüsselung und Echtheitsprüfung von Transaktionen braucht es leistungsfähige Computer, die das innerhalb einer einzigen Sekunde etwa 800 Trillionen Mal ausprobieren und so lange rechnen, bis sie einen passenden Block gefunden haben. So sind immer stärkere und effizientere Systeme nötig, um im Wettbewerb mit den anderen Minern zu bestehen. Wer die Nase vorn hat, hängt vor allem am Strompreis – wo er billig ist, kann man sich die Rechnerei eher leisten. Die Krone für den Haupt-Bitcoin-Mining-Staat ging in den vergangenen Jahren abwechselnd an die USA und China, doch auch Kasachstan, Kanada oder Russland verfügen über sehr aktive Schürfer. Grotesk wird es, wenn Bitcoin als Zahlungsmittel dienen soll. Denn wenn man den gesamten Bitcoin-Energieverbrauch auf eine

[11] Quelle ist der Cambridge Bitcoin Electricity Consumption Index.

einzelne Transaktion herunterrechnet, brauchen Sie zur Bezahlung einer Packung Kekse eine Megawattstunde Strom. Diese Menge entspricht dem monatlichen Stromverbrauch eines Durchschnittsdeutschen. Bitcoin als Zahlungsmittel scheint so kein zukunftsträchtiges Konzept. Allerdings handelt es sich um eine spekulative Währung, die bei normalen Bezahlvorgängen keine Rolle spielt. Andere, digitale Währungen benötigen weniger Energie. So bleibt zum Beispiel Ethereum unter einer Kilowattstunde pro Transaktion.

Zum Vergleich: Eine Zahlung mit der Kreditkarte benötigt nur ein Milliardstel der Energie von Bitcoin, konkret etwa 1 Wh, was unter Energiegesichtspunkten vertretbar ist, das Herstellen einer Euromünze erfordert etwa 100 Wh an Energie.

Energiegeschichten: Die Dampfmaschine

Neben dem mechanischen Webstuhl gilt die Dampfmaschine als Inbegriff der Industrialisierung. Ihre Kraft ermöglichte es erst, Güter aller Art in Massen zu produzieren. Sie lässt sich als Herzstück vieler Fabriken im 18. und 19. Jahrhundert bezeichnen. Dabei ist die Idee, Wasserdampf als Antriebsmedium zu benutzen, schon viel älter. Bereits in der Antike dachten Wissenschaftler darüber nach, und im 1. Jahrhundert nach Christus skizzierte Heron von Alexandria den nach ihm benannten Heronsball, der sich durch Dampfkraft drehen sollte. Auch noch im 16. und frühen 17. Jahrhundert wollten die Erfinder hauptsächlich die Möglichkeiten des Dampfes illustrieren, praktische Anwendungen hatten sie weniger im Sinn. Dies änderte sich, als die Bergwerke tiefer wurden und vermehrt Wasser herausgepumpt werden musste. Diverse Ingenieure und Wissenschaftler in Frankreich und England konstruierten unabhängig voneinander Apparaturen, von denen jedoch viele gefährlich und unwirtschaftlich für den praktischen Einsatz waren. Die erste tatsächlich verwendbare Dampfmaschine baute Thomas Newcomen im Jahr 1712. Diese kam in den darauffolgenden Jahrzehnten massenhaft in englischen Bergwerken zum Einsatz und konnte eines der großen Probleme in den Minen lösen: Mit ihrer Hilfe ließ sich das eindringende Wasser abpumpen. So gelang es, die Förderung von Kohle und Erzen deutlich auszuweiten und damit die industrielle Revolution zu ermöglichen. 1769 gelang es James Watt, den Wirkungsgrad dieser Maschine entscheidend zu verbessern. Watt ist also nicht der Erfinder der Dampfmaschine, diese Ehre gebührt eher Newcomen. Nachdem sich die Funktionstüchtigkeit erwiesen hatte, ging es den nachfolgenden Ingenieuren vor allem um die Verbesserung des Wirkungsgrads. Lag der Wirkungsgrad bei

Newcomen noch im Bereich von einem Prozent, wurden Mitte des 19. Jahrhunderts schon um die 20 % erreicht, da die physikalischen Zusammenhänge von Carnot verstanden wurden. Diese und andere Innovationen erschlossen zusätzliche Anwendungen. Dazu zählen die Dampflokomotive und das Dampfschiff. Mit dem Aufkommen der Elektrizität und des Verbrennungsmotors endete diese Erfolgsgeschichte scheinbar langsam, heute sehen wir Kolben-Dampfmaschinen nur noch im Museum. In ihrer Ausführung als Dampfturbine befindet sie sich dagegen noch weiterhin großflächig im Einsatz. In den meisten Kraftwerken dient sie immer noch zur effizienten Stromproduktion aus einer Wärmequelle, ob Kohle, Gas oder Kernenergie.

4.7 Beleuchtung

Die menschliche Wahrnehmung richtet sich sehr stark danach, was wir sehen. Man könnte uns als Augentier bezeichnen, circa 90 % der im Gehirn verarbeiteten Informationen nehmen wir über die Augen wahr. Angesichts dessen spielt das Licht eine zentrale Rolle in unserem Leben. Am Tag bietet die Sonne ein perfektes Licht für die Augen und dank der Dunkeladaption der Augen können wir uns sogar noch bei Vollmondlicht brauchbar orientieren. Diese Fähigkeiten sind bemerkenswert. Das helle Sonnenlicht beleuchtet eine Oberfläche mit einer Stärke von rund 100.000 Lux, das Mondlicht sendet hingegen nur 0,1 Lux aus – gerade einmal ein Millionstel. Der Mensch ist erstaunlich flexibel, was die Lichtstärke seiner Umgebung betrifft. Allerdings scheint nicht immer der Mond, und vor allem aus Schutzgründen halten sich die Menschen schon lange in geschlossenen Räumen auf. Die Höhle des Neandertalers bietet ein Beispiel dafür. Es bestand daher schon lange die Notwendigkeit, auf künstliche Weise Licht zu erzeugen. Anfangs musste das Lagerfeuer oder ein brennender Span dafür sorgen. Über viele Jahrhunderte hinweg erfolgte die künstliche Beleuchtung von Räumen dann bei wohlhabenden Familien mithilfe von Kerzen, die meisten Menschen konnten sich künstliches Licht nicht leisten.

Eine Kerze leuchtet gleichmäßig und sogar die Einheit für Licht – Lux – leitet sich bis heute vom Licht einer Kerze ab. Ein großer Sprung gelang Ende des 19. Jahrhunderts mit dem Durchbruch der Glühbirne.

Schon zuvor wusste man von der Möglichkeit, Metalldrähte mithilfe von Strom zum Glühen und damit zum Leuchten zu bringen. Bereits Mitte des 19. Jahrhunderts wurden zahlreiche Patente angemeldet, eine massenhafte Verbreitung scheiterte jedoch oft an Haltbarkeit und Stromverbrauch der Birnen. Viele Kinderkrankheiten konnten die Forscher in den Folgejahren beheben und der amerikanische Erfinder Thomas Alva Edison sorgte mit seinem genormten Sockel dafür, dass sich die Glühbirnen praktisch nutzen lassen. Noch heute kennen wir die Größen E27 oder E14, wobei das E für Edison steht und die Ziffer für den Durchmesser in Millimetern. Sein Prinzip des Schraubgewindes macht das Auswechseln einfach; wer will schon gerne den Lötkolben dafür holen?

Die Glühbirne hat allerdings einen entscheidenden Nachteil: Sie strahlt nur circa 3 % der zugeführten Energie in Form von sichtbarem Licht ab, der Rest wird in Wärmestrahlung umgewandelt und verfehlt daher den eigentlichen Zweck. Für einen ersten, großen Sprung in puncto Wirkungsgrad sorgten Leuchtstoffröhren, die heute bis zu 25 % Wirkungsgrad erzielen. Ihre Effizienz erkaufen sie sich allerdings mit einigen Nachteilen. So benötigen sie viel Platz und flimmern mit der doppelten Netzfrequenz, 100-mal pro Sekunde. Dieses Flimmern lässt sich sogar mit bloßem Auge wahrnehmen, wenn wir eine Leuchtstoffröhre aus dem Augenwinkel betrachten. Übrigens handelt es sich bei den sogenannten Energiesparlampen, die von der EU als Ablösung der Glühbirnen vorgeschrieben wurden, um nichts anderes als aufgewickelte Leuchtstoffröhren. Dazu kommt noch ein dritter Nachteil: Die Entsorgung dieser Lampen erfordert aufgrund der enthaltenen Schadstoffe etwas Sorgfalt, da sie Quecksilber enthalten. Allerdings liegt die Menge des Quecksilbers aus all diesen Leuchten bei nur rund 2 bis 5 t und damit unter den 7 t, die unsere Kohlekraftwerke pro Jahr emittieren.[12] Der entscheidende Durchbruch zu einer fast perfekten Lichtquelle kam mit den LED-Leuchten. LED steht für Light Emitting Diode. Es handelt sich also um Dioden, die Licht ausstrahlen. Diese Eigenschaft ist zunächst nichts Besonderes, denn genau genommen strahlt jede Halbleiterdiode Licht aus. Sogar die Solarzellen auf den Dächern tun dies, wenn sie an Strom angeschlossen werden. Allerdings bleibt ihre Lichtstärke extrem

[12] Diese Zahlen stammen vom Umweltbundesamt.

gering und es handelt sich um das für uns unsichtbare Infrarotlicht. Die Lösung besteht darin, die „richtigen" Halbleiter zu nutzen. Mit ihrer Hilfe lässt sich relativ einfach rotes Licht erzeugen. Daher gibt es schon seit 50 Jahren viele Geräte mit roten Leuchtdioden, und bald darauf kamen grüne und gelbe Dioden dazu. Doch dann stockte die Entwicklung, denn kein einfacher Halbleiter leuchtet blau; abgesehen von Diamanten. Der Autor erinnert sich an seine Arbeitszeit bei einem Elektronikkonzern, wo diese Einschränkung als unerhebliches Problem galt. Dort dachte man, dass kaum Kontrolllämpchen mit blauem Licht im Einsatz sind – höchstens diejenigen für das Fernlicht im Auto. Was für eine Unterschätzung des Bedarfs.

Nach intensiven Forschungsanstrengungen gelang es dem japanischen Forscher Shuji Nakamura Anfang der 1990er-Jahre, eine blaue Leuchtdiode aus Galliumnitrid (GaN) zu entwickeln. Für diesen Durchbruch gab es 2014 sogar den Nobelpreis in Physik. Der entscheidende Punkt von Nakamuras Entwicklung: Mit blauem, rotem und grünem Licht lässt sich das komplette Farbspektrum darstellen. Alle drei kombiniert, ergeben die empfundene Farbe Weiß und damit das gewohnte Licht der Sonne. Diese Möglichkeit gestattet es nicht nur, Lampen mit allen Leuchtfarben und mit einem ungewohnt hohen Wirkungsgrad herzustellen. Seit Nakamuras Entdeckung ist es zum Beispiel möglich Bildschirme zubauen, die alle Farben darstellen können – etwa unsere gewohnten LED-Monitore. Die geringe Größe und der hohe Wirkungsgrad von Leuchtdioden resultieren aus ihrem Funktionsprinzip. So treffen darin ein Elektron und ein „Loch" zusammen, die sich direkt in ein Lichtteilchen verwandeln. Theoretisch wandelt dieser Prozess die gesamte Energie des Stroms in Licht um, praktisch bleiben einige Hindernisse wie interne Reflexion und Absorption. Trotzdem sind heute Leuchten mit 50 % Wirkungsgrad erhältlich, die einen enormen Fortschritt gegenüber der alten Glühbirne darstellen. Allerdings entwickelt sich die praktische Energiebilanz der Beleuchtung nicht so gut, wie es die Steigerung des Wirkungsgrades von 3 auf 50 % vermuten lässt. Durch den sogenannten Rebound-Effekt ist der Stromverbrauch für Licht weit weniger gesunken. Weil das Licht fast gratis ist, bleibt es beim Verlassen von Räumen häufig an. Dies war früher anders. So bekamen Kinder der 1960er-Jahre noch eingetrichtert, beim Herausgehen immer das Licht zu löschen. Doch auch im großen Maßstab ist der Umgang damit verschwenderische. Hell erleuchtete Innenstädte sorgen beispielsweise dafür, dass Sterne am Himmel an vielen Orten kaum zu sehen sind. Die vielen künstlichen Lichtquellen erzeugen den sogenannten Lichtsmog. Damit ist Licht auch ein Zeichen von Wohlstand geworden und der Globus auf der Nachtseite zeigt ein beeindruckendes Muster unserer Zivilisation. Zum Abschluss noch eine Einordnung: Der Stromverbrauch für die Beleuchtung steht immerhin für 5 bis 10 % des gesamten Stromverbrauchs. Knapp zwei Drittel davon entfallen auf die Sektoren Industrie und Gewerbe, Handel sowie Dienstleistungen.

5

Ressourcen – Was es mit den Rohstoffen auf sich hat

Das vorige Kapitel hat gezeigt, wie umfassend wir Energie für die unterschiedlichsten Zwecke nutzen. Sie kommt buchstäblich überall zum Einsatz – wenn auch mit erheblichen Nebenwirkungen. Doch neben der Umweltproblematik rückt auch die Endlichkeit vieler Energieträger immer wieder in den Fokus. Prominent in die Öffentlichkeit gelangte das Thema Ressourcen durch die 1972 vom Club of Rome veröffentlichten „Grenzen des Wachstums". Dieser Bericht sagte voraus, dass Öl und viele andere Ressourcen in höchstens 40 Jahren zur Neige gehen – also spätestens in den 2010er-Jahren. Bislang sind diese Vorhersagen nicht eingetreten. Es gelang immer wieder, weitere Vorkommen zu finden, die existierenden besser auszunutzen oder auf Alternativen umzusteigen. Auch Aussagen zu „Peak Oil" oder anderen Verknappungen sind daher mit Vorsicht zu genießen. So zeigt die Menschheitsgeschichte, dass wir über ausgezeichnete Anpassungsfähigkeiten verfügen. Gehen Öl, Kupfer, Silber, Kobalt oder Lithium scheinbar zur Neige, stellt sich meist eine andere Frage: Wie viele der bislang unwirtschaftlichen Vorkommen wären bei höheren Preisen verfügbar? Langfristig steigt die verfügbare Menge bis zum Faktor zehn,[1] wenn sich der Preis verdoppelt, und die Menge an

[1] Im Detail hängt das von der Kostenkurve des jeweiligen Rohstoffs ab.

E. Heindl, *Energie*, https://doi.org/10.1007/978-3-658-50486-1_5

wirtschaftlich verfügbaren Ressourcen hängt vollständig von den Kosten ab. Ein breiter Preisanstieg aufgrund von Verknappung lässt sich derzeit nicht beobachten, wir sehen eher einen langfristigen Gleichstand oder sogar sinkende Rohstoffpreise aufgrund wirtschaftlicher Methoden, die Rohstoffe zu fördern. Die Frage der Ressourcen ist letztlich eine wirtschaftliche. Zudem heißt das Ende der Förderung in einer bestimmten Lagerstätte nicht, dass diese erschöpft ist. Häufig befindet sich noch ein Großteil des Rohstoffs im Gestein oder gar in der Abraumhalde. Dieser Anteil lässt sich aber aufwendiger und damit teurer fördern.

Zudem sollte man wissen, dass eine Unterscheidung zwischen Reserven und Ressourcen gilt. Bei Reserven handelt es sich um gesicherte Vorkommen. Sie umfassen die derzeit wirtschaftlich nutzbare Menge eines bestimmten Rohstoffs wie Eisen, Öl, Kohle oder Gas und diese sind gut erforscht. Dazu kommen die Ressourcen, also mögliche Vorkommen, die sich unter Umständen gewinnen lassen – etwa Gesteine mit extrem niedrigem Kupfergehalt oder schwer zu erreichende Erdöllagerstätten. Ein Beispiel für diese zuvor ungeahnten Potenziale bilden die sogenannten Teer- oder Ölsande in Kanada. Mit ihrer Nutzbarmachung stiegen die wirtschaftlich lohnenden Erdölreserven um knapp 20 %. Derartige Entwicklungen zeigen sich immer wieder, sodass meistens etwa zehnmal mehr Ressourcen existieren als identifizierte Reserven. Bisher gelang es durch den technischen Fortschritt stets, sie nutzbar zu machen. Die Abb. 5.1 zeigt die verschiedenen Möglichkeiten zur Einordnung der Vorkommen.

Die Zahlen sind beeindruckend: Über den Daumen geschätzt werden weltweit circa 100 Mrd. t Rohstoffe pro Jahr abgebaut. Darunter fallen grob 15 Mrd. t auf Energierohstoffe wie Kohle oder Öl. Diese sind unter anderem dazu nötig, die restlichen 85 Mrd. t Erze wie Bauxit oder Eisenerz überhaupt verarbeiten zu können. Mithilfe dieser Erze gewinnen wir unter erheblichem Energieeinsatz Rohstoffe wie Aluminium oder Eisen. Erst diese Rohstoffe lassen sich etwa zur Produktion von Autos und Kühlschränken nutzen oder sie ermöglichen die Landwirtschaft. Zu diesen „laufenden Verbräuchen“ kommt der globale Umbau der Energieversorgung dazu. Die Abkehr von fossilen Brennstoffen benötigt hohe Mengen unterschiedlicher Rohstoffe und niemand weiß derzeit, ob und wie sich dieser Bedarf decken lässt. Denn auch wenn Kupfer und Co. im Erdman-

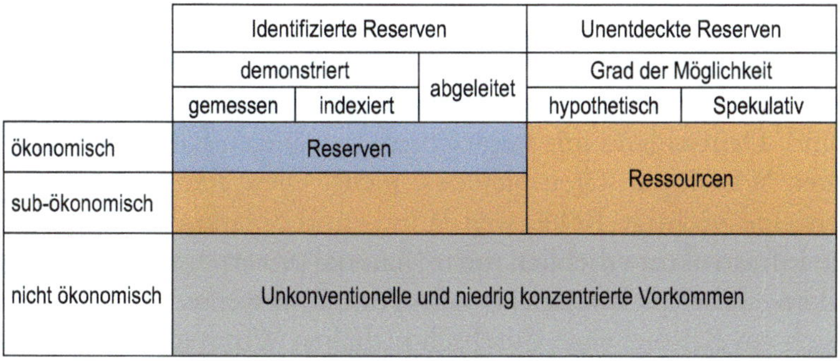

Abb. 5.1 Schema der Ressourcenklassifikation. (Quelle: Eigene Illustration, abgeleitet nach Vincent Ellis McKelvey 1967)

tel liegen, braucht es die entsprechenden Förder- und Verarbeitungskapazitäten. Genau auf diesem Gebiet kommen große Herausforderungen auf uns zu. So nehmen etwa die Investitionen zur Erschließung neuer Erdölvorkommen ab. Unternehmen erhalten vielfach keine Kredite mehr dafür, weil die Finanzindustrie zunehmend auf sogenannte ESG-Kriterien achtet. Dabei handelt es sich um Restriktionen für Projekte, die als nicht nachhaltig im Sinne von Umwelt (E wie Environment), S wie Sozialem oder Unternehmensführung (G wie Governance) gelten. Bei weiterhin großem Bedarf kann es daher zur paradoxen Situation kommen, dass zwar noch genug Öl, Erz oder Kohle in der Erde lagert, die Förderung aber zurückgeht, Preise stark ansteigen und auch Vorhaben der Energiewende undurchführbar werden. Zudem sollte man an den Umweltaspekt des Themas Ressourcen denken. Selbst bei Eintreffen der ungünstigsten Prognosen, liegen mehr als genug Öl, Kohle, Kupfer & Co. in Lagerstätten, um unser Klima stark zu verändern. Die eigentliche Begrenzung bei diesen Energierohstoffen liegt nicht in den Vorräten unter Tage, sondern in der Fähigkeit unserer Atmosphäre, die damit verbundenen CO_2-Emissionen aufzunehmen.

Bei der Konzeption des Umbaus der globalen Energieversorgung kommt ein weiteres Problem hinzu: Die für Windräder oder Solarpaneele benötigten Ressourcen wie Kupfer lassen sich nicht von heute auf morgen abbauen. Die Einrichtung neuer Minen inklusive der dazu nötigen Infrastruktur dauert mindestens 10 Jahre. Für die Energiewende sind aber auch Speicher, Leitungen und Reservekraftwerke erforderlich, und auch diese benötigen Ressourcen. Daher ist es sinnvoll, die Potenziale der Erneuerbaren vorrangig dort zu nutzen, wo sie in großem Maße vorhanden sind. Deutschland mit vergleichsweise wenigen Sonnenstunden und geringen Windintensitäten bietet sie nicht. Diese Rahmenbedingungen spielen eine wichtige Rolle, weil Wind- und Solarkraftwerke sowie die nötige Infrastruktur erheblich mehr Material pro erzeugter Einheit Strom erfordern, als beispielsweise Gas- oder Atomkraftwerke. Dieser Verbrauch lässt sich am Beispiel eines durchschnittlichen Windrades beispielhaft illustrieren: Nötig sind unter anderem 150 t Stahl, 1000 m^3 Beton und – bei Berücksichtigung der nötigen Infrastruktur – circa 30 t Kupfer. Noch anschaulicher wird der Zusammenhang beim Blick auf die Ressourcen pro Kilowattstunde. Verbaut man eine Tonne Kupfer für Windräder an der Küste, erzeugen diese umgerechnet circa 700.000 kWh Elektrizität pro Jahr, in Bayern gewinnen wir damit gerade einmal ein Drittel dieses Ertrags. Ähnliches gilt beim Vergleich von Solaranlagen in Afrika, Südamerika oder Asien einerseits und Deutschland andererseits. Viele Länder des globalen Südens, deren Energiehunger derzeit stark wächst, verfügen über bessere Rahmenbedingungen – eine Chance für diese Länder. So wäre es sinnvoll, globaler zu denken und die Ressourcen dort einzusetzen, wo sie den größten Effekt zeigen. Auch angesichts dessen sollten globales Denken und Realismus einer deutschen Energiepolitik Grundlage von Entscheidungen sein. Der erforderliche Schwenk zu Erneuerbaren auf einem globalen Maßstab wird zu einer enormen Herausforderung. Zwar würden Kupfer und andere Rohstoffe zweifellos für die deutsche Energiewende reichen, damit ist das CO_2-Problem nicht gelöst. Nur wenn alle Länder das Modell übernehmen können, entfaltet es globale Wirkung. Werfen wir nun einen genaueren Blick auf Mengen und Verfügbarkeit von Rohstoffen.

5.1 Kohle

Kohle spielt seit vielen Jahrhunderten eine wichtige Rolle für die Menschheit, bereits die Römer beuteten Flöze nahe der Erdoberfläche im großen Stil aus und nutzten den Rohstoff unter anderem zum Schmelzen von

Kupfer und Eisenerz. Lange beschränkte sich die Kohlenutzung jedoch auf einzelne Gebiete und der Hauptrohstoff zur Wärmegewinnung blieb Holz. Diese Situation änderte sich erst im 18. und 19. Jahrhundert mit der Industriellen Revolution. Steinkohle befeuerte die neu erfundenen Dampfmaschinen und auch eine boomende Stahl- und Eisenerzeugung erforderte große Mengen an Kohle. Durch diese Massenproduktion und die damit erzielten Skaleneffekte wurde das Eisen so billig, dass man Alltagsgegenstände wie Töpfe daraus herstellen konnte. Auch heute noch spielt Kohle eine zentrale Rolle in der Industrie und für die Stromerzeugung weltweit – obwohl im 20. Jahrhundert neue Energieträger wie Öl und Gas in großem Stil hinzugekommen sind. Interessanterweise hat die Menschheit in ihrer Geschichte bisher etwa gleich viel Kohle und Erdöl verbraucht, aktuell jedoch weniger Kohle als Öl. Dennoch erreichte die weltweite Kohleproduktion im Jahr 2023 ihren bisher höchsten Stand, der Grund ist der weltweit stark steigende Energiebedarf. Die Hauptproduktionsländer befinden sich im asiatisch-pazifischen Raum. Vor allem Australien, China, Indien und Indonesien fördern Kohle in großem Maßstab. China war für etwas mehr als die Hälfte der gesamten Weltproduktion verantwortlich. Deutschland fördert nur noch Braunkohle und ist derzeit das größte Förderland weltweit, gefolgt von China, Russland und den USA.[2] Die letzte Steinkohlezeche hierzulande wurde 2018 geschlossen. Die steigende Förderung geht mit einem ebenfalls wachsenden Verbrauch einher. Zu nennen ist vor allem China mit über 53 % des weltweiten Verbrauchs. Die Verschiebung der wirtschaftlichen Schwerpunkte lässt sich auch daran erkennen, dass Indien im Jahr 2023 erstmalig den kombinierten Verbrauch von Europa und Nordamerika übertraf. Derartige Steigerungsraten sind aus Ressourcenperspektive unproblematisch; Kohle ist genügend vorhanden. Die größten Reserven besitzen die USA, gefolgt von Russland, Australien, China und Indien. Derzeit bekannt sind Reserven im Umfang von mehr als einer Billion Tonnen weltweit und theoretisch können wir in den nächsten 100 Jahren so viel davon verbrennen, dass unser Planet durch die CO_2-Emissionen

[2] Angaben des BMWK (https://www.bmwk.de/Redaktion/DE/Artikel/Energie/kohlepolitik.html).

erheblich geschädigt wird.[3] Hoffentlich passiert das nie, aber die Gefahr sollte man im Blick behalten.

Energiegeschichten: Der Kohlepfennig

Kurz nach der Ölkrise im Jahr 1972 reagierte die deutsche Regierung 1975, um die Abhängigkeit vor allem von den Staaten am Arabischen Golf zu reduzieren. Es sollte die heimische Kohle einspringen und so wurde entgegen marktwirtschaftlicher Prinzipien der sogenannte Kohlepfennig eingeführt. Was nach wenig klingt, läpperte sich zu einem erheblichen Betrag. Alle deutschen Stromverbraucher mussten diese Abgabe zwischen 1974 und 1995 bezahlen und damit die Verstromung deutscher Steinkohle subventionieren. Erst als das Bundesverfassungsgericht diese Praxis als verfassungswidrig einstufte, wurde der Kohlepfennig abgeschafft. Bis dahin kam jedoch eine beachtliche Summe von rund 100 Mrd. € zusammen. Diese Maßnahme blieb ohne Erfolg, die (Stein-)Kohleindustrie ist in Deutschland gescheitert und fördert längst nicht mehr.

5.2 Erdöl

Die Gewinnung von Erdöl unterscheidet sich fundamental vom Steinkohlebergbau. Kein Kumpel muss in den Schacht steigen und sich den Gefahren von Bergwetter und anderen Risiken aussetzen. Es genügt, ein Loch von der Oberfläche aus zu bohren, was bis auf das Gestänge-Management im Wesentlichen automatisch mit Maschinen geschieht. Erreicht die Bohrung die ölführende Schicht, kommt das Öl entweder von selbst an die Oberfläche oder es kann über Pumpen, gegebenenfalls per Fracking, herausgeholt werden. Der entscheidende Punkt: Der Personaleinsatz pro kWh oder Barrel ist im Vergleich zum klassischen Bergbau viel geringer. Dies hatte vor hundert Jahren zu einer massiven Verringerung der Energiekosten geführt und einen gewaltigen Boom in der Ölindustrie ausgelöst. Ein vergleichbar günstiges und vielseitiges Verfahren, Energie zu gewinnen, stellen die Erneuerbaren bisher noch nicht dar.

Der Umstieg auf die Erneuerbaren schlägt sich bislang nicht im Erdölverbrauch nieder, 2023 erreichte die weltweite Produktion ein Rekord-

[3] Angaben des Energy Institute (https://ourworldindata.org/fossil-fuels#coal-reserves).

niveau. Was viele in Deutschland nicht wissen: Der größte Erdölproduzent heißt USA und liegt mit einem Anteil an der weltweiten Förderung von rund 20 % noch vor Saudi-Arabien mit 11,8 %. Es folgen Russland mit 11,5 und Kanada mit 5,9 %. Zum ersten Mal in der Geschichte sprang der weltweite Ölverbrauch im Jahr 2023 über die Marke von 100 Mio. Barrel pro Tag.[4] Ein genauerer Blick auf Reserven und Ressourcen zeigt, dass noch immer sehr viel in der Erde schlummert. So verfügt das krisengeschüttelte Venezuela über die größten, bekannten Reserven und fördert derzeit kaum. Neben diesem konventionellen Öl gibt es noch unkonventionelle Vorkommen, die bisher selten genutzt wurden. Dazu zählen etwa Öl- und Schiefersande, die USA und Kanada beuten die Lagerstätten bereits aus. In Zukunft könnten diese Vorkommen auch in anderen Weltgegenden eine große Rolle spielen. Erhebliche Potenziale bietet auch die Ausbeutung per Fracking. Aufgrund dieser Erfahrungen geht man bei den Ressourcen davon aus, dass noch rund zehnmal so viel im Gestein schlummert, wie bisher gefördert wurde. Dieses Öl würde für etwa 400 Jahre reichen – allerdings zu deutlich höheren Preisen, als eine Förderung beispielsweise heute in Saudi-Arabien kostet. So sind seriöse Prognosen kaum möglich, jedoch könnte es in 50 bis 100 Jahren knapp werden, wenn der weltweite Bedarf gleich bleibt. Das Verbrennen ist auch deshalb keine gute Idee, weil viele Industrien Rohstoffe wie Öl und Gas als Grundstoffe für ihre Produkte benötigen. Beispiele sind die Düngemittelindustrie, die Kunststoff-, Gummi- und Faserindustrie sowie die Pharmachemie und viele weitere wichtige Industriebereiche in Deutschland.

5.3 Erdgas

Das Erdgas spielt eine wichtige Rolle bei der deutschen Energieerzeugung. Zum einen dient es in großem Maßstab zum Heizen, zum anderen fließt immer mehr davon in die Stromerzeugung. Seit dem Ausstieg aus der Kernenergie und mit dem gewünschten Ende der Kohleverstromung steht auf absehbare Zeit kein anderer Energieträger zur Verfügung, um

[4] Diese Zahlen stammen von The Energy Institute.

die Zeiten ohne ausreichenden Solar- und Windstrom auszugleichen. Die Nutzung von Gas ist unter Umweltaspekten tatsächlich sinnvoll, beim Verbrennen entsteht deutlich weniger CO_2 als beim Verfeuern von Kohle. Erdgas hat die geringste Klimawirkung aller fossilen Brennstoffe. Dazu kommen noch zwei Vorteile. Erstens verbrennt Erdgas in den Kraftwerken sehr effizient und sauber, zweitens lassen sich die Anlagen relativ kurzfristig hoch- und wieder herunterfahren. Sie eignen sich also, um die Fluktuation der Erneuerbaren auszugleichen. Aus diesem Grunde wird oft von einer Brückentechnologie gesprochen, die bis zum vollständigen Umstieg auf Sonne und Wind nötig ist. Diese Strategie bedeutet auf der anderen Seite, dass Gas muss auch tatsächlich verfügbar sein – und zwar in ausreichender Menge und noch für längere Zeit. Zuverlässige Lieferanten und sichere Transportwege für Erdgas spielen eine wichtige Rolle in der Gestaltung der zukünftigen Politik. Ferner ist Erdgas ein wichtiger Grundstoff der chemischen Industrie. So wird unter anderem ein Großteil industriell benötigten Wasserstoffs aus Erdgas gewonnen und auch viele andere Prozesse sind noch darauf angewiesen.

Zwar wird in diesem Bereich kräftig geforscht, ein flächendeckender Umstieg auf andere Stoffe noch nicht in Sicht. Das liegt an Kostenproblemen, eine Tonne Wasserstoff aus der Elektrolyse ist aktuell mindestens fünfmal so teuer wie aus Erdgas. Vor dem Hintergrund der reinen Verfügbarkeit ist das kein Problem. Denn bislang hat die Menschheit deutlich weniger Gas verbraucht als Öl und es existieren noch riesige Reserven. Diese sollten wesentlich länger ausreichen, als wir es für Öl annehmen. Besonders die unkonventionellen Vorkommen sind groß und wurden bislang kaum genutzt. Die Wissenschaft geht von insgesamt rund einer Million Exajoule Energiegehalt aus und diese Menge würde für viele 100 Jahre reichen.[5] Gewinnen lassen sich diese hauptsächlich durch Fracking, und wieder sind es die USA und Kanada, die diese Verfahren heute schon nutzen. Das Ergebnis zeigt Abb. 5.2.

Deutschland fördert Erdgas auch in einem geringen Maße, wir decken damit etwa 5 % unseres Bedarfs. Dieser Anteil lag schon deutlich höher, die konventionell förderbaren Reserven hierzulande sind jedoch weit-

[5] BGR Energiestudie 2023, Bundesanstalt für Geowissenschaften und Rohstoffe (BGR), ISBN PDF: 978-3-948532-86-4, (Tabelle 5).

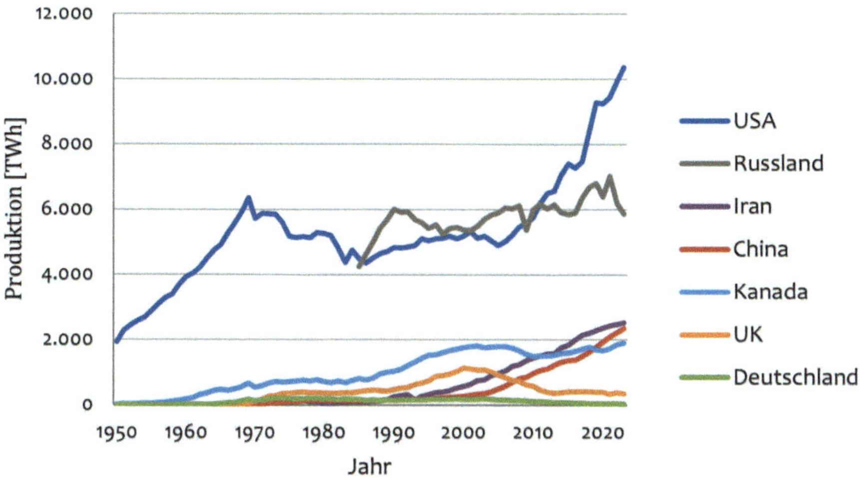

Abb. 5.2 Erdgasproduktion. (Quelle: Energy Institute – Statistical Review of World Energy (2024))

gehend ausgeschöpft. Eine Alternative wäre Fracking. Heute stammen 95 % des Erdgases aus Norwegen, den Niederlanden und vor allem aus Russland – 2020 zu mehr als 50 %. Der Beginn des Ukraine-Kriegs erforderte eine Umorientierung und Deutschland setzt nun vermehrt auf Norwegen, wohin bestehende Pipelines führen. Etwa acht Prozent[6] gelangt heute in Form von LNG (Liquified Natural Gas) zu uns, also als verflüssigtes Erdgas. Dieses stammt zum Großteil aus den USA und die Produzenten gewinnen es dort vorwiegend durch Fracking. Das Gas wird energieaufwendig bei – 163 °C verflüssigt, kommt per Schiff nach Europa und wird hier wieder regasifiziert. Was sich wie ein aufwendiger Prozess anhört, ist auch einer. Das Verflüssigen kostet grob geschätzt 15 % der im Erdgas enthaltenen Energie, Transport und Regasifizierung schlagen nochmals mit 5 % zu Buche. Man könnte es so sehen: 20 % des Erdgases gehen in Form von CO_2 auf der Reise verloren. Anders ausgedrückt: Der Wirkungsgrad von LNG liegt 20 % unter dem von Erdgas, das per Pipeline geliefert wird. Bezieht man noch einen teilweise nachlässigen Um-

[6] Joey Grostern, 07 Jul 2025, https://www.cleanenergywire.org/.

gang der US-Frackingindustrie mit Umweltaspekten ein, fällt die Umweltbilanz von Gas als Brennstoff deutlich schlechter aus.

Über den Winter kommt Deutschland mithilfe riesiger Erdgasspeicher, die während der Sommermonate gefüllt werden. Dabei handelt es sich etwa zur Hälfte um ausgeförderte, frühere Lagerstätten in Sandsteinformationen. Die zweite Hälfte entfällt auf sogenannte Kavernen in unterirdischen Salzstöcken, die im Wasser-Auslaugungsverfahren (Solung) hergestellt werden. Diese Formationen liegen in Tiefen zwischen wenigen 100 und einigen 1000 m. Sie eignen sich, um Erdgas zwischenzuspeichern, so lässt sich der saisonal sehr unterschiedliche Verbrauch ausgleichen. Den Hintergrund bildet das Energiewirtschaftsgesetz (EnWG). Es macht klare Füllstandsvorgaben, wonach die Gasspeicher zum 01. Oktober zu 80 % und zum 01. November zu 90 % befüllt sein müssen. Wir nutzen diese Speicher seit Jahrzehnten erfolgreich, schon in den Zeiten davor haben wir Erdgas in größerem Umfang gespeichert. In vielen Industriestädten standen früher Gasometer, die aufgrund ihrer Größe häufig das Stadtbild prägten. Manche davon existieren heute noch – ein bekanntes Beispiel bietet Oberhausen. Die Kapazität dieser Gasometer war mit einigen hunderttausend Kubikmetern winzig im Vergleich zu den modernen Kavernenspeichern. Erdgasspeicher haben also nichts mit der Energiewende zu tun, vielmehr gelangte ihre Existenz durch die Energiekrise wieder ins Bewusstsein der Öffentlichkeit. Insgesamt verfügt Deutschland über eine Speicherkapazität von ungefähr 24 Mrd. m^3 – dies entspricht rund 250 Mrd. kWh und rund 30 % der in Deutschland jährlich verbrauchten Gasmenge. Übrigens besitzt Deutschland die mit Abstand größten Speicher in Europa.

Angst vor dem Fracking

Im gesamten Themenkomplex Energie kommt ein Thema gleich nach der Kernkraft, wenn es um Ängste geht: Fracking. Doch wenn viele Emotionen im Spiel sind, lohnt fast immer ein sachlich-neutraler Blick. Wissen sollte man zunächst, dass aus Kostengründen erst die konventionellen Lagerstätten von Erdöl und Erdgas ausgebeutet werden. Diese befinden sich meist im Sandstein, schematisch in Abb. 5.3. Verkürzt dargestellt: Die Unternehmen bohren ein senkrechtes Loch in den Boden. Mit oder

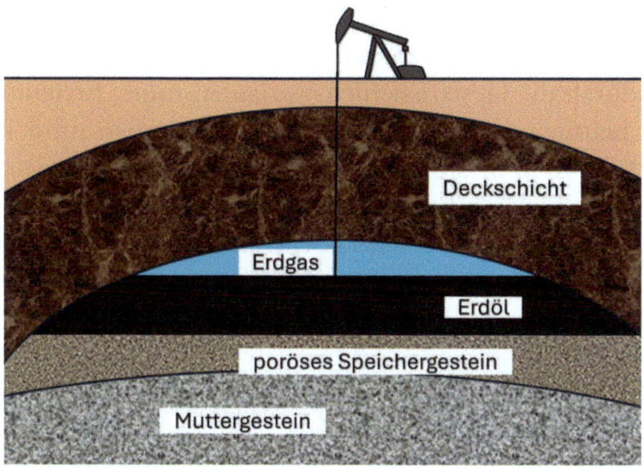

Abb. 5.3 Schematische Abbildung einer Lagerstätte. (Quelle: Eigene Darstellung)

sogar ohne zusätzlichen Druck fließen Gas oder Öl dann durch diese Schichten zum Bohrloch und kommen damit ans Tageslicht. Diese Förderung ist verhältnismäßig billig und einfach durchzuführen. Viele Vorkommen lassen sich jedoch nicht auf diese Weise erschließen, sie befinden sich in weniger durchlässigen Gesteinsschichten wie in Tonstein- oder Schiefertonformationen. Diese bilden in der Regel die unteren und oberen Deckschichten des Sandsteins, darin sind Gas oder Öl vor Jahrmillionen entstanden und teilweise in die Sandsteinschicht gewandert. Sind die Reserven im Sandstein erschöpft, bleiben die Vorkommen in den Speichergesteinen.

Diese sogenannten unkonventionellen Lagerstätten lassen sich ebenfalls abbauen, aufgrund ihrer Beschaffenheit geben die Tonsteine die enthaltenen Vorkommen jedoch nicht bei vertikalem Bohren frei. Bessere Ergebnisse kommen mit einem horizontalen Ansatz zustande. Dazu wird zunächst senkrecht bis zur gas- oder ölhaltigen Schicht gebohrt. In dieser Tiefe dreht man die Bohrrichtung und den Bohrkopf in die Horizontale und bohrt weiter – manchmal kilometerweit. Die Bohrung kann sogar auf- und abwärts verlaufen und sich damit dem Verlauf der Lagerschicht anpassen. Heutige Technik macht es möglich. Seismische und sensorische Messungen zeichnen vorab ein genaues Bild davon, wie der exakte Bohrkanal durch die Gesteinsschicht verlaufen muss. Erstaunlich ist das Tempo der heutigen Spezialisten: In den USA werden rund 1,5 km pro Tag gebohrt. 2000 m in die Tiefe und dann nochmals die gleiche Strecke in die Tonsteinschicht, gehen in rund einer Woche über die Bühne. Vor allem in den oberen, für unseren Lebensraum wichtigen Schichten, werden diese Bohrlöcher mehrfach nach außen abgesichert, sodass keine Lecks entstehen können. Diese Technik ist bewährt und die Sicherheit gut im Griff.

Ist die Bohrung abgeschlossen, wird sie auf der gesamten Länge mit einem gut abgedichteten Rohr versehen. Nur in der gashaltigen Schicht perforieren die Förderunternehmen dieses Rohr, es entsteht eine Art Sieb im Boden. Weil die Tonschichten sehr dicht sind, tritt an dieser Stelle noch kein Gas oder Öl von selbst heraus. Dazu ist Druck erforderlich, das Gestein wird hydraulisch mit einer Flüssigkeit stimuliert – der Fachbegriff dazu lautet Fracking. So entstehen millimeter- bis zentimeterfeine Risse, die als Fließwege im Gestein für den jeweiligen Rohstoff in die Bohrung dienen. Damit sich die Risse nicht sofort wieder schließen, presst man Sand oder feine Keramikkugeln mitsamt der Flüssigkeit hinein. Gerade die Frackingflüssigkeit ist oft ein großes Thema, sie wird häufig als giftig und höchst schädlich für die Umwelt dargestellt. Hierbei ist jedoch zu beachten, nicht nur hierzulande existieren sehr strenge Vorschriften. So muss die Flüssigkeit die Trinkwasserklasse eins erfüllen, entsprechend etwa dem Wasser im Schwimmbad. Dieses wird in Gesteinsschichten gepresst, die von Natur aus gefährlichere Verbindungen enthalten, man presst sozusagen sauberes Wasser in dreckiges. Durch diesen Druck lässt sich der Rohstoff nach oben befördern. Wo sich konventionelle Erdgasbohrungen oft über Jahrzehnte und sehr konstant ausbeuten lassen, ist dies beim Fracking nicht so. Zu Beginn sind waagerechte Bohrungen ergiebig, bedingt durch die lange, perforierte Bohrstrecke. Allerdings erschöpfen sich diese Vorkommen deutlich schneller, in der Regel kommen nach spätestens 2 Jahren nur noch 50 % der Anfangsmenge. Ist dieser Punkt erreicht, schaffen die Unternehmen in der Regel neue Wegsamkeiten in der gleichen Gesteinsschicht. Insgesamt lassen sich durch diese Möglichkeiten Frackingzeiträume von fünf plus/

minus zwei Jahren erreichen. Trotz dieser überschaubaren Dauer amortisiert sich Fracking, sehr schneller übrigens als konventionelle Bohrungen.[7]

Vor dem Verbot bestimmter Fracking-Techniken von 2016 wurden mehr als 300 Fracking-Maßnahmen hierzulande durchgeführt – ohne Schadensfälle.[8] Die Erdbebengefahr liegt für konventionelle Bohrungen höher. Beben aufgrund von Bohren durch unterschiedliche Gesteinsschichten sind nicht Fracking-spezifisch und lassen sich durch ausreichende Untersuchungen vermeiden.[9] Einige Erdbeben in den Niederlanden bei Groningen hängen zwar mit der Erdgasförderung zusammen, allerdings durch die konventionelle Förderung. Bei Fracking in Tonsteinformationen treten aus geologischen Gründen kaum Erdbeben auf, denn es werden keine Hohlräume entleert.[10] Der Flächenverbrauch ist überschaubar: Ein fußballfeldgroßer Bohrplatz reicht für die Förderung in einem Umkreis von 50 Quadratkilometern. Sind die Vorkommen erschöpft, lassen sich die Bohrlöcher häufig zur Gewinnung von Erdwärme nutzen. Sie bieten eine Möglichkeit zur Reduktion von Heizungsabgasen für Jahrzehnte – fast ohne Investitionskosten. Schließlich ist die Bohrung das Teure an der Geothermie. Es existieren also Gründe, Fracking zur Erdgasförderung zuzulassen. Das gilt umso mehr, weil hierzulande beachtenswerte Ressourcen im Erdboden schlummern. Erdgasspezialisten schätzen die Schiefergasresourcen in Detuschland auf 320 bis 2030 Mrd. m^3 Erdgas,[11] Je nach Intensität der Förderung könnte man sich daher wieder der Größenordnung der deutsche Erdgasförderung vor 20 Jahren annähern. Diese Menge entspricht circa einem Fünftel des hiesigen Verbrauchs und könnte einen Teil der klimaschädlichen LNG-Importe aus den USA ersetzen. Zudem sprudeln eigene Vorkommen um-

---

[7] Elliot Busby, Shale project economics still reign supreme as cost of new oil production rises further, Rystaddenergy, 2024, https://www.rystadenergy.com/news/upstream-breakeven-shale-oil-inflation.

[8] Hans-Joachim Kümpel, Fracking – Stellungnahme aus geowissenschaftlicher Sicht, BT-Drs. 18/4714, 10. Juni 2015, Berlin, https://www.bundestag.de/resource/blob/377492/973fbd7b8702e8a1beea3a61a5291b24/hans-joachim-kuempel-data.pdf.

[9] Ebenda.

[10] Schieferöl und Schiefergas in Deutschland, BGR, Hannover 2016, Seite 154ff. https://www.bgr.bund.de/DE/Themen/Rohstoffe/Downloads/Downloads_EN/Abschlussbericht_13MB_Schieferoelgaspotenzial_Deutschland_2016.pdf?__blob=publicationFile&v=1.

[11] Ebenda, Seite 9.

sonst. Fracking in Deutschland ermöglicht daher signifikante Einsparungen gegenüber dem Import.

5.4 Uran

Das Element Uran ist seit dem Ende des 18. Jahrhunderts bekannt, und dessen Verbindungen wurden zunächst zum Färben von Glas oder Keramik genutzt. Erst sehr viel später (1869) entdeckte der französische Physiker Antoine Henri Becquerel, dass dieses Element radioaktiv ist. Wirklich bedeutsam wurde Uran erst nach der Entdeckung der Kernspaltung im Jahre 1938 durch Otto Hahn, Lise Meitner, Fritz Straßmann und Otto Fritsch nach Vorarbeit durch ihren italienischen Kollegen Enrico Fermi. In ihren Versuchen bestrahlten die Physiker Uran mit Neutronen, wodurch Spaltprodukte des Urans entstanden. Diese Kernspaltung erschloss eine vollkommen neue Energiequelle von bisher ungeahnter Größenordnung. Die Kernenergie war geboren. Bisher nutzen Kernkraftwerke in aller Welt hauptsächlich den Brennstoff Uran, genau genommen das Isotop U-235. Die bereits bekannten Vorkommen sind groß, etwa 7,9 Mio. t Uran, was bei aktuellem Verbrauch über hundert Jahre reichen würde. Der Rohstoff findet sich in vielen Teilen der Welt. Die größten Produzenten derzeit sind Kasachstan, Namibia, Kanada, Australien und Usbekistan. Uranhaltige Gesteine gibt es fast überall auf der Welt. Da natürliche Vorkommen jedoch nur 0,7 % Uran-235 enthalten, ein moderner Druckwasserreaktor aber eine Konzentration von rund 5 % benötigt, wird das Uran angereichert. Das geschieht in großen Gaszentrifugen, in denen die Mischung aus Uran-238 und -235 in Gasform extrem schnell rotiert. Bei dieser Rotation sammelt sich das leichtere Uran-235 in der Mitte. Bei häufiger Wiederholung dieses Prozesses ergibt sich die gewünschte Konzentration von 5 %. Allerdings kann man diesen Vorgang mit den gleichen Zentrifugen weiter fortsetzen, bis nach längerer Zeit eine Konzentration von 80 und mehr Prozent erreicht wird. Dieses sogenannte HEU (Highly Enriched Uranium) eignet sich zum Bau von Atombomben. Dieser Zusammenhang bildet den Kern des Problems mit dem iranischen Atomprogramm und auch den Grund, warum die internationale Atomenergiebehörde IAEA solche Anlagen regelmäßig besucht und kontrolliert. Zurück zur Nutzung als Energieträger. Aufgrund der überschaubaren Anzahl der Reaktoren wurde Uran als Brennstoff bislang in verhältnismäßig geringen Mengen verbraucht, es existieren genügend Reserven. Besonders die unkonventionellen Vorkommen sind hoch, sie beinhalten mehr als 2,6 Mio. Exajoule. Zum Vergleich: Die Menschheit verbraucht insgesamt jährlich etwa 500 Exajoule Energie, also nur ein Fünftausendstel dieser Energiemenge. Einen positiven Beitrag in der Bilanz leistet auch die Abrüstung seit Ende des Kalten Krieges, viele der früheren Bomben werden zu Brennstoffen für Reaktoren umgewandelt. Aktuelle Forschungen wollen die Nutzung der Kernenergie nicht auf den Brennstoff Uran beschränken, über großes Potenzial verfügt das Element Thorium. Eine Tonne Gestein aus dem Schwarzwald (Bärhaldengranit) enthält 10–15 g Thorium,[12] das zudem keine Isotopenanreicherung erfordert, allerdings spezielle Reaktoren erfordert. Bezieht man diese Alternative mit ein, könnte sich die Menge an verfügbaren Ressourcen um den Faktor 10 oder sogar 100 erhöhen. Die eigentliche Begrenzung für Kernenergie liegt nicht in den Ressourcen, sondern in Umwelt- und Sicherheitsaspekten. Zu diesem Thema folgt das Kap. 10.

5.5 Biomasse

Am Anfang war das Feuer – und das brannte natürlich mit Biomasse in Form von Holz. Der älteste Energieträger der Menschheit spielt auch heute noch eine wichtige Rolle. Unter den Begriff Biomasse fällt jedoch nicht nur Holz, sondern dazu gehört jedes tierische und pflanzliche Material, das sich zur Gewinnung von Energie verwenden lässt. Ein Teil davon stammt von eigens dafür angebauten Pflanzen wie Mais, Raps, Kokospalmen oder Sonnenblumen, ein anderer aus sogenannten schnell wachsenden Gehölzen, aus der Forstwirtschaft, wieder andere aus biogenen Abfall- und Reststoffen von Landwirtschaft, Haushalten oder In-

[12] Beda Hofmann, Genese, Alteration und rezentes Fliess-System der Uranlagerstätte Krunkelbach (Menzenschwand, Südschwarzwald), Technischer Bericht 88-30, 1989, https://nagra.ch/wp-content/uploads/2022/08/d_ntb88-030.pdf.

dustrie. Diese Rohstoffe werden entweder verbrannt und dienen zur Erzeugung von Wärme oder sie werden mithilfe biochemischer Prozesse zu Biokraftstoffen verarbeitet. Deren Eigenschaften ähneln oft den fossilen Kraftstoffen, etwa in Form von Biodiesel oder Bioethanol, sodass sie als Beigabe in den Tanks von Autos oder Lkw landen. Als Ausgangsmaterialien dienen oftmals Pflanzenöle wie Raps-, Soja- oder Palmöl, tierische Fette, Abfallöle oder auch Algen. Es gibt auch Biogas, das bei der Vergärung von organischem Material entsteht. Dazu nutzt man meist Gülle, Klärschlamm, landwirtschaftliche Reststoffe oder organische Abfälle aus Haushalten und der Industrie. Der Energiegehalt und auch die Eigenschaften lassen sich mit Erdgas vergleichen, und so sind unterschiedliche Nutzungsszenarien für Biogas denkbar. Diese reichen von der Strom- und Wärmeerzeugung über die Zugabe ins Erdgasnetz bis zum Treibstoffersatz in Fahrzeugen. Ein Problem: Energiepflanzen konkurrieren mit Nahrungs- und Futtermittelpflanzen um Ackerfläche sowie um weitere Ressourcen wie Arbeitskräfte oder Düngemittel. Diese Konkurrenz wird verschärft, weil die Energiegewinnung aus Biomasse große Flächen beansprucht. Auch deshalb spielt dieser Energieträger eine untergeordnete Rolle in Deutschland, er lieferte 2023 lediglich 8,5 % des Stroms hierzulande. Für mehr Biomasse fehlt der Platz. Zudem bleibt anzumerken, dass Biomasse nachhaltig klingt im Fall von Maisfeldern, diese sehr stark gedüngt und mit Pflanzenschutzmitteln unkraut- und pilzfrei gehalten werden müssen. Dabei handelt es sich um eine Form der Monokultur, die der biologischen Artenvielfalt nicht hilft.

Der Anbau von Energiepflanzen hat den Vorteil, dass diese in ihrer Wachstumsphase CO_2 aufnehmen und ein hoher CO_2-Gehalt in der Luft sorgt in der Regel dafür, dass Pflanzen schneller wachsen. Dieses Prinzip können wir uns sogar zunutze machen: Es gibt von Natur aus schnell wachsende Pflanzen, die mehr Photosynthese betreiben und daher auch mehr Kohlenstoff binden. Selbst in Deutschland lassen sich Bäume anbauen, die zwei Meter pro Jahr wachsen. Diese stammen aus der eigentlich in Asien heimischen Pflanzenfamilie der Blauglockenbaumgewächse und heißen Paulownia. Hierzulande existieren bereits Plantagen, das Holz geht vorwiegend in den Möbelbau. Doch zurück zu den Energiepflanzen. Bei diesen kommt es nicht nur auf den schnellen Wuchs an, auch der Wasserbedarf ist ein Thema. Daher wird eine Pflanze wie Mais zur Energiegewinnung genutzt, weil er schnell wächst, mit Wasser haushält und dadurch mehr Biomasse aufbaut. Doch wirkt gerade der Wassermangel häufig als ertragslimitierender Faktor. Landwirte müssen daher eine für die jeweilige Umwelt passende Pflanze finden. Empfindliche Reaktionen sieht man auch bei zu viel Wasser, unberechenbare Niederschläge bilden in der Praxis das größte Problem beim Anbau von Pflanzen. Nicht vergessen sollte man die Konkurrenz mit Pflanzen für die Nahrungsmittelgewinnung. Eine derartige Konkurrenzsituation lässt sich jedoch abschwächen, indem die Biomasse mehrfach genutzt wird und die energetische Nutzung (Verbrennung) erst am Ende einer ganzen Kette verschiedener Verwertungsschritte steht. Je nach Pflanzenart ist zum Beispiel zunächst eine Verwendung als Tierstreu möglich, danach eine Weiterverwertung als Substrat für die Zucht von Pflanzen wie Tomaten oder Gurken, und erst ganz am Schluss steht die Verbrennung zur Wärmegewinnung. Die Forschung in diesem Bereich läuft unter Hochdruck, da der Gesetzgeber Torf als Grundlage zur Pflanzenzucht in Zukunft nicht mehr gestattet und Alternativen gefragt sind. Eine solche Mehrfachnutzung nutzt die begrenzten Anbauflächen besser aus und integriert das Recycling bereits in die Konzeption des Biomassekreislaufs.

Die Kombination Biomasse plus Energie lässt sich noch weiterdenken. Wie wäre es, sehr energieintensive Stoffe durch Produkte aus Biomasse zu ersetzen? Das geht zum Beispiel bei Baustoffen. Heute kommt nahezu keine Baustelle ohne große Mengen an Zement aus und dessen Energie- und CO_2-Problematik ist bekannt. Es gibt mehrjährige und schnell wachsende Pflanzen, die sich zu Baumaterialien verarbeiten lassen. Mithilfe der Beigabe eines Bindemittels lassen sich die Pflanzenfasern etwa zu Platten pressen, die in ihren Eigenschaften an Holz oder Beton erinnern. Ebenso möglich ist es, damit Dämmmaterialien herzustellen und die Nutzung von Styropor einzuschränken. Alternative Baustoffe aus speziell dafür geeigneten Bäumen, Gräsern oder anderen Pflanzen bieten Möglichkeiten für energiesparende Bauten.

Zusammenfassend lässt sich über die Energierohstoffe sagen, dass es genug davon auf unserem Planeten gibt. Die Herausforderung besteht jedoch darin, sie wirtschaftlich und umweltfreundlich nutzbar zu machen. Letztlich hängt die Energiezukunft von technologischen Fortschritten, politischen Entscheidungen und wirtschaftlichen Faktoren ab. Doch benötigen wir Ressourcen nicht nur zur Energieerzeugung, sie dienen zudem zur Herstellung von Produkten aller Art – das gilt zum Beispiel für die komplette Energieinfrastruktur, in ihr steckt eine Vielzahl unterschiedlicher Materialien. Daher ein Blick auf die weiteren Ressourcen, die mittelbar zur Energiegewinnung nötig sind.

5.6 Eisenerz

Weltweit werden große Mengen an Stahl verbraucht, pro Jahr summiert sich der Konsum auf knapp zwei Milliarden Tonnen, das sind pro Erdenbürger bemerkenswerte 250 kg. Diese Menge hat sich seit dem Jahr 2000 mehr als verdoppelt. Bei Stahl handelt es sich nicht um den Rohstoff, dieser ist Eisenerz, und das Erz muss zunächst einmal gefördert und verhüttet werden. Für diese Aufgabe braucht es zum weit überwiegenden Teil noch Kohle. Es existieren Versuche mit Technologien zur Dekarbonisierung, indem man zum Beispiel Kohlenstoff abscheidet und wiederverwendet. Im Gespräch ist zudem, einen anderen Energieträger zu nutzen. Einige Demonstrationsprojekte erproben Wasserstoff als Alternative zur Kohle. Allerdings ist Deutschland als Stahlproduzent weitgehend bedeutungslos. Der Blick auf die weltweiten Zahlen zeigt, dass vor allem Australien und Brasilien Eisenerz[13] fördern und mehr als die Hälfte des Verbrauchs auf das Konto Chinas geht. Interessant ist zudem, dass weltweit erhebliche Überkapazitäten existieren. So erwartet das gezielt für dieses Thema gegründete Global Forum on Steel Excess Capacity (GFSEC), dass die globale Kluft zwischen jährlicher Stahlnachfrage und Produktionskapazität bis 2026 die Menge von 600 Mio. t überschreiten wird – bei einem Verbrauch von knapp 2 Mrd. t.

Abb. 5.4 zeigt, dass Stahl heute knapp 20 % billiger ist als im Jahr 1900. Es gab große Schwankungen in dieser Zeit, seit mehr als 10 Jahren fallen die Preise überwiegend.

[13] U.S. Geological Survey (USGS): *Mineral Commodity Summaries 2024 – Iron Ore*. https://pubs.usgs.gov/periodicals/mcs2024/mcs2024-iron-ore.pdf.

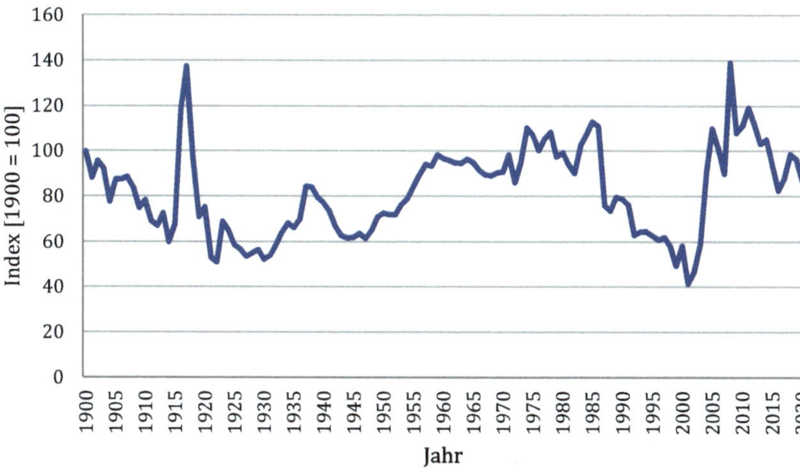

Abb. 5.4 Stahlpreisindex seit 1900. (Quelle: OurWorldinData.org/fossil-fuels I CC BY)

5.7 Kupfer

Dieses Metall bildet einen wesentlichen Bestandteil vieler Erfindungen und Technologien rund um das Thema Energie. Aufgrund seiner hohen Leitfähigkeit findet es sich zum Beispiel in Spulen, Kabeln, Leiterplatten oder anderen elektrischen Bauteilen. Wissenschaftliche Untersuchungen zeigen, dass die Menschheit bislang circa 700 Mio. t des Metalls verbraucht hat.[14] Nun gleicht die Kupferförderung, Abb. 5.5, in den letzten 100 Jahren einer Exponentialfunktion (also einer Funktion mit konstanter Wachstumsrate) und wenn man diese fortschreibt – ohne den Zusatzbedarf von E-Mobilität und Energiewende zu berücksichtigen –, liegt in nur 22 Jahren der Verbrauch nochmals bei 700 Mio.

Der größte Kupferproduzent heißt derzeit Chile, mit weitem Abstand folgen Peru und China. Vor allem bei diesem Metall sprechen viele Experten immer wieder von einem Ressourcenproblem, denn Stand heute betragen die weltweiten Kupferreserven nur rund 880 Mio. t, dazu kom-

[14] U.S. Geological Survey (USGS): *How much copper has been found in the world?*, https://pubs.usgs.gov/periodicals/mcs2025/mcs2025-copper.pdf.

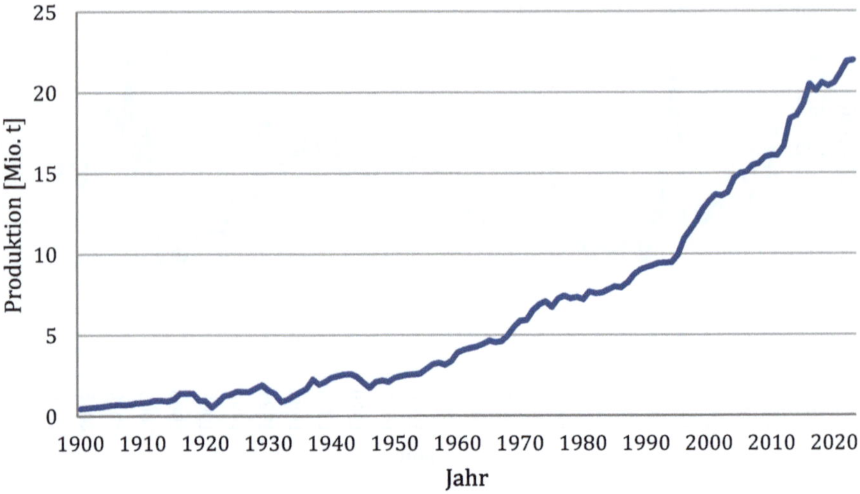

Abb. 5.5 Kupferproduktion seit 1900. (Quelle: USGS – Mineral Commodity Summaries (2024), USGS – Historical Statistics for Mineral and Material Commodities (2023), BGS – World Mineral Statistics (2023) CC BY)

men Schätzungen über erhebliche, weitere Ressourcen. Allerdings nimmt der Kupfergehalt in den Minen ständig ab. Enthielt das abgebaute Gestein vor einigen Jahrzehnten noch circa 3 Volumenprozent Kupfer, kommen neu erschlossene Abbaugebiete nur noch auf 1 %. Windkraftanlagen und in geringerem Maße die Photovoltaik benötigen große Mengen von Kupfer und ein weltweiter Ausbau dieser Energiequellen kann bei diesem Metall zu Problemen führen. Doch gelten wieder die bereits geschilderten Regeln in Bezug auf Ressourcen und Reserven. Letztlich dürften sie auch hier für einen Ausgleich von Angebot und Nachfrage sorgen.

5.8 Silber, Kobalt, Lithium und Co.

Noch viele andere Rohstoffe spielen eine wichtige Rolle für die Energiegewinnung und ein Blick auf die vor uns liegenden Aufgaben beim Umbau der globalen Energieversorgung macht das Ausmaß deutlich: Um die Erde mit Solarstrom versorgen zu können, müsste man die gesamte Silberförderung der kommenden 40 Jahre ausschließlich für die Herstellung der Kontakte in den Solarzellen verwenden.[15] Zudem ist Silber ein wichtiges Industriemetall, es findet sich in vielen Produkten und in medizinischen Anwendungen etwa im Bereich der Hygiene. Allerdings sollte man derartige Berechnungen auch an dieser Stelle nicht überbewerten, da sich Prozesse im Lauf der Zeit stark verändern. Am Beispiel Silber kann man das gut sehen, vor 30 Jahren war unklar, wo all das Silber für die Fotoindustrie herkommen soll. Heute spricht keiner mehr davon, weil wir Digitalkameras nutzen.

Daher kann es geschehen, dass Solarzellen in Zukunft praktisch ohne Silber auskommen und etwa das wesentlich häufiger vorhandene Kupfer zum Einsatz kommt. Ein absolutes Schlüsselmetall ist Lithium, aufgrund seiner Bedeutung für die Batterieproduktion explodierten die Fördermengen in Ländern wie Chile, Australien oder Argentinien geradezu in den letzten 10 Jahren. In die Medien schafft es auch Kobalt immer wieder. Es dient vor allem für die Batterieproduktion und in Verbindung mit Lithium lässt sich eine hohe Energiedichte erzielen. Auch ein regelmäßiges Thema sind die sogenannten seltenen Erden. Alle haben eines gemein: Entgegen ihrem Namen sind sie gar nicht so selten, die Erde enthält sie in fast unendlicher Menge. Ihr Problem liegt vielmehr in der Förderung und Gewinnung. Es erfordert einen hohen Aufwand sie aus Gesteinen oder Erzen zu extrahieren und die einzelnen Elemente zu trennen.

[15] MIT Future of Solar Energy Study, https://energy.mit.edu/wp-content/uploads/2015/05/MITEI-The-Future-of-Solar-Energy.pdf, Figure 6.4.

6 Das Prinzip der Energieumwandlung

Nach den Rahmenbedingungen für Verbrauch und Erzeugung von Energie sollen nun die physikalischen Hintergründe zur Sprache kommen. Der Leser weiß bereits, dass die Energie in den meisten Fällen nur als Mittel zum Zweck dient. Wir setzen sie ein, um beispielsweise etwas zu bewegen oder zu erzeugen. Deswegen haben wir es im Energiezusammenhang fast immer mit Umwandlungsprozessen zu tun – mithilfe eines Generators verwandeln wir etwa mechanische Energie in Elektrizität und die Dampfturbine erzeugt mechanische Energie aus Wärme. Derartige Umwandlungsprozesse finden in der Regel mehrfach hintereinander statt (Tab. 6.1). Am Anfang dieser Verarbeitungskette stehen die Primärenergieträger. Dieser Begriff fiel schon öfter und jetzt wird es Zeit, ihn genauer zu erläutern. Es handelt sich dabei nicht nur um fossile Brennstoffe wie Kohle oder Erdöl, auch Wind oder Sonne und Kernbrennstoffe gehören dazu. Ihr großer Nachteil: Viele davon lassen sich nicht so einfach nutzen. Sie kommen zwar in der Natur vor und können mit entsprechenden Technologien gefördert werden, es funktioniert jedoch nicht, einen Stecker in die Kohlemine zu stecken und der Strom fließt. Für manche Vorkommen und Rohstoffarten geht diese Umwandlung ziemlich einfach, bei anderen erfordert sie einen enormen Aufwand. Vor

E. Heindl, *Energie*, https://doi.org/10.1007/978-3-658-50486-1_6

Tab. 6.1 Von der Primärenergie zur Dienstleistung mit Beispielen

Primärenergie	Sekundärenergie	Endenergie	Nutzenergie	Dienstleistung
Kohle	Briketts/Koks	Strom	Licht	Beleuchtung
Windenergie	Bewegungsenergie	Strom	Wärme	Backen
Erdöl	Benzin, Diesel		Bewegungsenergie	Fahren

allem die fossilen Brennstoffe besitzen zunächst einen begrenzten Nutzen, sie benötigen diverse Verarbeitungs- und Umwandlungsschritte wie etwa Trocknung oder Entschwefelung. Erst dadurch entstehen für unsere Zwecke verwertbare, sogenannte Sekundärenergieträger wie Koks. Diese werden schließlich in Kohlekraftwerken in den Endenergieträger Strom konventioniert, den ein Verbraucher direkt nutzen und in die gewünschte Nutzenergie umwandeln kann. Wenn es in der Literatur oder in Statistiken um den Primärenergieverbrauch geht, wird dieser Prozess meist eingerechnet. Man inkludiert die Verluste des Verarbeitungsprozesses in die Rechnung. Sie wissen bereits, dass Deutschland im Jahr 2023 insgesamt 2.911.000 GWh Primärenergie verbraucht hat. Diese Zahl ist hochgerechnet, unter anderem auf die ursprünglich abgebaute Kohle, die in Strom umgewandelt wurde oder die Menge Rohöl, die in der Raffinerie zu Benzin geworden ist. Die prinzipielle Prozesskette lässt sich in fünf Schritte aufteilen, sie stellt die Wandlung des Primärenergieträgers in das gewollte Resultat dar.

Diese Schritte von der Gewinnung bis zur Bereitstellung von Energie bilden zentrale Prozesse in Wirtschaft sowie Gesellschaft. Ihre Anzahl lässt es schon vermuten: Auf dem Weg von der Primärenergie zur letztlich genutzten Dienstleistung geht einiges verloren. Um welchen Prozentsatz es sich dabei handelt, hängt vom jeweiligen Prozess ab. Damit wird es Zeit, die Umwandlung näher zu beleuchten. Energieerzeugung findet meist in Kraftwerken statt und davon gibt es zwei grundlegende Typen.

An erster Stelle sind die thermischen Kraftwerke zu nennen, sie erzeugen aktuell und weltweit über 80 % des Stroms. Hier kommen fast ausschließlich fossile Brennstoffe zum Einsatz und thermisch heißt, dass hohe Temperaturen entstehen – also Wärmeenergie. An vielen Stellen ist daher die Rede von Wärmekraftwerken. Für die Umwandlung eines Ausgangsenergieträgers wie etwa Kohle in eine nutzbare Energieform wird in einem Dampferzeuger Wasser erhitzt, es entsteht Wasserdampf, dieser wird über Dampfturbinen in mechanische Energie umgewandelt und diese dient zum Antrieb eines Stromgenerators. Dieses Prinzip kommt auch in Kernkraftwerken zum Einsatz, derzeit vorwiegend mit Uran und in Zukunft vielleicht mit Thorium als Kernbrennstoff. Bislang nur im Versuchsstadium befindet sich die Kernfusion, bei der Wasserstoff (Deuterium und Tritium) als Kernbrennstoff die nötige Wärme erzeugen soll.

Tab. 6.2 Arten der Energieumwandlung

Thermische Kraftwerke	Nichtthermische Kraftwerke
Fossile Brennstoffe • Dampf • Gasturbine • Dampf-Gas-Kombination • Verbrennungsmotor • Biomasse	**Wasserkraft** • Laufwasserkraft • Speicherkraft • Pumpspeicherkraft • Gezeitenkraft
Kernkraft • Dampf	**Windkraft** • Onshore • Offshore
Konzentrierte Solarenergie CSP • Turm • Parabolische Systeme	**Photovoltaik** • Si-basiert • Andere
Geothermie • Dampf • Niedertemperatur	**Sonderfälle** • Reibungselektrizität • Nuklid-Batterien

Auch in diesen Fällen wird Dampf produziert, der dann eine Turbine antreibt. Diese Prozesskette beschreibt die schrittweise Umwandlung von Primärenergie in Sekundärenergie, Endenergie und Nutzenergie. Die Tab. 6.2 zeigt das jeweilige Konzept.

Als thermische Kraftwerke lassen sich auch die meisten Motoren in Kraftfahrzeugen bezeichnen, allerdings ohne den Umweg über Wasserdampf. Ob sie mit Benzin oder Diesel laufen, stets werden fossile Kraftstoffe durch einen Verbrennungsprozess in Wärme und dann in Bewegungsenergie umgewandelt. Zu den thermischen Energieformen gehört ebenfalls die konzentrierte Solarenergie (CSP). Dafür baut man entweder einen großen Turm und bündelt das Sonnenlicht mit beweglichen Spiegeln an der Turmspitze oder man nutzt ein Spiegelsystem in Form von Rinnen am Boden, die ein Rohr beleuchten. Beide Systeme konzentrieren die Sonnenenergie, erzeugen durch die entstehende Wärme Dampf und am Ende auch die benötigte Energieform Strom. Häufig nutzen wir das Sonnenlicht für Beleuchtung und Heizung direkt, etwa für Wintergärten oder mit Fenstern, die Licht in Innenräume lassen. Nur punktuell durchgesetzt hat sich die geothermische Energie. Sie bietet sich vor allem in Regionen an, in denen vulkanische Aktivität die Gesteinsschichten erhitzt und wo man damit Dampf oberflächennah erzeugen kann. Dieses Prinzip funktioniert jedoch auch in weniger heißen Regionen. Süddeutschland verfügt über sehr warme Gesteinsschichten in circa fünf Kilometern Tiefe, aus denen sich elektrische Energie gewinnen lässt.

Den zweiten Typus bilden die nichtthermischen Kraftwerke und ihre älteste Form macht sich das Wasser zunutze – etwa in Mühlen. Heute ist dieses Prinzip nur leicht verändert und die Wasserkraft erzeugt mithilfe von Turbinen und Generatoren Strom. Nicht nur das Wasser liefert der Menschheit seit jeher Energie, auch der Wind spielt eine zentrale Rolle in der Geschichte. Vor allem die Schifffahrt nutzt dessen Kraft schon lange, aber auch Windmühlen haben eine wichtige Rolle etwa bei der Urbarmachung von Land gespielt. Heute gewinnt dieses Prinzip wieder an Bedeutung, die zahlreichen Windkraftwerke an Land oder auf dem Meer zeigen diese Rolle deutlich. Dabei geht es nicht mehr um das Mahlen von Getreide oder das Abschöpfen von Wasser, per Generator wandeln sie die Bewegung der Rotoren in Strom um. Das größte Potenzial im Hinblick auf die globale Verfügbarkeit für die Energieerzeugung bietet jedoch eine andere, nicht-thermische Energieumwandlung: Die Photovoltaik.

Die Sonne liefert so viel Energie, dass wir unseren gesamten Energiebedarf problemlos damit decken könnten. Auch die Solarenergie lässt sich nur mit Hilfe eines Umwandlungsvorgangs ernten. Dieser erfordert genaues physikalisches Verständnis von Festkörpern das die Menschheit erst seit einigen Jahrzehnten besitzt. Denn Licht können wir nur durch einen komplexen Prozess in Strom verwandeln. Diese Vorgänge basieren auf der Quantenmechanik – Albert Einstein hat in diesem Bereich geforscht und dafür den Nobelpreis bekommen. Meistens dienen Silizium oder andere Halbleiter dazu, um aus den Photonen (Lichtteilchen) in der Sonnenstrahlung Strom zu gewinnen. Die drei erneuerbaren Energieträger Wasser, Wind und Sonne haben den großen Vorteil, dass sie sich ohne den Umweg des verlustbehafteten, thermischen Prozesses in Strom umwandeln lassen. Fossile Brennstoffe erfordern dagegen Zwischenschritte, die auch Vorteile haben: Die Rohstoffe lassen sich in großem Maßstab zu Umwandlungsstationen wie Kraftwerken oder Motoren transportieren und dort lagern, sodass die Stromerzeugung unabhängig vom Ursprungsort des Brennstoffs und der Zeit ist. Unser Benzin kommt zum Beispiel aus Norwegen, USA oder Kasachstan, mit dem Auto fahren wir jedoch hier. Aus Wasserkraft gewonnener Strom zum Beispiel aus Asien lässt sich dagegen nicht so gut nach Europa leiten und in größerem Maßstab speichern lässt er sich bisher auch nicht so einfach.

6.1 Der Elektromotor

Die Hälfte aller elektrischen Energie wird in Elektromotoren in mechanische Arbeit umgewandelt. Die Erfindung des Elektromotors ist daher eine zentrale Errungenschaft unserer Zivilisation, die den Antrieb durch Tiere, Dampfmaschinen und auch den Verbrennungsmotor verdrängt. Das liegt am hohen Wirkungsgrad (zumeist über 90 %), am abgasfreien Betrieb und äußerst geringem Wartungsaufwand. Die ersten Motoren rotierten zwar schon in der Mitte des 19. Jahrhunderts, aber die Entwicklung des Motors ist längst nicht zu Ende. Die aktuelle Forschung konzentriert sich auf Gewichtseinsparungen, eine weitere Steigerung des Drehmoments und höchste Effizienz, die Erfolge sind dabei erheblich, so hat sich das Leistungsgewicht auf ein Hundertstel reduziert. Praktisch alle Elektromotoren basieren auf dem Prinzip eines rotierenden Magnetfelds. Dazu wird der Strom durch Spulen geleitet und treibt damit den Rotor an. Der genaue Ablauf hängt stark von der jeweiligen Bauweise ab. Für das Verständnis reicht es, die zwei verschiedenen Grundprinzipien zu kennen. Die eine Bauart erzeugt beide Magnetfelder – von Rotor und Stator – mit einfachen Materialien. Im Wesentlichen handelt es sich um Aluminium, Kupfer und Elektrobleche. Die sogenannten seltenen Erden sind dafür nicht erforderlich. Anders sieht es bei der zweiten Klasse von Motoren aus, diese nutzt starke Permanentmagneten. Damit lässt sich der elektrische Verlust nochmals reduzieren, sie enthalten etwa Neodym. Mit seltenen Erden wie diesen lassen sich außerordentlich starke und permanente Magnetfelder erzeugen, um leistungsstarke, sehr kleine und leichte Elektromotoren zu bauen. Anwendungsbeispiele bieten Drohnen oder Elektroautos.

Elektromotoren finden sich in sehr unterschiedlichen Einsatzszenarien. Diese reichen von winzigen Motoren, die Vibrationen im Handy auslösen, bis zu riesigen Drehstrommaschinen, die Wasser in Pumpspeichern hochpumpen und dabei mehrere hundert Megawatt Strom benötigen. All diese Geräte verbindet, dass sie keine Abgase erzeugen und nahezu keine Verschleißteile haben. Im Wesentlichen existiert nur eine kugelgelagerte Welle, die vielleicht im Laufe von Jahrzehnten altert. Lediglich an einfachen oder älteren Gleichstrommotoren finden sich noch Kohlebürsten, die nach längerem Betrieb ausgewechselt werden müssen. Dieses Verschleißteil verschwindet zunehmend, heute werden die alternierenden magnetischen Felder zumeist elektronisch erzeugt. Die dazu notwendigen elektronischen Schaltungen basieren auf modernen Schaltelementen aus Siliziumcarbid, die sehr große Ströme, hohe Frequenzen und ausgesprochen geringe Verluste in den Halbleiterbauelementen ermöglichen. Diese Elemente sind heute in vielen neueren Elektroautos anzutreffen. Bei geeigneter Schaltung ist es möglich, den Motor als Bremse einzusetzen, die als Generator wirkt und Strom in eine Batterie oder bei Zügen über die Oberleitung ins Netz einspeist. Diese Rekuperation genannte Technik kann etwa 20 % des Energieverbrauchs bei Fahrzeugen einsparen.

An dieser Stelle sei noch eine Sonderform des Elektromotors erwähnt, die sogenannten Linearmotoren. Diese drehen sich nicht, stattdessen bewegen sie ein Objekt entlang einer Schiene ohne Antriebsräder. Eines dieser Systeme kennen wir als Magnetschwebebahn, in Deutschland heißt sie Transrapid. Zwar handelt es sich um eine technisch sehr reizvolle Lösung, sie lässt sich aus Gründen der besonderen Infrastruktur praktisch nicht in das normale Schienensystem integrieren. Ihr ursprünglicher Vorteil von Geschwindigkeiten über 400 km/h erreichen inzwischen auch Rad-Schiene-Systeme mit normalen Elektromotoren. Auch Liftsysteme in Hochhäusern lassen sich über Linearmotoren betreiben, aber diese Systeme sind aufgrund ihrer Komplexität meist zu teuer. Dagegen spielen sie in Sonderfällen eine zunehmende Rolle, etwa bei der exakten Positionierung in der automatischen Fertigung.

6.2 Die Wärmepumpe

Beim Blick auf die Energieumwandlung darf die Wärmepumpe nicht fehlen. Obwohl diese Technik erst in den letzten Jahren Popularität in Deutschland erlangt hat, kann sie als ausgereift bezeichnet werden. So geht die Erfindung des Kühlschranks – eine umgekehrte Wärmepumpe – auf Carl von Linde und das Jahr 1873 zurück. Mit diesen praktischen Erfahrungen und den physikalischen Grundregeln lassen sich einerseits die Potenziale sehr genau einschätzen und andererseits auch klare Grenzen für Nutzung und Effizienz benennen. Im Kern findet ein Wärmetransport mithilfe eines thermodynamischen Kreisprozesses in vier aufeinanderfolgenden Schritten mithilfe einer geeigneten Flüssigkeit (Kältemittel) statt.

1. Zunächst wird die Umgebungswärme (Außenluft, Erdreich oder Wasser) auf ein sogenanntes Kältemittel (etwa Propan) im Wärmetauscher übertragen. Dabei handelt es sich um spezielle Flüssigkeiten, die bereits bei niedrigen Temperaturen verdampfen – manche schon bei Minusgraden. Dieses Prinzip macht es möglich, der Umgebung auch bei niedrigen Außentemperaturen Wärme zu entziehen.
2. Im zweiten Schritt verdichtet ein Kompressor den gasförmigen Kältemitteldampf wie in einer Luftpumpe. Dieser Prozess geschieht in der Regel elektrisch und verbraucht Strom. Durch diese Druckerhöhung steigt die Temperatur des Gases an.
3. Danach strömt das heiße Gas zu einem Kondensator und gibt seine Wärme über einen Wärmetauscher an das Heizsystem ab und wird flüssig.
4. Im letzten Schritt senkt ein Expansionsventil den Druck des Kältemittels. Dadurch verdampft es; der Kreislauf beginnt erneut.

In diesem Heizmodus wird also Wärme von außen nach innen transportiert. Beim Kühlschrank funktioniert das Ganze umgekehrt, indem man die Position der beiden Wärmetauscher wechselt, die kalte Seite ist im Kühlschrank. Dabei wird die Wärme aus dem Innenraum nach außen abgegeben. Das Ungewöhnliche an der Wärmepumpe: Sie besitzt einen Hebel. Denn es genügt ein kleiner Anteil an elektrischer Energie, um die Flüssigkeit zu verdichten und ein Vielfaches an Wärmeenergie damit zu bekommen. Je nach Art der Heizung müssen keine hohen Temperaturen erzeugt werden, bei einer Fußbodenheizung reichen 25 Grad. Andere Verwendungen erfordern höhere Temperaturen und damit mehr Energie zur Verdichtung, ein Beispiel bietet die Warmwasserbereitung. Es gibt mittlerweile sogar Hochtemperaturgeräte, die es auf 120 Grad bringen und beispielsweise in der Fernwärme zum Einsatz kommen. Bei der Nutzung der Umgebungstemperatur sind Wärmepumpen flexibel, es gibt sie für Luft, Wasser und für das Erdreich.

Der erwähnte Hebel sorgt dafür, dass die Energieeffizienz von Wärmepumpen sehr hoch ist. Ihr Wirkungsgrad läuft meist unter den Begriffen Leistungszahl oder Coefficient of Performance (COP) und die Hersteller müssen ihn im Zusammenhang mit den Geräten angeben. Beträgt der Wirkungsgrad zum Beispiel vier, kann das jeweilige Gerät aus einer kWh elektrischer Energie vier kWh Wärmeenergie erzeugen und damit vervierfacht die Wärmepumpe den elektrischen Energieeinsatz. Abhängig ist der Wirkungsgrad von der Temperaturdifferenz. Die Gleichung sieht so aus:

$$Wirkungsgrad = \frac{\left(T_{warm} + 273\right)}{\left(T_{warm} - T_{kalt}\right)}$$

In diese Gleichung sind lediglich die Temperaturangaben T_{warm} und T_{kalt} in normalen Grad Celsius einzugeben. Wenn etwa eine Erdsonde 8 Grad warmes Wasser liefert und dieses mithilfe einer Wärmepumpe auf 60 Grad erwärmt werden soll, sieht die Rechnung so aus:

$$Wirkungsgrad = \frac{\left(60 + 273\right)}{\left(60 - 8\right)} = 6{,}4$$

Der theoretische Wirkungsgrad im Beispiel beträgt also 6,4. In der Praxis kommen die Reibung im Motor und das nicht optimale Betriebsmittel sowie Verluste an den Wärmetauschern hinzu. Diese Faktoren eingerechnet, ergibt sich circa 4 und um diesen Hebel geht es in der Praxis. Tatsächlich bringen es Wärmepumpen derzeit auf Wirkungsgrade zwischen drei und fünf, es handelt sich also tatsächlich um eine sehr effiziente Technologie. In vielen Fällen bietet sie eine sinnvolle Alternative zu anderen Heizungsarten.

Wie von den Autoabgaswerten bekannt, testen die Hersteller unter speziellen Laborbedingungen. Viele Experten streiten nun darüber, ob sich der versprochene Wirkungsgrad im praktischen Betrieb tatsächlich erreichen lässt. Ist dies nicht der Fall, fällt die Stromrechnung höher aus als erwartet und auch die projektierte Klimawirkung ist geringer als angenommen. Nach Aussage von Professor André Thess gibt es keine großangelegte Studie über den praktischen Einsatz der Geräte. Daten dazu sollten vorhanden sein, denn es laufen viele tausend Wärmepumpen seit Jahren. Die Kosten-Nutzen-Rechnung hängt zudem davon ab, welche Art der Wärmepumpe zum Einsatz kommt. So nutzen Luft-Wärmepumpen die Außenluft und sind daher einfach zu installieren. Bei Frost leidet jedoch ihre Effizienz und der Strombedarf steigt, bei sehr tiefen Temperaturen kann praktisch nur elektrisch geheizt werden und in diesen Perioden verliert man den Hebel.

Eine Erd-Wärmepumpe arbeitet dagegen mit dem stabilen Temperaturniveau des Erdreichs von rund 9 Grad und erreicht daher eine hohe Effizienz – Aufwand erfordert jedoch die nötige Bohrung. Als letztes Medium kennen wir die Wasser-Wärmepumpe. Sie nutzt das Grund- oder Oberflächenwasser und auch hat kaum saisonale Schwankungen. Allerdings benötigt sie zum Betrieb zwei Grundwasserbrunnen, was Investition und eine Genehmigung erfordert.

6.3 Wirkungsgrad und Effizienz

Der erwähnte Hebel sorgt bei der Wärmepumpe dafür, dass sie den anfänglichen Energieeinsatz vervielfachen kann. Da sie einen Wirkungsgrad über eins erreicht, liegt der Schluss nahe, dass Wärme eine weniger wertvolle Energie ist als mechanische oder elektrische. Diese Erkenntnis spielt eine zentrale Rolle in der Energieumwandlung: Wer aus der geringwertigen Energieform (Wärme) eine höherwertige (etwa Strom) gewinnen will, landet immer bei einem Wirkungsgrad kleiner als eins. Dieses Naturgesetz lässt sich nicht ändern. So gehen zum Beispiel bei Kohlekraftwerken etwa zwei Drittel der Energie durch Abwärme verloren. Ähnlich ist es bei Verbrennungsmotoren in Autos. Auch hier wird ein Großteil in Wärme umgewandelt und nur ein geringer Teil der im Kraftstoff enthaltenen Energie gelangt zu den Antriebsrädern. Dieselmotoren erreichen einen Wirkungsgrad von 45 %, weil sie eine hohe Verdichtung und damit eine hohe Temperatur nutzen. Benziner bringen es nur auf

35 % Wirkungsgrad im günstigsten Drehzahlbereich, weil Verdichtung und damit Arbeitstemperatur geringer sind. In der Praxis und über den gesamten Fahrzyklus sind die Wirkungsgrade oft nur halb so hoch.

Am theoretischen Wirkungsgrad ändert noch so viel Forschung und Verbesserung wenig, die Physik setzt hier klare Grenzen. So gilt bei jeder Umwandlung von Wärme- in mechanische Energie der sogenannte Carnot-Faktor. Benannt ist er nach dem französischen Physiker und Ingenieur Sadi Carnot (1796–1832). Im Rahmen seiner Betrachtung der Dampfmaschine hat er entdeckt, dass dieser Wirkungsgrad universell gilt. Seine Forschungen definieren die theoretische Höchstgrenze der Effizienz von Kraftmaschinen, die Wärme in mechanische Energie umwandeln. Das Ganze ist nicht trivial, die theoretischen Prinzipien hinter diesen Umwandlungsprozessen konnte Carnot erst rund 100 Jahre nach Beginn der Nutzung der Dampfmaschine erklären. Nötig ist ein wenig Physik, um die Auswirkungen der zyklischen Änderung von Druck, Volumen und Temperatur eines Gases in einem abgeschlossenen System zu berechnen – zum Beispiel in einer Dampfmaschine oder einem Ottomotor. Carnot hat gezeigt, dass sich nur mit einem ganz bestimmten maximalen Wirkungsgrad Energie gewinnen lässt und dieser von der Differenz der Temperatur auf der heißen und kalten Seite abhängt. Für die technische Umsetzung spielen Druck und Volumen eine wichtige Rolle. Theoretisch muss man also für extreme Temperatur- oder Druckunterschiede sorgen, praktisch existieren vorwiegend technische Beschränkungen. Kein Stahl hält unendlichen Druck und Temperatur aus. Der Wirkungsgrad ist daher beschränkt, wir können nur die Effizienz optimieren. Aus diesen physikalischen Grundlagen ergibt sich ein theoretischer, maximaler Wirkungsgrad von circa 60 % für moderne Gaskraftwerke, die nach der **G**asturbine noch die Abwärme in einer zweiten Stufe mit **D**ampf nutzen, sogenannte **GuD-Kraftwerke**. Nach den Carnot-Limitierungen arbeiten Kohlekraftwerke, Dieselmotoren, Gasturbinen aber auch Kühlschränke und Wärmepumpen. Letztendlich ist sogar der Wirkungsgrad einer Solarzelle durch die Temperaturdifferenz der Sonne und der Erde so begrenzt, allerdings ist hier ein theoretischer Wirkungsgrad von 95 % möglich, es ist also noch viel Luft nach oben bei der Entwicklung.

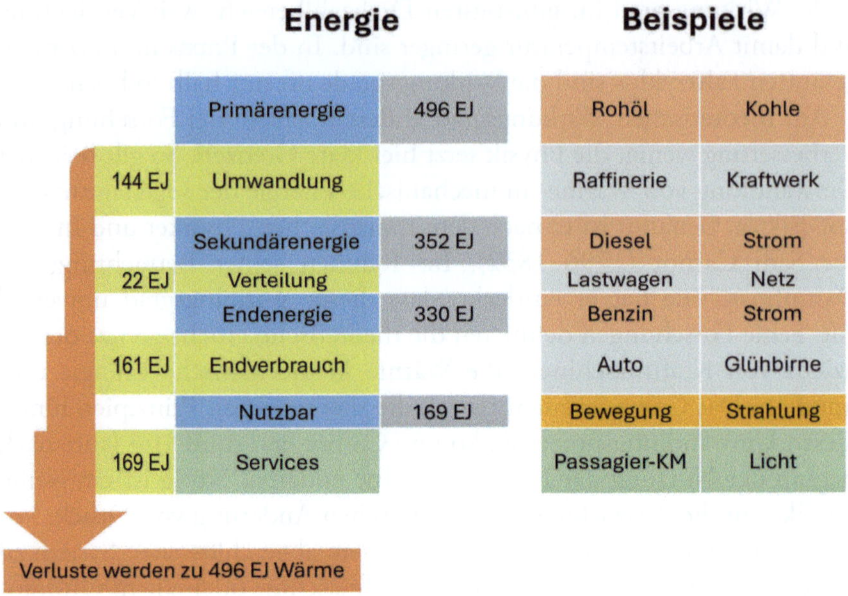

Abb. 6.1 Verluste bei der Energieumwandlung. (Quelle: Eigene Darstellung)

Durch eine Untersuchung der Prozesse hinter Effizienz und Wirkungsgrad lässt sich genauer analysieren, wo die Verluste der Energieumwandlung auftreten und welches Ausmaß sie erreichen. Dabei wird deutlich, dass die vielen Umwandlungsschritte zu Verlusten führen, und jedes Mal geht ein Teil der eingesetzten Energie in Form von Wärme verloren. Die Abb. 6.1 zeigt diesen Gesamtprozess vor dem Hintergrund der weltweit verbrauchten Energie. Enthalten sind alle Energieträger in allen Ländern und ihre Verwendung in den jeweiligen Umwandlungsschritten.

Von den anfänglich weltweit eingesetzten 496 Exajoule Primärenergie gehen 327 EJ als Wärme verloren, bevor sie zum tatsächlich benötigten Service wie Helligkeit oder Bewegung beitragen. Diese Verlustwärme spielt für die Erderwärmung keine Rolle, denn diese scheinbar große Energiemenge bleibt winzig im Vergleich zur Sonnenenergie – sie ist circa zehntausendmal größer.

Warum wir scheinbar so viel verschwenden und was die einzelnen Schritte konkret enthalten, zeigt der Blick auf einen der am häufigsten eingesetzten Prozesse zur Stromerzeugung: Das Kohlekraftwerk verbrennt das Ausgangsmaterial Kohle, in dem 100 % der Primärenergie in chemisch gebundener Form enthalten sind. Die erzeugte Hitze verwandelt Wasser in Dampf und dieser strömt in eine Turbine, die wiederum einen Generator antreibt. In diesem Prozess geht ein Großteil verloren, und so kommen am Ende nur 35 % der ursprünglichen chemischen als elektrische Energie heraus. Ungünstiger wird es, wenn wir uns die tatsächliche Nutzung des Produktes Strom anschauen. Denn in die Rechnung gehören zudem die Leitungsverluste bei der Stromübertragung, in Transformatoren und Hausleitungen – diese sind jedoch vergleichsweise gering. Richtig schlecht wird die Bilanz erst, wenn der Strom zur Beleuchtung durch eine alte Glühbirne genutzt wird. Sie wandelt einen Großteil der verbleibenden Energie in Wärme um. Von den 100 % der ursprünglich in der Kohle gespeicherten Energie kommen nur 1 % in der Form an, die wirklich gebraucht wird: als Licht. Natürlich lässt sich die Effizienz dieses Prozesses an vielen Stellen verbessern, aber immer existieren physikalische Grenzen. Deshalb ergibt es wirtschaftlich oft Sinn, die vorhandenen Energieträger optimal zu nutzen und in eine bessere Technologie zu investieren.

Der Wirkungsgrad der CO_2-freien Energiequellen Kernenergie und Erneuerbare ist sehr unterschiedlich. Allerdings hat diese Größe hier eine andere Bedeutung, da praktisch keine Limitierung durch Rohstoffe existiert.

- Mit einem Wirkungsgrad von ca. 85 bis 90 % stellt Wasserkraft die effizienteste Form der Energiegewinnung überhaupt dar, ihre Auslastung liegt bei 50 %. Die Kraftwerke laufen also die Hälfte der Zeit.
- Bei Windenergieanlagen bewegt sich der Wirkungsgrad ungefähr zwischen 35 und 40 %, die Auslastung liegt aber oft nur bei 20 %.
- Bei Kernkraftwerken liegt der Wirkungsgrad ähnlich wie bei einem Kohlekraftwerk zwischen 35 und 40 %, ihre Auslastung erreicht dagegen über 90 %.

- Theoretisch erreichen Siliziumsolarmodule einen Wirkungsgrad bis 29 %, im praktischen Betrieb bringen sie es heute auf rund 20 %. Aufgrund der geringen Sonnenintensität liegt ihre Auslastung in Deutschland bei 12 %, zu 88 % der Zeit bringen sie keine oder nur wenig Leistung. Diese Zahl verwundert nicht, schließlich ist es die Hälfte der Zeit dunkel und vor allem im Winter scheint wenig Sonne.

Für Physiker stellt der Wirkungsgrad eine zentrale Kennzahl zur Beurteilung von verschiedenen Arten und Technologien der Energieumwandlung dar. In der Wirtschaft spielt der Wirkungsgrad keine große Rolle, hier zählen fast ausschließlich die Kosten. So kann ein Prozess vollkommen ineffektiv sein, lässt sich das Ausgangsmaterial unendlich und günstig beschaffen, lohnt es sich für den Betreiber. Übertragen auf den Strom sind das die Kosten pro Kilowattstunde. Dieses Phänomen zeigt sich bei der Solarenergie sehr deutlich. Moderne Zellen bringen es auf durchschnittlich 20 % Wirkungsgrad, während die Sonnenintensität in Deutschland vergleichsweise gering ist. Trotzdem lohnt sich Photovoltaik manchmal, auch ohne Subventionen.

An diesem Thema zeigt sich auch eine Lektion über Technologie und Strategie: Deutschland führt seit Jahrzehnten die Forschung in der PV-Technik an, das Fraunhofer-Institut für Solare Energiesysteme in Freiburg (ISE) ist fast immer weltweiter Spitzenreiter in puncto Wirkungsgrad. Trotzdem finden sich auf dem Markt fast keine deutschen Anbieter für Solarzellen. Rund um den Globus dominieren chinesische Module. Diese Module sind zwar nur halb so effizient wie die Rekordhalter, dafür jedoch unschlagbar günstig. In Süddeutschland lässt sich damit Strom für vier Cent pro Kilowattstunde produzieren. In Wüstengebieten liegt dieser Wert sogar nahe bei einem ct/kWh. Forschung in Richtung Optimum bringt damit nicht unbedingt ein marktgängiges Resultat hervor. Für Energiepolitik bildet dieser Zusammenhang eine wichtige Leitlinie. In einer Marktwirtschaft ist der Wirkungsgrad so gut wie bedeutungslos.

Ein Musterknabe in puncto Effizienz ist der Elektromotor – sowohl bei der Erzeugung, als auch beim Verbrauch. Elektromotoren wandeln elektrische Energie weitgehend verlustfrei in mechanische Energie um und erreichen beispielsweise im Auto oder in den Elektrolokomotiven

Wirkungsgrade von über 90 %. Erstaunlicherweise sind in der EU sogar Mindestwirkungsgrade für Elektromotoren vorgeschrieben (EU-Verordnung 2019/1781). Diese Bilanz gilt auch für die Umwandlung von mechanischer in elektrische Energie; sie erfolgt in der Praxis sogar noch effizienter. So kommen große Generatoren in Kraftwerken mitunter auf 99 % Wirkungsgrad.

6.4 Energiedichte

Eng mit dem Thema Energieumwandlung verbunden ist die Energiedichte. Sie entscheidet darüber, wie viel man von einem bestimmten Energieträger benötigt. Konkret: Wieviel Kohle braucht es, um damit im Kraftwerk eine Kilowattstunde Strom zu erzeugen? Oder welches Gewicht benötigt eine Batterie, um dieselbe Energiemenge zu speichern? Derartige Fragen stellen sich selbst im Alltag. Zum Beispiel nehmen viele Wanderer Nüsse oder Müsliriegel mit auf ihren Weg. Diese Nahrungsmittel verfügen über eine hohe Energiedichte und erfordern daher kaum Transportaufwand. Beim Salat gilt das Gegenteil und so darf dieser selten mit auf Bergtouren. Ohnehin genügen auch unsere Essgewohnheiten physikalischen Gesetzen. Wir nehmen viele Nahrungsmittel mit relativ hoher Energiedichte zu uns. An erster Stelle steht Fett mit 37 kJ/g, danach kommen Zucker mit 16 kJ/g und Proteine mit 16 kJ/g. Bereits geringe Mengen davon versorgen unseren Körper mit einer verhältnismäßig großen Menge an Energie.

Für den technischen Einsatz ist es entscheidend, die Energiedichte zu kennen. Dabei unterscheidet man zwischen gravimetrischer Energiedichte, also wie viel eine bestimmte Energiemenge wiegt, und volumetrischer Energiedichte, also wie viel Platz eine bestimmte Energiemenge benötigt. Zum Beispiel sollte der Kraftstoff für ein Auto möglichst viel Energie pro Kilogramm enthalten, damit man nicht ständig tanken oder laden muss. Diesel oder Benzin erfüllen diese Anforderungen ausgezeichnet, nicht umsonst kommen sie seit über 100 Jahren zum Einsatz. Fett hat übrigens eine ähnliche Energiedichte wie Diesel. Ein Kilogramm dieser Brennstoffe, die alle eine Dichte von etwa einem Kilogramm pro Liter haben, enthält circa 11 kWh, sie gleichen damit den chemisch ähnlichen, anderen Kohlenwasserstoffen wie Erdöl. Gase für die Energienutzung, etwa Erdgas oder Wasserstoff, verfügen über eine sehr geringe Energiedichte, wenn sie unter Normaldruck aufbewahrt werden. Zum Beispiel enthält Wasserstoff nur 0,003 kWh/Liter. Daher werden diese Gase entweder unter sehr hohem Druck transportiert, im Wasserstoff-Auto mit bis zu 700 Bar, oder die Gase werden verflüssigt. Dies gelingt für Butan und Propan mit etwas Druck, schwieriger ist es bei Erdgas, das auf minus 160 °C gebracht werden muss, um in Tankschiffen transportiert werden zu können. Bei Wasserstoff sind sogar minus 253 °C (20 °K über dem absoluten Nullpunkt) erforderlich, was einen hohen Energieaufwand verursacht und zudem schwierige Bedingungen an die Isolierung stellt.

Spannend ist die Frage, wie hoch die Energiedichte von Lithium ist, das wir inzwischen alle aus den Batterien kennen. Dieses Metall liegt auf den ersten Blick im gleichen Bereich, aber nur, wenn man es verbrennen würde. Das geschieht natürlich nicht, stattdessen kommt dieses Metall als wichtiger Bestandteil von Batterien zum Einsatz. Allerdings besteht eine Lithiumbatterie noch aus vielen anderen Bestandteilen, etwa Graphit, Nickel, Aluminium, Kupfer und Elektrolyten. Damit sinkt die Energiedichte pro Liter auf eine halbe Kilowattstunde oder ein Zwanzigstel von Diesel. Dafür liefern sie jedoch Strom, und dieser lässt sich viermal effizienter als Benzin oder Diesel nutzen. Zum einen aufgrund des hohen Wirkungsgrads, aber auch weil beim Bremsen Energie zurückgespeichert werden kann.

Flächen- und Raumbedarf spielen eine weitere Rolle bei der Nutzung Schauen wir im folgenden Kapitel auf die erforderliche Fläche für die Energieerzeugung.

6.5 Der Flächenbedarf verschiedener Energieträger

Windräder prägen vielerorts die Landschaft, und wer beispielsweise zwischen Köln und Aachen unterwegs ist, kann die Tagebaue und Kraftwerke für die dort verstromte Braunkohle kaum übersehen. So gehört dieser Aspekt ebenfalls zur Verträglichkeit eines Energieträgers. Er sollte die Umgebung nicht allzu sehr beeinträchtigen. Zudem müssen die Ressourcen in ausreichender Menge zur Verfügung stehen. Deutschland verfügt über 0,25 % der globalen Landfläche, verbraucht aber 2 % der weltweiten Energie. Schon dieser Zusammenhang zeigt, dass nur begrenzte Flächen für die Energieversorgung zur Verfügung stehen. In einem dicht besiedelten und bebauten Land lässt sich Biomasse kaum weiter ausbauen, es fehlen die Flächen für große Ackerfkulturen zur Produktion der Biobrennstoffe. Ähnliches gilt aufgrund der Topografie für die Wasserkraft: Wir können kaum neue Staudämme errichten. Bei der Planung eines Energiesystems lohnt daher ein Blick auf den jeweiligen Platzbedarf. Dieser zeigt zum Beispiel, ob sich Pläne im Hinblick auf den Ausbau der Erneuerbaren aus Flächenperspektive verwirklichen lassen. Der relevante Faktor nennt sich Bodennutzungsintensität. Er bezeichnet die erforderliche Fläche, die ein Energieträger zur Erzeugung einer bestimmten Menge Strom pro Jahr erfordert. An dieser Stelle gilt es zunächst festzuhalten, dass die bisherige Energieinfrastruktur mit Großkraftwerken und kurzen Verteilnetzen relativ wenig Platz benötigt. Grund ist die überwiegende Nutzung sehr energieintensiver Stoffe. So bedeckt ein Kohlekraftwerk weniger als einen Quadratkilometer und kann damit circa eine Million Personen ganzjährig mit Strom versorgen. Vor allem angesichts des Flächenbedarfs der Windenergie könnte die globale Energiewende viele Landschaften rund um den Erdball verändern. Das gilt umso mehr, weil die prognostizierte Verdoppelung des globalen Energieverbrauchs bis 2050 sowie eine zunehmende Elektrifizierung von Transport und Industrie die Situation noch verschärfen. Konflikte bei der Landnutzung zeichnen sich ab.

Zum Vergleich des Flächenbedarfs ist in der Tab. 6.3 dargestellt, wie viel Watt pro Quadratmeter kontinuierlich erzeugt werden, bei fluktuierenden Quellen wurden die Werte entsprechend auf gleichmäßige Energieabgabe umgerechnet. Verluste, etwa durch Speicherung, sind nicht berücksichtigt.

Man erkennt, dass es eine breite Varianz im Flächenbedarf gibt: Von Biomasse mit 0,2 W bis zur Kernenergie mit 1608 W pro Quadratmeter; die tatsächlichen Zahlen können erheblichen Schwankungen unterliegen; hier wurden Mittelwerte verwendet. Biomasse erzeugt pro Quadratmeter nur den Bruchteil eines Watts Strom. Das liegt an dem

Tab. 6.3 Flächenbedarf verschiedener Energieträger

Form	Strom/Fläche [W/m²]
Biomasse	0,2
Wind	1,0
Solar	5,7
Erdgas	6,0
Kohle	11,4
Wasser	17,6
Kernenergie	1608,0

Eigene Umrechnung, Datenquelle: Jessica Lovering (Jessica Lovering, Land-use intensity of electricity production and tomorrow's energy landscape. https://doi.org/10.1371/journal.pone.0270155.g001)

sehr geringen Wirkungsgrad bei der Umwandlung von Licht in Pflanzen. Allerdings muss man den Pflanzen zugutehalten, dass sie selbstständig wachsen, die Energie speichern und keine problematischen Abfälle verursachen.

Der Platzbedarf von Windkraft ist ebenfalls hoch, weil weite Abstände zwischen den einzelnen Anlagen eingehalten werden müssen. In Deutschland mit einer verhältnismäßig geringen Windintensität finden sich daher zu wenig Flächen im Vergleich zur benötigten Energie. Hinsichtlich der Windenergie muss man verschiedene Flächen unterscheiden. Windräder benötigen nur eine geringe, tatsächliche Stellfläche; sie ist kleiner als die Rotorfläche. Dazu kommen neben der Zuwegung und Freiflächen für den Kran, der zum Aufbau, bei Reparaturen und auch beim Abbau benötigt wird, noch weitere Flächen. Da Windkraftwerke untereinander einen Abstand vom Zehnfachen der Bauhöhe benötigen, kommt der Faktor 100 gegenüber der genannten Rotorfläche hinzu. Letztlich kann nur ein Watt pro Quadratmeter in Deutschland dauerhaft aus Windenergie gewonnen werden. Solarenergie aus Photovoltaik liegt mit 13 W pro Quadratmeter besser, benötigt allerdings ebenfalls Speicher, um den Strom kontinuierlich abgeben zu können.

7 Die erneuerbaren Energiequellen

Nach allgemeinen Eigenschaften der Energie und der Umwandlung ein Blick auf die erneuerbaren Energiequellen. Wind- und Sonnenenergie als CO_2-freie Energieträger bedürfen einer ganzheitlichen Betrachtung. Bislang benötigt jede Anlage ein Backup. Nachts scheint keine Sonne und manchmal herrscht Flaute, diese Phasen sind zu überbrücken. Zur Gesamtrechnung der Erneuerbaren gehört daher der Ausgleich dieser Zeiten. Weil Speicher bisher nicht in ausreichendem Maße zur Verfügung stehen, muss dieser Strom aus anderen Quellen stammen. Kernkraftwerke lassen sich nicht sinnvoll kurzfristig hoch- und runterfahren, zudem sind sie abgeschaltet. Bleiben noch Kohle und Gas, daher dominieren sie neben den Erneuerbaren unseren Strommix und produzieren weiterhin CO_2-Emissionen und verursachen Kosten. Daher gelten die derzeit in Planung befindlichen Gaskraftwerke als Brückentechnologie, bis eine bessere Möglichkeit der Stromproduktion u. a. bei Dunkelflauten existiert. Negative Auswirkungen zeigen sich jedoch nicht nur in Bezug auf die Umwelt. Weil diese Reservekraftwerke nur kurze Zeit laufen, werden sie unverhältnismäßig teuer. Unter anderem sorgt dieser Zusammenhang dafür, dass die Energiepreise in Deutschland im weltweiten Vergleich an der Spitze liegen. Ein weiterer Ausbau der Erneuerbaren wird daran wenig ändern, das prinzipielle Problem bleibt erhalten – so-

E. Heindl, *Energie*, https://doi.org/10.1007/978-3-658-50486-1_7

wohl in puncto Backup, als auch im Hinblick auf die Kosten. Überdies gilt es einen weiteren Punkt zu präzisieren. So sagen einige Beobachter, dass die erste Hälfte der Energiewende bereits geschafft sei, schließlich stammten 2024 schon knapp 60 % unseres Stroms aus Solar- und Windenergie sowie aus Wasserkraft und Biomasse. Weder aus ökonomischer, noch aus physikalischer Sicht ist diese Aussage so richtig.

Zunächst einmal bleibt es auch in Zukunft nachts dunkel und der Wind bleibt manchmal aus. Daher ist immer ein Backup nötig, seien es konventionelle Kraftwerke oder Speicher. Dies führt dazu, dass die letzten 40 % der Umstellung teurer werden, als die ersten 60. Diese 60 % erneuerbare Energie beziehen sich nur auf den Strom, der nur ein Fünftel des Primärenergieverbrauchs in Deutschland ausmacht. Insofern ist also nur ein Zehntel des Weges vollbracht anstatt der 60 %. Ein gleichbleibender Ausbau der Erneuerbaren fällt in Deutschland aus Platzgründen zunehmend schwerer – der Flächenbedarf verschiedener Energieträger kam bereits zur Sprache.

7.1 Wind und Windkraft

Wind weht nicht einfach aus Zufall. Dahinter stecken verschiedene physikalische Mechanismen, immer spielt jedoch die Sonne die Hauptrolle. So heizt sie die verschiedenen Regionen der Erde unterschiedlich stark auf, zum Beispiel erwärmen sich Landflächenschneller als das Meer. Die warme Luft über dem Land steigt auf und kühlere Luft vom Meer strömt nach. Dieser Effekt ist auch auf globaler Ebene zu beobachten, in den Tropen steigt warme Luft auf und kühle Luft von den Polarregionen strömt nach. Kompliziert wird die Sache, da sich die Erde dreht. Die polare Luft bewegt sich nicht so schnell Richtung Osten, wie die Landflächen weiter südlich eilen. Durch den großen Durchmesser in Äquatornähe ist die Drehgeschwindigkeit dort schneller als an den Polen. Dieser physikalische Zusammenhang – Corioliseffekt[1] – sorgt auf der Nordhalbkugel für einen Ostwind, wenn die Luft eigentlich nach Süden will, umgekehrt für einen Westwind, wenn die Luft Richtung Nordpol strömt. So

[1] Der Corioliseffekt beruht auf der Erdrotation. Am Nordpol bewegt sich der Boden praktisch nicht, in mittleren Breiten (45°) bewegt sich die Erdoberfläche mit 1200 km/h Richtung Osten.

entstehen ausgedehnte Tiefdruckgebiete im Bereich der mittleren Breitengrade. Ein wesentlicher Teil des Wetterberichts besteht darin, diesen Ablauf möglichst korrekt und nützlich zu beschreiben. Direkt an den Polen bilden sich zudem eigene Wirbel mit erheblichen Windgeschwindigkeiten. Verkompliziert werden die geschilderten Abläufe durch Gebirge, Meeresströmungen, Luftfeuchte und viele andere Faktoren. Diese Komplexität führt dazu, dass mit die leistungsfähigsten Computer auf der Welt für den Wetterbericht zum Einsatz kommen.

Diese physikalischen und topografischen Bedingungen auf der Erde sorgen dafür, dass die Windintensität je nach Standort deutlich differiert. So unterscheiden sich die Voraussetzungen rund um den Globus stark, ob und wie sich Wind als Energiequelle sinnvoll nutzen lässt. Dieser Zusammenhang gilt auch für alle anderen Energiearten: Man kann zwar an jedem beliebigen Ort etwa nach Öl bohren, wird aber selten etwas finden. Analog lohnt eine Windturbine dort, wo der „Rohstoff" Wind in ausreichender Intensität vorhanden ist. Wie vorab der Untergrund auf eventuelle Bodenschätze untersucht wird, können auch die Potenziale zur Windenergieerzeugung gemessen werden. Als Größe dient allgemein die Windleistungsdichte (W/m^2), sie bezeichnet die Energie, die auf einen Quadratmeter Rotorfläche in einer gewissen Höhe auftrifft. In der Regel werden Schwellenwerte definiert, ab denen Anlagen als wirtschaftlich rentabel gelten. Diese Windleistungsdichte hängt generell weitgehend von geografischen und klimatischen Bedingungen ab. So profitieren Küstenregionen und Offshore-Gebiete von gleichmäßigen Winden über die ebenen Flächen des Meeres. Auch in gebirgigen Regionen bieten Bergkämme häufig gute Windbedingungen, die Topografie beeinflusst die Windintensität also erheblich. Bäume, Häuser und andere Windkraftwerke bremsen und verwirbeln die Windströmung, dieser Effekt nimmt in der Höhe ab. Bei Offshore-Anlagen gibt es zwar Wasserwellen, die Bremswirkung der Landschaft fehlt jedoch und die Winde wehen kräftiger und gleichmäßiger – der physikalische Fachbegriff aus der Strömungslehre lautet laminar.

Die Karte in Abb. 7.1 zeigt die mittlere Windintensität in Europa in 100 m Höhe[2]. Sie verdeutlicht, dass vor allem an den Küsten und über

[2] (Quelle: Global Wind Atlas Neil N. Davis, Jake Badger, Andrea N. Hahmann, Brian O. Hansen, Niels G. Mortensen, Mark Kelly, Xiaoli G. Larsén, Bjarke T. Olsen, Rogier Floors, Gil Lizcano, Pau

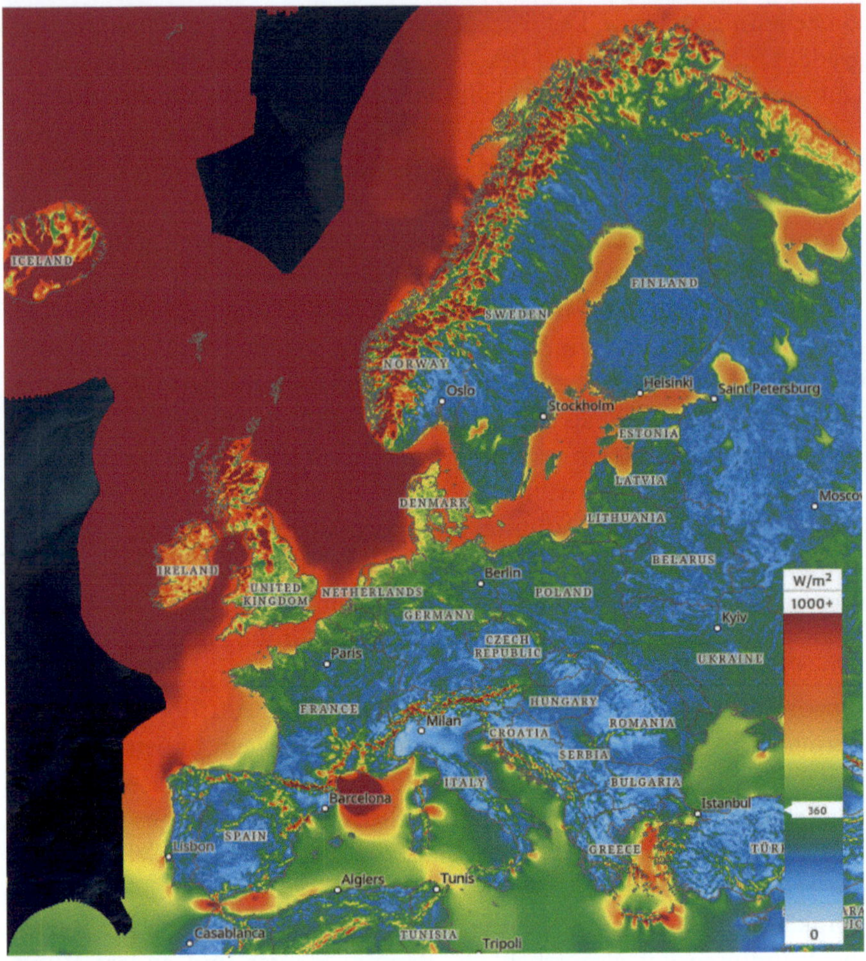

Abb. 7.1 Windatlas Europa

Casso, Oriol Lacave, Albert Bosch, Ides Bauwens, Oliver James Knight, Albertine Potter van Loon, Rachel Fox, Tigran Parvanyan, Søren Bo Krohn Hansen, Duncan Heathfield, Marko Onninen, Ray Drummond; The Global Wind Atlas: A high-resolution dataset of climatologies and associated web-based application; Bulletin of the American Meteorological Society, Volume 104: Issue 8, Pages E1507-E1525, August 2023, https://doi.org/10.1175/BAMS-D-21-0075.1 map obtained from the Global Wind Atlas version 4.0, a free, web-based application developed, owned and operated by the Technical University of Denmark (DTU). The Global Wind Atlas version 4.0 is released in partnership with the World Bank Group, utilizing data provided by Vortex, using funding provided by the Energy Sector Management Assistance Program (ESMAP). For additional information: https://globalwindatlas.info).

der Nord- sowie Ostsee gute Windbedingungen herrschen (rote, orange und gelbe Farben) und sich zum Beispiel Rumänien, Bulgarien und auch weite Teile Süddeutschlands weniger zur Installation von Windrädern eignen (blau und grün). Die praktische Folge: Die gleiche Anlage mit einer Höhe von 100 m gewinnt in Schleswig-Holstein durchschnittlich dreimal so viel Energie wie in Baden-Württemberg. Ein Blick auf den gesamten Globus zeigt, dass die Südspitze Südamerikas, Grönland oder Neuseeland die Besten Voraussetzungen für Windkraft bieten. In vielen tropischen Regionen lassen sich hingegen nur 10 W pro m Rotorfläche gewinnen, mithin ein Hundertstel der Windenergie vor Schottlands Küsten. Interessant ist, dass Seefahrer die Gebiete mit schwachen Winden in Äquatornähe schon lange unter dem Namen „Ross-Breiten" kennen. Weil Schiffe dort wochen- oder monatelang aufgrund von Windstille festsaßen, mussten die Besatzungen die mitgeführten Pferde verspeisen. Dieser enorme Unterschied in der Energiedichte von Wind stellt eine der größten Varianzen in der Physik der Erde dar. Sie variiert zwischen den besten Gegenden wie Patagonien und den schlechtesten wie im Amazonasbecken um den Faktor 1000. Auch in Deutschland existieren Unterschiede um den Faktor 10. Tab. 7.1 veranschaulicht die extremen Unterschiede beim Wind. Zudem zeigt sie, dass die häufigen Klagen über Bayern eher fehl am Platz sind. Dort stehen Aufwand und Ertrag in einem schlechten Verhältnis zueinander. Es ist daher sinnvoll, die Rohstoffe für den Bau eines Windrades an ertragreicheren Orten einzusetzen.

Die Bestimmung geeigneter Orte muss zudem berücksichtigen, dass der Wind keine feste Größe darstellt: Er schwankt im Lauf der Jahreszeiten. Zudem beobachten wir derzeit mehrere Effekte, die zukünftige Windenergieernten reduzieren können. In Europa kommt der meiste Wind von kräftigen Tiefdruckgebieten über dem Atlantik. Sie transportieren polare Kaltluft in den Süden und befördern subtropische Warmluft zum Ausgleich in Richtung Norden. Zudem sorgt der bereits bekannte Corioliseffekt für starke Westwinde etwa an den Küsten von Irland, der Bretagne und Portugal. Der physikalische Antrieb für beide Effekte sind die Temperaturunterschiede. Diese verringern sich durch den Klimawandel und längerfristig könnten die Windgeschwindigkeiten zurückgehen. Auch hierfür bietet die Physik eine plausible Erklärung: In polaren Breiten wirkt CO_2 deutlich stärker, weil der Wasserdampf dort

Tab. 7.1 Windintensität an unterschiedlichen Orten

Land	Peru	Peru	Dänemark	Deutschland	Deutschland
Ort	Contamano	Sexi	Dalur	Helgoland	Zwiesel
Provinz	Ucayali	Santa Cruz	Färöer	Schleswig-H.	Bayern
Windintensität(in 150 m Höhe)	3 W/m²	2279 W/m²	2543 W/m²	1022 W/m²	95 W/m²

Quelle: Global Wind Atlas

eine geringere Rolle spielt – kalte Luft enthält fast keinen Wasserdampf. Ganz anders sieht es weiter Richtung Äquator aus, und mit dem Klimawandel sinkt die globale Temperaturdifferenz. Wissenschaftliche Untersuchungen bestätigen diese Tendenz.[3]

Der Aufbau ausgedehnter Windfarmen auf Nord- und Ostsee sowie an Land entnimmt dem Wind Energie. Dieser Zusammenhang sollte nicht verwundern, ist die Energiegewinnung doch das Ziel der Windfarmen. Die Energie des Windes ist aber begrenzt, und damit verlangsamt sich der Wind in tieferen Luftschichten. Dieses Phänomen zeigt sich im Bereich der Windkraftwerke und über weite Strecken, es reicht teilweise über 100 km weit, was z. B. mit Satellitentechnik gemessen werden kann. Diese verminderten Windgeschwindigkeiten haben Einfluss auf Windkraftwerke im Binnenland, da bereits eine Senkung der Windgeschwindigkeit um 20 % die Leistung eines Kraftwerks auf die Hälfte reduziert. Das liegt daran, dass die Windgeschwindigkeit in dritter Potenz in die Energieausbeute eines Windkraftwerks eingeht.

Wind weht niemals unendlich lange und gleichmäßig stark. Gerade in Deutschland existieren meteorologisch und physikalisch bedingte Grenzen für den Ausbau der Windenergie. Über Mitteleuropa bilden sich im Winterhalbjahr oft ausgedehnte Hochdruckgebiete, bekannt für Kälte, Nebel und schlechte Luft (Inversionswetterlage). Diese Wetterlagen können sehr stabil sein und Ursache für eine Dunkelflaute: kaum Wind und kaum Sonne über Tage oder sogar Wochen hinweg.

Weiterhin steht nur eine begrenzte Fläche zur Verfügung, da viele Flächen mit Wohnsiedlungen bebaut sind. Auf das Land Baden-Württemberg umgerechnet, kommen wir zum Beispiel auf ein theoretisches Limit von 10 GW für die dortige Erzeugung von Windstrom. Diese Zahl gilt jedoch nur, wenn man die gesamte kinetische Energie des Windes entnehmen würde, der über das Land streicht. Der tatsächliche aktuelle Energiebedarf liegt bei 42 GW Primärenergie für Industrie, Heizungen, Autos und so weiter. Es zeigt sich eine große Diskrepanz zwischen Potenzial und Verbrauch.

---

[3] Jim Robbins, 2022, Yale Enviroment 360: https://e360.yale.edu/features/global-stilling-is-climate-change-slowing-the-worlds-wind.

Die physikalischen Grenzen der Windenergie nicht neu und sie lassen sich mathematisch genau berechnen. Stets gilt das sogenannte Betz'sche Gesetz. Der deutsche Physiker Alfred Betz hat bereits 1920 herausgefunden, dass sich die kinetische Energie des Windes maximal zu 59,3 % ausnutzen lässt. Schließlich darf die einströmende Luft am Windrad nicht vollständig zum Stillstand kommen, sonst könnte keine weitere Luft nachströmen. Unter Berücksichtigung der aerodynamischen Verluste und mechanischen Einflüsse sowie der Elektronik beispielsweise zur Glättung der Frequenz, kommt man von den theoretisch möglichen knapp 60 auf die praktischen 35 bis 45 % Wirkungsgrad. Diese Zahlen liegen nahe am theoretischen Limit von 59,3 %. Abgesehen von Steigerungen durch die größer werdenden Anlagen sind keine großen Durchbrüche mehr zu erwarten. Die Technik ist ausgereift und die Theorie zur optimalen Gestaltung der Rotorblätter stammt ebenfalls von Alfred Betz. Sie dient auch heute noch als Grundlage der modernen Anlagen.

Neben dem Betz'schen Gesetz spielt die Windgeschwindigkeit die zentrale Rolle, eine Verdoppelung der Windgeschwindigkeit liefert bereits die achtfache Leistung im Windkraftwerk. Zudem gilt: Weht der Wind zu schwach, läuft der Rotor nicht an und bei Sturm kann man gar nicht ernten – aus Sicherheitsgründen muss die Anlage abgeschaltet werden. Je nach Region können noch weitere Gründe für eine Abschaltung hinzukommen, etwa Vogelzug oder der Stroboskopeffekt, wenn das Sonnenlicht von den Flügeln moduliert wird und im Schatten Häuser stehen. Insgesamt haben Windkraftwerke je nach Region in Deutschland eine Auslastung zwischen 20 und 30 %. Das heißt also: 70 bis 80 % des Jahres liefern solche Anlagen keinen oder kaum Strom.

Ob ungünstige oder doch eher bessere Bedingungen für eine Windkraftanlage herrschen, analysieren die Planer vorab. Sie beginnen in der Regel mit den klimatischen Bedingungen eines Standorts. Oft werden Windmessungen durchgeführt, gängig sind jedoch auch Vorhersagen aufgrund von Simulationen. Diese beruhen meist auf lokal typischen Wetterlagen und werden für die Erstellung von Windprofilen genutzt. Allerdings ist das Wind- und Klimasystem nicht linear und derartige Systeme erfordern einen genauen Startpunkt bei Simulationen. Leichte Abweichungen bei den Anfangsannahmen können zu falschen Ergebnissen führen. Dazu kommt, dass die verfügbaren Wetter- und Simulationsmodelle die nötige Granularität vermissen lassen. Selbst mit der heute verfügbaren Rechenleistung für Wetter- und Klimamodelle, lässt sich der Raum – also unsere Landschaft – nicht fein genug modellieren. Ob ein Windrad hier oder 100 m weiter mehr leistet, bleibt mit dieser Methode ungklärt. Das gilt vor allem dann, wenn bereits einige Windräder montiert sind. Nichtsdestotrotz braucht es solche Übersichten. Ein Beispiel dafür bietet der Windatlas des Landes Baden-Württemberg. Er legt eine Windleistungsdichte von 215 W/m^2 als Schwellenwert für geeignete Standorte fest und berücksichtigt nicht nur die durchschnittliche Windgeschwindigkeit, sondern auch die Häufigkeitsverteilung und den Einfluss der Luftdichte in den verschiedenen Höhenlagen.[4] Allerdings muss man hierzu wissen, dass 215 W/m^2 niedrig gegriffen sind und die Windräder oft weniger Energie liefern, als prognostiziert. Eine Studie, die ebenfalls zu diesem Ergebnis kommt und an den Angaben im Windatlas Baden-Württemberg zweifelt, wurde vom publizierenden Fachjournal zurückgezogen,[5] ist aber nach wie vor unter der angegebenen Quellenangabe einsehbar.

Physikalischen Gesetzmäßigkeiten spielen nicht immer die Hauptrolle bei der Windenergie. Zum Beispiel garantiert Deutschland Einspeisevergütungen für Windräder mit dem Erneuerbare-Energien-Gesetz. Die ökonomische Ertragsrechnung wird von Subventionen verwaschen. Hierzulande mit eher problematischen Windverhältnissen rechnen sich viele Anlagen nur mithilfe staatlicher Unterstützung. Sogar in den USA existieren Steuervergünstigungen und staatliche Standards für Erneuerbare und treiben so einen Ausbau an. Im Mittleren Westen in den weiten Prärien finden sich allerdings gute Bedingungen. Den dominanten Markt bildet jedoch China mit einer strategisch geplanten und konsequent umgesetzten Massenproduktion von Turbinen. Die ambitionierten Ziele in China korrelieren mit ausgezeichneten Windbedingungen, vorrangig in den nördlichen Wüstenprovinzen. Weniger günstig sieht es dagegen in vielen Entwicklungsländern aus. Dort bremsen Finanzierungsbarrieren, Infrastrukturlücken politische Risiken wie instabile Regierungen (z. B. in

---

[4] Nachzulesen im Internet (https://www.energieatlas-bw.de/wind/windatlas).

[5] Quelle des Artikels: https://link.springer.com/article/10.1007/s10010-023-00671-w.

Teilen Afrikas) mögliche Projekte. Hürden entstehen auch durch schwelende Landnutzungskonflikte in vielen Gegenden der Erde, und Konkurrenz zur Landwirtschaft beeinträchtigt mitunter die Akzeptanz neuer Windräder. Dazu kommt die typisch menschliche Eigenschaft, vorrangig auf die eigene Umgebung zu achten. So gibt es den sogenannten NIMBY-Effekt (Not In My Back Yard) überall auf der Welt. Man findet zwar Windstrom super, lehnt das Windrad neben dem eigenen Haus aber ab.

Aufgrund ihrer großen Bedeutung für eine CO_2-arme Energieversorgung wird rund um die Welt an technologischen Verbesserungen der Windkraft geforscht. Derzeit zeigt sich ein Trend zu größeren und effizienteren Turbinen. Im Offshore-Bereich gehen Anlagen mit einer Leistung von bis zu 15 MW und Rotordurchmessern von mehr als 200 m in Betrieb. Zudem finden Experimente mit schwimmenden Windkraftanlagen für tiefe Gewässer statt. Auch an Land spielt die Größe eine entscheidende Rolle für den Ertrag. Je höher ein Rotor angebracht wird, desto stärker weht der Wind – was in der dritten Potenz in die Leistung eingeht. So kann man bei doppelter Höhe des Windrads die mehrfache Energie ernten.

Neben einem Trend zu größeren Anlagen kommen die Potenziale der Digitalisierung zur Geltung. So sollen KI-basierte Vorhersagemodelle die Bereiche Wartung und Netzintegration optimieren. Eine Idee heißt digitaler Zwilling, um die Turbinenleistung in Echtzeit zu simulieren. Betreiber und Konstrukteure arbeiten zudem an Themen wie Recycling und Nachhaltigkeit, um die Energie- sowie CO_2-Bilanz der Anlagen zu verbessern. Die Forschung arbeitet zum Beispiel an wiederverwertbaren Rotorblättern oder verschleißreduzierte Generatoren. Auf diesen Gebieten sind Fortschritte zu erkennen. Das wahrscheinlich größte Problem der Windkraft liegt in den Fluktuationen, die im Gegensatz zur Solarenergie (Tageszyklus) im Bereich von Wochen liegen. Damit wird es schwieriger, Speicher ökonomisch zu betreiben; schließlich bringen sie es auf weniger Ladezyklen. Eine weitere Eigenschaft der Windkraft bereitet Netzbetreibern mitunter Probleme: Diese Schwankungen können plötzlich auftreten und es kommt bei Offshore-Anlagen in der Nordsee zu sogenannten Intermittenzen. Diese Turbulenzen ziehen Leistungsschwankungen nach sich und Messungen haben ergeben, dass der Energieausstoß einer Anlage innerhalb weniger Sekunden um 80 %

schwanken kann.[6] Große Windparks sind in ihrer Gesamtheit von solchen Turbulenzen betroffen und damit verändert sich deren Output um mehrere Gigawatt. Zum Ausgleich braucht es erhebliche Stabilisierungsmaßnahmen der Netzbetreiber. Zudem führt ein plötzliches Über- oder Unterangebot zu Preisausschlägen an der Strombörse.

Energiegeschichten: Die Windkraft

Die Nutzung des Windes als Energielieferant geht weit zurück in die Menschheitsgeschichte. So nutzten beispielsweise bereits die alten Ägypter das Segel als Antrieb für ihre Schiffe und wir wissen von 1000 Jahre alte Windmühlen. Auch das Prinzip unserer Windräder gibt es schon länger, die erste Windmühle für die Stromerzeugung datiert von 1888. Heute bildet die Windkraft eine der führenden erneuerbaren Energiequellen, sie spielt eine zentrale Rolle im globalen Energiewandel. Allerdings haben Solarkraftwerke die Windenergie mittlerweile überholt – bis 2010 dominierte die Windkraft –, da der Preis von Solarzellen wesentlich rascher sinkt (Halbleiter), als der für den Bau der Windkraftwerke erforderlichen Materialien. So werden Stahl und Beton nicht billiger. Insgesamt wurden nach Angaben der Internationalen Energieagentur im Jahr 2024 rund 2300 TWh Strom weltweit durch Windkraftwerke produziert. Die Funktionsweise ist fast so simpel wie zu Urzeiten: Die kinetische Energie des Windes wird in eine Drehbewegung umgewandelt. Wo sich früher etwa ein Mühlrad drehte, sorgt heutzutage eine Turbine für die Stromproduktion. Damit verändern wir sogar mitunter das Wetter, denn der Rotor bremst die Luft ab. Die Windenergie nimmt dadurch um rund 60 % ab. Wie viel Energie ein Windrad tatsächlich „ernten" kann, korreliert sehr stark mit den jeweiligen Windgeschwindigkeiten.

7.2 Licht zu Strom – die Solarenergie

Alles Leben auf unserer Erde beruht auf der Umwandlung von Sonnenenergie in andere Energieformen. Die Biologie macht also Licht zu Leben. Solarenergie wandelt dieses Prinzip etwas ab und konvertiert das Sonnenlicht in Strom. Wir kennen dieses Verfahren unter dem Namen Photovoltaik, in der Regel als PV abgekürzt. Die Grundlagen wurden am

[6] Untersucht wurde dies von der Universität Oldenburg. (https://uol.de/aktuelles/artikel/der-grosse-einfluss-der-turbulenz-386).

25. April 1954 von den Bell Laboratorien in den USA der Welt vorgestellt: eine Silizium-Solarzelle mit einem Wirkungsgrad von 6 %. Anfangs beschränkte sich der Einsatz auf die Raumfahrt. Der US-amerikanische Satellit Vanguard 1, am 17. März 1958 gestartet, war der erste Satellit mit Solarzellen zur Stromversorgung an Bord. Aufgrund der hohen Kosten beschränkte sich die Nutzung lange auf derartige Nischen. Die Entwicklung ging jedoch weiter und so wurde diese Technologie besser und vor allem billiger. Das Nachdenken über einen flächendeckenden Einsatz auf der Erde begann während der zweiten Ölkrise und erste größere Solaranlagen auf Basis von Silizium wurden installiert. In Deutschland war es die Pilotanlage auf der Nordseeinsel Pellworm mit 8 % Wirkungsgrad und einer Peak-Leistung von 300 kW. Sie ging bereits 1983 ans Netz.

Deutschland garantiert als Vorreiter mit dem Erneuerbare-Energien-Gesetz (EEG), seit dem Jahr 2000 eine Einspeisevergütung für Strom aus Photovoltaikanlagen. Startend für Altanlagen von 50,6 Cent/kWh – bei Haushaltsstrompreisen von weniger als 20 Cent. Ziel war, ein kostendeckender Betrieb von Solaranlagen und damit gleichzeitig auch diese Zukunftsindustrie im eigenen Land zu unterstützen. Ursprünglich gingen die Beteiligten nur von einem jährlichen Preisrückgang von 5 % aus. Insbesondere durch massive Investitionen in China in Produktionsanlagen für Solarpanels sind die Kosten seit 2004 jedoch um 80 % gefallen. Aufgrund dieses starken Preisrückgangs werden weltweit täglich mehrere Gigawatt an Leistung neu installiert. Aufgrund der vielen Sonnenstunden findet der Großteil des Solarzubaus hierzulande in Süddeutschland statt. Dort scheint die Sonne öfter und steht etwas höher, womit die gleichen Solarzellen circa 50 % mehr Energie liefern als in Norddeutschland. Der zweite Teil des Plans des EEGs, der Aufbau einer Weltmarktposition der deutschen Solarindustrie, ist gescheitert. Die deutsche PV-Industrie ist weitestgehend verschwunden.

Der zentrale Bestandteil von PV-Zellen ist reinstes Silizium. Silizium ist mit 28 % das zweithäufigste Element in der Erdkruste nach Sauerstoff (47 %) – es steht uns buchstäblich wie Sand am Meer zur Verfügung. Dieses äußerst stabile Element, das die gleiche Kristallstruktur wie Diamant hat, verfügt über die chemisch und physikalisch ausgesprochen interessante Eigenschaft, als Halbleiter zu wirken. Die Leitfähigkeit wird innerhalb des Frequenzbandes von rötlichem Licht aktiv. Die im Sonnenlicht enthaltenen Lichtteilchen (Photonen) geben Energie ab und dadurch setzen sich die Elektronen in Bewegung. Erreichen sie die in der Solarzelle vorhandene Grenzschicht zwischen negativ und positiv dotiertem Silizium, erzeugen sie Strom. Diesen Effekt machen sich PV-Module zunutze. Derzeit hergestellte Standardmodule für private Anlagen messen etwa zwei Quadratmeter und erzeugen damit rund 400 W –bei optimaler Sonneneinstrahlung. Somit unterscheidet sich auch die „Ernte“ je nach Jahreszeit. Das liegt nicht nur an der geringeren Anzahl an Sonnenstunden, sondern auch die Sonnenintensität nimmt im Winter ab, da die Sonne tiefer steht und damit einen längeren Weg durch die Atmosphäre nehmen muss. Die beschränkte Nutzbarkeit des Lichtspektrums sorgt auch für den Wirkungsgrad einer Solarzelle – er entspricht ziemlich genau dem der Verbrennungsmotoren. Dazu kommen saisonale Unterschiede hierzulande: Von November bis Januar liefert die Sonne in der Regel nur 5 % des gesamten Jahresertrags. Weil aber die Sonne im Gegensatz zum Erdöl fast unendlich, kostenlos und ohne gravierende Umweltschäden zur Verfügung steht, ist die Umwandlung von Licht in Strom eine bemerkenswerte Technologie.

Die Physik in der Solarzelle

Der Grund für den begrenzten Wirkungsgrad einer Solarzelle besteht darin, dass sie die Photonen aus der Sonnenstrahlung nur bei einer bestimmten Wellenlänge optimal nutzt. Diese Wellenlänge beträgt bei Silizium etwa 1,1 µm; dieser Wert entspricht nahem Infrarotlicht. Trifft ein Photon mit einer kürzeren Wellenlänge und mehr Energiegehalt auf die Zelle (bei grünem Licht beträgt die Wellenlänge circa 0,55 µm), wird nur die Hälfte genutzt, der Rest der Energie erwärmt die Solarzelle. Über alle Wellenlängen des Sonnenlichts kann eine Siliziumsolarzelle daher nur maximal einen Wirkungsgrad von 29 % haben. Es gibt aber einen Trick, um diesen Wert deutlich zu erhöhen. Man beschichtet die Solarzelle mit einer Substanz, die grünes Licht optimal ausnutzen kann. Dann übernimmt diese Schicht alles Licht, das kurzwelliger als Grün ist, und nutzt es relativ gut. Längere Wellenlängen kann diese Schicht dagegen nicht nutzen und lässt sie hindurch. Damit kommt die Siliziumschicht zum Einsatz und diese nutzt die verbleibenden „rötlichen“ Photonen. Mit diesem Trick erreicht man aktuell bis zu 45 % Wirkungsgrad. Allerdings erfordert die Herstellung einen höheren Aufwand. Der Wirkungsgrad spielt jedoch keine große Rolle, solange der Preis stimmt. Deshalb verfügen handelsübliche Paneele nur über rund 20 % Wirkungsgrad – haben aber einen niedrigen Preis.

Die Photovoltaik ist trotz ihres Wachstums in den vergangenen 25 Jahren keineswegs ausgereizt. So gibt es mittlerweile bifaziale Module, sie können Energie mit Vorder- und Rückseite aufnehmen. Diese eignen sich für eine senkrechte Montage, sparen daher Platz und bieten Chancen auch in sonst nicht für PV geeigneten Umgebungen. So können sie bei einer Nord-Süd-Ausrichtung morgens und abends das Sonnenlicht aufnehmen, wenn andere Solarzellen mit Südausrichtung kaum Strom liefern. Chancen bietet zudem die Agri-Photovoltaik. Bei derartigen Anwendungen gibt es zwar einige Hindernisse, so können Landmaschinen Schäden hervorrufen und es gibt Konflikte durch die Beschattung der Pflanzen. Allerdings existieren weniger sonnenliebende Nutzpflanzen, für die sich damit zusätzliche Anbaumöglichkeiten bieten. Bei richtiger Nutzung lassen sich Landwirtschaft und Energiegewinnung verbinden, die oftmals existierende Flächenkonkurrenz wird zur Symbiose. An dieser Stelle sollte der Vorteil erwähnt werden, dass im globalen Maßstab die Solarzellen kaum in Flächenkonkurrenz zur Landwirtschaft treten, da bevorzugt trockene, sonnenreiche Gebiete (Wüsten) für das Aufstellen großer Solaranlagen genutzt werden, die sonst praktisch nicht genutzt werden können.

Mit den technischen Fortschritten geht ein steiler Preisverfall einher. Dieser basiert auf dem in der Technik nicht unüblichen Lerneffekt bei großem Produktionsvolumen. Eine Verzehnfachung der Produktionsmenge geht häufig mit einer Halbierung des Preises einher. Gerade in der Photovoltaik hat sich das Produktionsvolumen seit dem Jahr 2005 um den Faktor 1000 erhöht, daher ist es nicht überraschend, dass der Preis sich auf weniger als ein Zehntel reduziert hat. Dies ist allerdings nur für die Solarpanels aus Serienfertigung der Fall. Eine Montage auf dem Dach oder auf Gestellen im Freiland ist weiterhin teuer und dominiert inzwischen die Kosten einer Solaranlage zur Stromerzeugung.

Deutschland spielt im Solargeschäft nur noch eine Nebenrolle, die Produktionsstätten befinden sich heute vorwiegend in China. Dort läuft die Herstellung hochautomatisiert ab und die Kapazität wächst stetig weiter. Dieser Output kommt nicht durch Heerscharen günstiger Mitarbeiter zustande. Dahinter steht die strategische Entscheidung, die Solar-

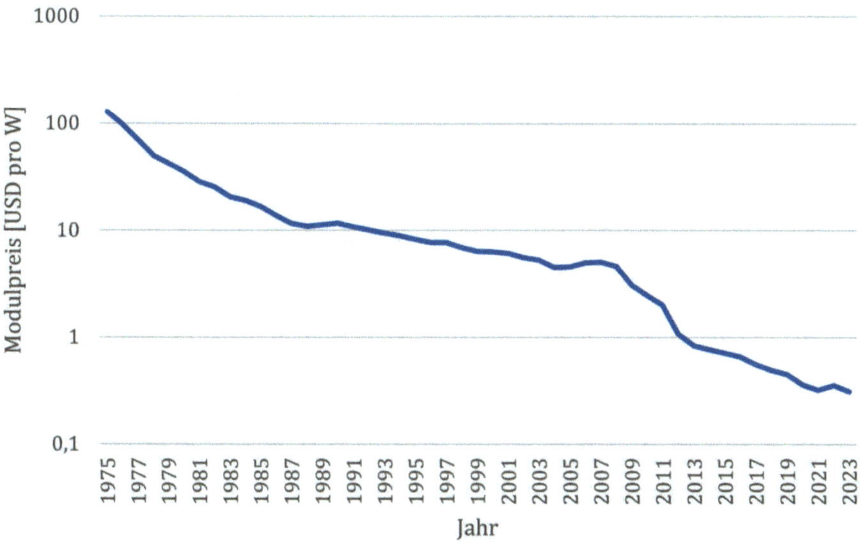

Abb. 7.2 Preisentwicklung bei Solarmodulen (logarithmisch). (Quelle: OurWorldinData.org/energy | CC BY)

energie voranzubringen.[7] Diese Vorgaben haben in den vergangenen Jahrzehnten dazu geführt, dass eine umfassende Technologie- und Lieferkette entstanden ist. Sie reicht von der Rohstoffversorgung bis zur Endfertigung und zum Vertrieb. So ist China führend in allen Phasen und Bereichen der Photovoltaik. Diese Herangehensweise zeigt sich auch in anderen Industriezweigen, wie bei Autos oder Batterien. Die Automatisierung gestattet chinesischen Unternehmen, ihre Produkte zu Preisen, in Kapazitäten und Mengen unschlagbar wettbewerbsfähig zur Verfügung zu stellen. Die Abb. 7.2 verdeutlicht die eindrucksvolle Entwicklung der Preise von Solarmodulen. Sie sind in den vergangenen 50 Jahren fast um den Faktor 1000 gefallen. Beachten Sie die linke Skala, die Darstellung ist zur Verdeutlichung logarithmisch gewählt, zwischen zwei Teilstrichen liegt der Faktor 10.

[7] Jing Liu, Potentials for Promotion and Market Stimulation for Solar Energy in China, Master-Thesis FHF-Furtwangen 2004.

7.3 Wasser zu Strom

Wasser lässt sich mithilfe unterschiedlicher Technologien als Energielieferant nutzen. Dies geschieht einerseits in Flusstälern durch sogenannte Laufwasserkraftwerke. Sie nutzen kontinuierlich die großen Wassermassen eines Flusses, haben aber oft nur geringe Fallhöhen. Dafür werden Staudämme errichtet, die den Fluss etwas aufstauen. Im Gebirge gibt es Speicherseen, die hinter einer mächtigen Staumauer Wassermassen zurückhalten. Bei Bedarf, daher das Wort Speicherkraftwerk, leiten sie das Wasser über eine Turbine ins Tal. Auch hier kommt das Prinzip Turbine/Generator zum Einsatz – genauso wie bei Pumpspeicherkraftwerken. Diese nutzen überschüssigen Strom, um Wasser auf ein höheres Niveau zu pumpen und es später zur Stromerzeugung wieder abzulassen. Die Potenziale dieser Technologien sind beträchtlich. So füllen die gesamten Regenfälle auf allen Kontinenten die Bäche und Flüsse so weit, dass sie zusammen circa 12 TW an Energie liefern könnten. Aktuell liegt die installierte Leistung der Wasserkraft bei etwa 1,3 TW weltweit. In den meisten Regionen fällt Regen nicht kontinuierlich über das ganze Jahr hinweg, so liegt die tatsächliche Produktion daher bei rund 0,5 TW,[8] allerdings mit steigender Tendenz. Diese Zahl ist beachtlich und entspricht etwa 5 bis 10 % des theoretisch möglichen Potenzials. Der Rest bleibt aus vielerlei Gründen ungenutzt. Zum Beispiel sprudeln zwar überall in den deutschen Mittelgebirgen kleine Quellen und Bäche, vorwiegend aus wirtschaftlichen und Umweltschutzgründen wurden die meisten der bis in die 1970er-Jahre existierenden Kleinwasserkraftanlagen stillgelegt.[9] Die Situation unterscheidet sich jedoch in verschiedenen Weltgegenden. So nutzen die europäischen Staaten und die USA bereits fast alle geeigneten Standorte. In Afrika, Südamerika oder in abgelegenen Gebieten wie Grönland oder Himalaja könnten dagegen noch Kraftwerke gebaut werden. Bei diesen drohen allerdings Konflikte mit der Umwelt, oft überfluten große Staudämme Naturlandschaften. Ein be-

[8] IRENA, RENEWABLE CAPACITY STATISTICS 2024, https://www.irena.org/-/media/Files/IRENA/Agency/Publication/2024/Mar/IRENA_RE_Capacity_Statistics_2024.pdf.

[9] Zeller, A. (2013). Streiflichter aus 100 Jahren Entwicklung der Wasserkraftnutzung in Bayern. In: Heimerl, S. (eds) Wasserkraftprojekte. Springer Vieweg, Wiesbaden. https://doi.org/10.1007/978-3-658-00996-0_1.

rühmtes Beispiel ist der Drei-Schluchten-Damm in China, für dessen Bau rund eine Million Menschen umgesiedelt wurden und wodurch eine beeindruckende Landschaft verloren ging. Dafür liefert dieser größte Damm der Welt 22 GW Strom und damit circa genauso viel, wie 22 große Kohle- oder Atomkraftwerke.

Wasserkraftwerke lassen sich in Speicher- und Laufkraftwerke aufteilen. Speicherkraftwerke verfügen über eine hoch gelegene Staumauer mit Stausee. Das Wasser fließt über eine Druckleitung, oft mehrere hundert Meter weit, in die Tiefe und über eine sogenannte Pelton-Turbine. Diese nimmt die Energie fast optimal auf und leitet sie an einen Generator weiter, häufig mit 95 % Wirkungsgrad. Mit großen Stauseen können solche Kraftwerke oft tage- oder sogar monatelang Wasser sammeln und bei Bedarf wieder abgeben, etwa im Winter. Laufkraftwerke werden hingegen quer in den Flusslauf eingebaut, stauen das Wasser einige Meter hoch an und leiten es durch Kaplan-Turbinen. Diese Kraftwerke können praktisch nur wenig Energie speichern, da ein Aufstauen des Flusses sehr schnell den Oberlauf überschwemmen würde. Bei Hochwasser leiten Schleusen das Wasser direkt in die Tiefe und es kann nur teilweise von den Turbinen genutzt werden. Derartige Kraftwerke sind an der Donau und am Oberlauf des Rheins zu finden.

Neben diesen Kraftwerkstypen existieren noch einige Exoten. Einer davon heißt Gezeitenkraftwerk, diese Technologie wandelt den Tidenhub in kinetische Energie um und erzeugt damit Strom bei Ebbe und Flut. Allerdings mangelt es an geeigneten Orten und bislang sind wenige Anlagen in Betrieb. Der theoretische Energiegehalt beeindruckt, man spricht von bis zu 3 TW. Diese Menge würde theoretisch ausreichen, um den gesamten Strombedarf der Erde zu decken. Das größte Gezeitenkraftwerk befindet sich in Südkorea, wo bei Flut Wasser durch eine Turbine in einen Stausee geleitet und bei Ebbe wieder ins Meer zurückgeführt wird. Gleich danach kommt eine Anlage in Frankreich, sie wird zudem als Pumpspeicherkraftwerk genutzt. Gezeitenkraftwerke funktionieren nur an Orten mit einem großen Unterschied zwischen Ebbe und Flut, für einen ökonomischen Betrieb werden mindestens 10 bis 12 m Tidenhub benötigt. Neben den bestehenden Kraftwerken befinden sich weitere Technologien im Versuchsstadium. Dazu gehört die Nutzung von Meeresströmungen aufgrund der Gezeiten. So füllt und leert sich das

Nordseebecken zweimal pro Tag, und an einer Linie von Schottland bis Norwegen könnte man Turbinen anbringen, die aus dieser Wasserströmung elektrischen Strom erzeugen. Der Bau einer solchen maritimen Infrastruktur ist technisch schwierig und die raue Umgebung mit Salzwasser, Meereslebewesen und der mechanischen Beanspruchung stellt diverse Herausforderungen. Ebenso faszinierend und gleichzeitig schwierig ist die Wellenenergie: Wer schon einmal den Nordatlantik per Schiff befahren hat, kennt die hohen Wellen von 5 m oder mehr. Sie enthalten viel Energie, Berechnungen ergeben ein theoretisches Potenzial von weltweit 63 TW. Nutzen könnte man sie etwa durch Bojen, schwimmende Turbinen oder mechanische Wellenabsorber. Bisher lässt sich keine dieser Ideen wirtschaftlich umsetzen. Ein Kernproblem dieser Ansätze besteht oft im hohen Materialaufwand für Beton und Stahlstrukturen. So lässt sich die Energie für die Herstellung der Baustoffe kaum während der Betriebszeit zurückgewinnen.

Eine eher unbekannte, aber spannende Idee zur Erzeugung von Wasserkraft heißt Osmosekraft. Die Theorie dahinter: Fließt Süßwasser aus Flüssen ins Meer, vermischt es sich mit Salzwasser. Bei diesem natürlichen Prozess lässt sich Energie gewinnen. Dazu braucht es eine halb durchlässige Membran zwischen Süß- und Salzwasser und der dabei entstehende Druckunterschied lässt sich zur Stromerzeugung nutzen. Der Energieertrag beträgt etwa 0,75 kWh pro Kubikmeter Süßwasser. Theoretisch ließen sich alle Flüsse auf der Welt so nutzen, bevor sie ins Meer münden, und könnten damit den gesamten Energiebedarf der Menschheit decken. Ein erstes Pilotprojekt wurde in Norwegen gebaut und es muss sich zeigen, ob die Technologie langfristig technisch, wirtschaftlich und ökologisch funktioniert.

Energiegeschichten: Das Mühlrad und die Wasserkraft

Der Gebrauch von Mühlrädern hängt eng mit der Entwicklung von Landwirtschaft, Handwerk und früher Industrie zusammen. Vor allem das Wasserrad revolutionierte die Nutzung natürlicher Energiequellen und prägt die menschliche Zivilisation seit Jahrtausenden. Bereits in der Antike experimentierten die Menschen mit Schöpfrädern, um das Wasser aus Flüssen mithilfe von Bewässerungssystemen auf ihre Felder zu leiten. Die Chinesen nutzen Wasserräder schon seit dem zweiten Jahrhundert vor Christus zum Mahlen von Getreide sowie zum Antrieb von Blasebälgen für die Eisenverhüttung. Im Mittelalter erlebte das Wasserrad seine Blütezeit in Europa, und bis ins 20. Jahrhundert nutzten Betriebe die Wasserkraft aus dem Bach nebenan. Vor allem deshalb finden sich in den Tälern der Mittelgebirge an Fluss- und Bachläufen noch heute viele Mittelständler. Mithilfe von Wasserrädern und später dann Turbinen trieben diese ihre Maschinen an. Praktikable Wasserturbinen wurden vom französischen Ingenieur Benoît Fourneyron im Jahr 1827 entwickelt und konnten die Wasserenergie effizienter umwandeln. Neben Industrie und Landwirtschaft nutzten viele Bergbaubetriebe Wasserkraftsysteme zur Entwässerung, etwa für die Silber- und Kupfergewinnung. Erst der günstige Strom aus den neuen Elektrizitätswerken verdrängte dieses Prinzip seit den 50er-Jahren des vorigen Jahrhunderts nahezu vollständig. Heute werden alte Wasserräder teilweise restauriert oder modernisiert und kleine Wasserkraftwerke bieten neue Chancen. Allerdings ist das Potenzial der Wasserkraft in Deutschland praktisch ausgeschöpft, zumal Artenschutz neue Projekte einschränkt.

7.4 Geothermie – Wärme aus der Erde

Unsere Erde ist im Inneren sehr heiß und schon in einigen Metern Tiefe bleibt es im Winter wärmer als an der Luft. Die Nutzung dieser Erdwärme nennt sich Geothermie, auch hierzulande wird Energie damit gewonnen. So nutzt die bodennahe Geothermie die gleichmäßige Temperatur des Bodens bis etwa hundert Meter Tiefe und ist zu unterscheiden von der Tiefengeothermie, die versucht, heißes Gestein in großen Tiefen anzubohren, um Dampf für Wärmekraftwerke zu gewinnen. Dieses Prinzip kam bereits im Kapitel zur Wärmepumpe zur Sprache. Diese Energie lässt sich gut nutzen, weil in den unteren Bodenschichten eine relativ konstante Temperatur herrscht. Diese stammt von der Sonneneinstrahlung und richtet sich in der Regel nach der durchschnittlichen Außentemperatur einer Gegend. Hier in Deutschland beträgt diese Jahrestemperatur circa 9 Grad und dieser Temperaturbereich findet sich mit leichten Schwankungen auch im Erdreich in etwa 10 m Tiefe. 50 m tiefer messen wir circa eineinhalb Grad mehr und in 100 m Tiefe beträgt die Temperatur rund 3,5 Grad mehr, als die durchschnittliche Jahresaußentemperatur. In großen Städten kommt die urbane Wärme als Einflussfaktor hinzu, dort können nochmals 4 oder 5 Grad hinzukommen. Bekannt ist dieses Phänomen auch vom städtischen Klima unter dem Begriff Wärmeinseln. Dieser Zusammenhang sorgt dafür, dass Erdwärmepumpen zum Beispiel in Berlin oder Stuttgart weniger Energie für das Verdichten benötigen, als die gleichen Geräte auf dem Land. Die Temperaturen steigen mit zunehmender Tiefe und je nach Region deutlich an. Deshalb bietet die Tiefengeothermie große Potenziale, die nötigen Bohrungen sind vergleichsweise teuer. Dieser Aufwand lässt sich senken, indem ohnehin existierende Bohrlöcher von der Erdgasförderungen oder dem Bergbau für die Erdwärmegewinnung genutzt werden. Jedoch müssen alle Bohrlöcher nach der Förderung verschlossen werden, sodass derzeit diese Zweitnutzung einer vorhandenen Infrastruktur nicht möglich ist.

Für das Einbringen einer Erdwärmesonde braucht es ein Bohrloch mit etwa 10 bis 15 cm Durchmesser. Die erforderliche Tiefe der Bohrung hängt von den örtlichen Gegebenheiten ab. So entscheiden etwa die Beschaffenheit der Gesteinsschichten oder die behördlichen Auflagen über die Möglichkeiten, etwa in Wasserschutzgebieten gelten spezielle Vorgaben. Fehlen besondere Einschränkungen, beträgt die Bohrtiefe meist 50 bis 150 m. Bis 100 m braucht es in der Regel keine bergrechtliche Genehmigung, es gelten jedoch wasserrechtliche Auflagen. In das Bohrloch wird ein U-förmiges Kunststoffrohr (meist Polyethylen) eingeführt, durch das ein Wasser-Glykol-Gemisch zirkuliert. Dieses Gemisch nimmt Erdwärme auf, wird per Umwälzpumpe zur Wärmepumpe geleitet und als abgekühltes Medium zurückgeführt. Der Temperaturunterschied von 3 bis 5 Grad reicht aus, um das Kältemittel der Wärmepumpe zu verdampfen. Dieser Kreislauf läuft während der Heizperiode meist kontinuierlich. Eine Herausforderung bei dieser Bohrung: Durch die Wärmeentnahme kühlt das Erdreich lokal ab, weshalb Geothermieplaner auf die Langlebigkeit achten müssen. Eine Regeneration erfolgt etwa durch Rückführung von Abwärme aus dem Gebäude im Kühlbetrieb oder mit thermischen Solarkollektoren. Ohne Regeneration kann die Effizienz langfristig sinken, bei guter Planung bleibt das System jedoch über Jahrzehnte funktionsfähig.

Bei derartigen Bohrungen stellt sich die Frage nach der Finanzierbarkeit. In der Tat sind die Kosten erheblich, selbst eine Bohrung zur Deckung des Energiebedarfs eines Einfamilienhauses kann mehr als 10.000 € kosten. Dazu kommen die Kosten für die Wärmepumpe und weitere Infrastruktur. Solche Projekte rechnen sich daher nur über lange Zeiträume, sie sparen jedoch erhebliche Mengen CO_2 ein. Das Thema Geothermie lässt sich auch größer denken, es bietet Potenziale für Mehrfamilienhäuser, Firmengebäude und ganze Siedlungen oder Stadtteile. Ganz besondere Chancen liegen in Quartieren mit einer Mischnutzung. So haben zum Beispiel viele Gewerbeobjekte, Industriebetriebe oder Büroräume einen erheblichen Kühlbedarf, und diese Wärmeenergie lässt sich optimal für den Heizbedarf der Wohnbebauung nutzen. Der darunterliegende Boden bietet sich als Speicher für die überflüssige Wärme an. Viele Gesteine verfügen über eine brauchbare Wärmeleitfähigkeit und können gut Energie speichern. So wird im Jahreszyklus ein Zylinder, mit einem Radius von etwa 10 m um das Bohrloch, zum Wärmespeicher. Vor allem im Bestand lassen sich solche Projekte schwer umsetzen, denn häufig fehlen die erforderlichen Flächen für die Bohrung. Zum Beispiel bieten Reihenhäuser oder Innenstadtbereiche kaum geeignete Grünflächen. Hier lohnt ein Blick in die Schweiz, dort dürfen die Projekte auch öffentliche Bereiche wie Straßen nutzen. Im Sinne des Klimaschutzes wäre es eine Option auch hierzulande über solche Wege nachzudenken. Wirksam ist eine Energieentnahme aus dem Boden auch in Grundwasser führenden Schichten. Erstens lässt es sich als Wärmequelle nutzen und zweitens zeigen sich vielerorts höhere Grundwassertemperaturen. Zu Bohrung und Ausführung existieren umfangreiche Regelwerke und ein hoher Standard bei dieser Technik sorgt für die nötige Sicherheit, die durch professionelle Unternehmen gewährleistet wird.

Das Märchen der dezentralen Stromversorgung

Im Kontext der Energiewende fällt häufig der Begriff der dezentralen Energieversorgung. Das Prinzip klingt überzeugend: Wir produzieren den Strom dort, wo er gebraucht wird, und sparen uns dadurch einen Großteil der teuren Infrastruktur mit Leitungen und Transformatoren. In der Realität lässt sich diese Idee kaum umsetzen. So erfolgt der Verbrauch schwerpunktmäßig im Süden und Westen Deutschlands, vor allem die Windkraftausbeute ist dort gering. Es braucht etwa in Bayern dreimal so viele Windräder, wie in Schleswig-Holstein, um die gleiche Strommenge zu erzeugen. Zudem herrscht im Süden überproportional oft Flaute. Deshalb sind trotzdem Leitungen quer durch die Republik erforderlich. Während der Dunkelflauten lässt sich im gesamten Nordeuropa kaum Wind- und Solarstrom ernten und es werden zusätzliche Reservekraftwerke erforderlich. Nicht umsonst plant Deutschland Investitionen in Form von Leitungen und Gaskraftwerken. Dabei handelt es sich um zentrale Strukturen, die auch noch eine zentrale Steuerung erfordern. Die dezentrale Versorgung bleibt daher so lange ein Wunsch, bis geeignete Speicherlösungen existieren. Nur sie könnten Energie aus erneuerbaren Quellen dort in ausreichenden Mengen bereitstellen, wo sie gebraucht wird.

8
Gefahren durch die Energieerzeugung

Die richtigen Energiequellen auszuwählen, heißt auch, sich ihrer Gefahren bewusst zu sein. Diese lassen sich messen, indem man die Auswirkungen auf Mensch und Umwelt analysiert. Eine einfache Frage lautet, wie viele Personen aufgrund einer bestimmten Energieform oder durch ihre Emissionen sterben. Hinweise darauf finden sich in unzähligen Studien und Untersuchungen: Demnach fordert Luftverschmutzung die meisten Todesopfer weltweit. Selbst in sauberen Regionen der Welt wie in Deutschland wird die Lebenserwartung um 6 Monate verkürzt, und in manchen asiatischen Megastädten wie Peking oder Delhi ist eher von fünf Jahrenauszugehen. Die WHO schätzt, dass etwa jeder 9. Mensch an Luftverschmutzung stirbt.[1] Doch was heißt Luftverschmutzung überhaupt? Zunächst einmal sollte man wissen, dass sie vorwiegend durch die Verbrennung von Rohstoffen zur Energiegewinnung entsteht. Zu nennen sind die üblichen Verdächtigen wie Kohle oder Öl; beispielsweise in den Abgasen von Kfz und Kraftwerken findet sich ein ganzer Mix gefährlicher Luftschadstoffe. Beginnen wir mit dem Feinstaub. Laut der Europäischen Umweltagentur starben in Europa im Jahr 2020 knapp 250.000

[1] WHO, Ambient air pollution, ISBN: 978 92 4 151135 3, https://iris.who.int/server/api/core/bitstreams/83bc7a2b-0b90-4880-9d34-e9fcf60d96db/content.

E. Heindl, *Energie*, https://doi.org/10.1007/978-3-658-50486-1_8

Menschen daran.[2] Ein Teil stammt vom Abrieb der Reifen auf unseren Straßen. Ebenfalls gesundheitsschädigend wirken die Stickstoff- oder Stickoxide (NO_x), die zum Großteil aus den Auspuffen unserer Fahrzeuge kommen. Vor allem die Ballungszentren messen überdurchschnittliche Konzentrationen der beiden wichtigsten Verbindungen Stickstoffmonoxid (NO) und Stickstoffdioxid (NO_2). Zu den Luftschadstoffen zählt ebenfalls das Schwefeldioxid (SO_2), es fällt unter anderem bei der Verbrennung von Kohle an. Nebenbei sei noch bemerkt, dass Kohlekraftwerke nennenswerte Mengen an Radioaktivität und Quecksilber emittieren. In der Luft finden sich zudem Kohlenmonoxid (CO), radioaktive Stoffe, Schwermetalle wie Thallium und Cadmium sowie diverse, flüchtige organische Verbindungen (VOC) aus Benzin, Farben, Lösungsmitteln und industriellen Prozessen. Durch bestimmte chemische Reaktionen in der Atmosphäre entsteht zudem Ozon, es wird besonders in der Nähe von Städten und in den Sommermonaten zum Problem. Negative Folgen zieht auch das nicht im engeren Sinn als Schadstoff zu bezeichnende CO_2 nach sich, Aufgrund seiner Bedeutung für das Klima folgt dazu noch ein separates Kapitel.

Nach diesem Blick auf die Schadstoffe allgemein bietet es sich an, die einzelnen Energiequellen auf ihr jeweiliges Gefahrenpotenzial hin zu analysieren. Die Ergebnisse fallen eindeutig aus, denn alle Untersuchungen bestätigen das Gleiche: Braunkohle – gefolgt von Steinkohle – muss als größter Luftverschmutzer gelten, danach kommen Öl und damit beispielsweise auch die Autoabgase und schließlich Holz und Gas. Fossile Brennstoffe schädigen damit nicht nur das Klima, sie beeinträchtigen auch die Gesundheit erheblich – und vor dem Hintergrund der Ergebnisse etwa von UNO und EU gilt dieses Fazit weltweit. Auch wir hier in Deutschland sind konkret betroffen. Deutlich besser schneiden Energiequellen ab, die nicht auf Verbrennung beruhen. So treten nur wenige Todesfälle im Zusammenhang mit Wasserkraft auf und eine kaum messbare Zahl bei Wind-, Kern- und Sonnenenergie. Um einen Vergleich zu ziehen: In der Umgebung von Fukushima[3] lebt man statistisch deutlich

[2] Diese Zahl stammt von der Europäischen Umweltagentur. (https://www.eea.europa.eu/en/analysis/publications/harm-to-human-health-from-air-pollution-2024).

[3] Strahlenbelastung in Fukushima: https://www.unscear.org/unscear/uploads/documents/unscear-reports/UNSCEAR_2020_21_Report_Vol.I.pdf Seite 16.

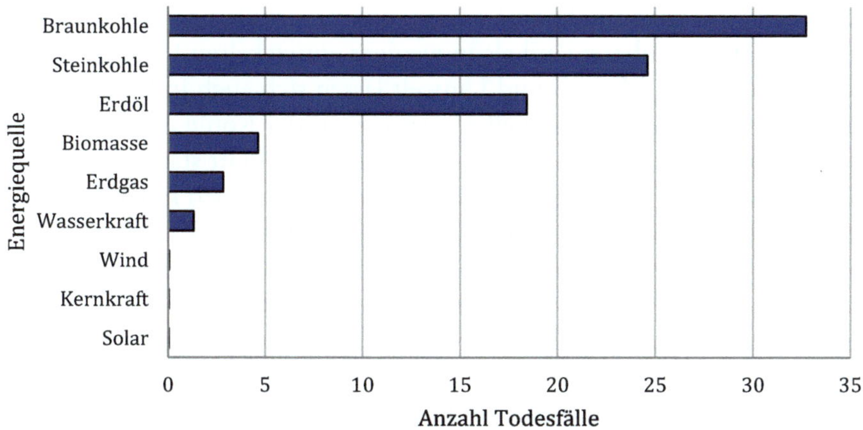

Abb. 8.1 Todesfälle pro erzeugter TWh Energie. (Quelle: OurWorldinData.org/energy | CC BY)

gesünder und länger[4] als im Stuttgarter Kessel.[5, 6] Zum Thema Radioaktivität und ihren Gefahren folgt noch ein ausführliches Kapitel, doch sei hier schon verraten: Die Abb. 8.1 berücksichtigt auch sämtliche Opfer der havarierten Atomkraftwerke in Tschernobyl und Fukushima, wobei deren Zahl großzügig gerechnet ist.

Bei diesen Zahlen handelt es sich jeweils um die Summe der Menschen, die vorzeitig an Krankheiten sterben, die mit dem jeweiligen Energieträger in Verbindung zu bringen sind. Eingerechnet sind auch die Opfer von Unfällen, zu beklagen etwa beim Abbau von Brennstoffen, während des Transports sowie bei Bau oder Wartung von Kraftwerken. Die Grafik verdeutlicht, dass Deutschland, mit vergleichsweise großem Anteil an Braunkohle, den mit Abstand gefährlichsten Energieträger zur Stromgewinnung verbrennt. Wobei es positiv zu werten ist, dass die

---

[4] Die Lebenserwartung in der Präfektur Fukushima beträgt für Männer etwa 81,0 bis 81,4 Jahre und für Frauen etwa 87,1 bis 87,6 Jahre https://www.mhlw.go.jp/english/database/db-hw/index.html. Für Stuttgart liegt die Lebenserwartung bei neugeborenen Jungen bei ca. 80,1 Jahren und bei Mädchen bei ca. 84,5 Jahren, https://www.statistik-bw.de/ (Hinweis: Die Lebenserwartung hängt von vielen Faktoren ab).

[5] Luftbelastung Stuttgart: https://www.umweltbundesamt.de/system/files/medien/421/publikationen/abschlussbericht_no2_krankheitslast_final_2018_03_05.pdf.

[6] Walter Rüegg: Zeitalter der Ängste, Edition Königsstuhl (2024).

Kraftwerke hierzulande hohe Umweltauflagen erfüllen müssen und die Abgase deshalb sauberer sind als in weniger entwickelten Ländern. Dennoch: Schäden an Mensch und Umwelt lassen sich auch in Deutschland nicht übersehen und ein schneller Ausstieg aus der Kohle ist kaum möglich. Die vergleichsweise hohe Zahl bei der Wasserkraft stammt zu mehr als 90 % von einem einzigen, verheerenden Dammbruch in China. Diesen herausgerechnet, landet man auch hier bei 0,04 %. Es lässt sich also konstatieren, dass die erneuerbaren Energien inklusive Kernenergie, die mit Abstand sichersten sind. Neben den direkten Bedrohungen für Leib und Leben existieren noch weitere Gefahren für unsere Umwelt insgesamt – Stichwort CO_2. Bei der Verbrennung fossiler Brennstoffe entsteht dieses geruchslose, unsichtbare und ungiftige Gas zwangsläufig. Zeit also für einen genaueren Blick auf das Kohlendioxid.

Wo Menschenleben wenig zählten

Verheerende Katastrophen im Zusammenhang mit der Energieerzeugung hängen oft damit zusammen, dass Sicherheitsmaßnahmen sträflich vernachlässigt werden zugunsten von Einsparungen bei Bau und Betrieb der Anlagen. Zwei abschreckende Beispiele für diese Haltung bieten die Reaktorkatastrophe von Tschernobyl und der Staudammbruch von Banquiao. So wurde der sowjetische Reaktor trotz eklatanter Baumängel und grober Defizite in der Sicherheitskultur jahrelang ohne Maßnahmen zur Verbesserung der Sicherheitslage weiterbetrieben. Durch Fahrlässigkeit der Bedienungsmannschaft explodierte die Anlage schließlich am 26. April 1986 und tagelang gelangten große Mengen radioaktiver Stoffe durch das zerstörte Dach der Reaktorhalle. Ein solcher Unfall kann bei westlichen Anlagen bauartbedingt nicht vorkommen. Der Banqiao-Staudamm in China gehörte zu einer Kaskade von insgesamt 62 Staudämmen, die 1975 während eines außergewöhnlich starken Taifuns brachen. Genaue Zahlen fehlen bis heute, man schätzt jedoch mehrere 100.000 Tote unmittelbar durch die Überschwemmung und durch die darauffolgenden Epidemien und Hungersnöte. Auch hier wurde sträflich gespart: Die Dämme erhielten deutlich weniger Schleusentore als geplant und die existierenden waren teilweise durch Sedimente blockiert. Sie konnten die Wassermassen daher nicht ableiten und die Dämme brachen.

9

CO_2, Treibhauseffekt und Klima

In einer Betrachtung der Gefahren durch die Energieerzeugung darf der Treibhauseffekt nicht fehlen und es lohnt sich, den Beitrag der fossilen Brennstoffe näher zu beleuchten. Zunächst lohnt jedoch ein Blick auf die Rahmenbedingungen, die sich mit einem Blick auf die Erdgeschichte besser erschließen. So wissen wir, dass sich Klima und Zusammensetzung der Atmosphäre im Laufe der Zeit stark verändert haben. Forschungen gehen davon aus,[1] dass der CO_2-Anteil in der Startphase der Erde vor circa 4,6 Mrd. Jahren außerordentlich hoch gewesen sein muss. Wissenschaftliche Einschätzungen gehen von 3 bar aus, dem Dreifachen des jetzigen Atmosphärendrucks oder dem 1000-fachen des heutigen Gehalts. Der wesentliche Teil dieser CO_2-Menge ist heute in geologischen Strukturen wie Kalkgebirgen und Kohleflözen gespeichert. Geologische Proben zeigen, dass sich auch die Temperaturen seitdem immer wieder verändert haben. Gut verstehen wir die jüngere Geschichte der Atmosphäre, durch Eis mit eingeschlossener Luft aus dieser Zeit in der Antarktis, es handelt sich sozusagen um ein Jahrbuch der letzten eine Million Jahre.

[1] James F. Asting, Earth's Early Atmosphere, Science, New Series, Vol.259, No 5097 (Feb. 12, 1993) 920–926. Fig. 2. https: //www.csun.edu/~hmc60533/CSUN_311/article_references/Sc_Feb93_EarthEarlyAtmos.pdf.

E. Heindl, *Energie*, https://doi.org/10.1007/978-3-658-50486-1_9

Indizien in jüngerer Zeit liefern die Gletscher, ihre Ausdehnung schwankte zum Beispiel in den letzten 3000 Jahren sehr stark. In dieser Periode wissen wir von einer kleinen Eiszeit bis Mitte des 19. Jahrhunderts und von einer Warmzeit um das Jahr 1000 herum. Interessant ist unter anderem, dass das vom Menschen produzierte CO_2 in diesen Phasen noch keine Rolle gespielt hat. Zu Temperaturschwankungen kann es auch ohne menschliches Zutun kommen.

Aus diesem Grund sollten wir uns anschauen, wie die Temperaturen auf der Erde zustande kommen. Dazu braucht es zunächst den Blick auf unsere Umgebung: Im Weltall ist es mit durchschnittlich minus 270 Grad sehr kalt. Dass wir auf der Erde nicht erfrieren, verdanken wir der Sonne die etwa den Mond auf durchschnittlich - 20 °C erwärmt, aber die Erde hat zusätzlich eine Atmosphäre. Ohne diesen Schutz gäbe es kein Leben auf der Erde. Der Mechanismus dahinter heißt Treibhauseffekt, der verkürzt dargestellt aus zwei Schritten besteht: Zunächst dringt das Sonnenlicht durch die Atmosphäre bis zur Erdoberfläche und erwärmt diese. Danach strahlt der Boden diese Wärme wieder ab. Dieser zweite Schritt funktioniert weniger gut, wenn sich Wasserdampf (gasförmiges H_2O) und CO_2 in der Luft befinden. Beide Gase bestehen aus drei Atomen und verfügen über die besondere Eigenschaft, mit Wärmestrahlung in Wechselwirkung treten zu können. Es handelt sich um sogenannte Infrarotabsorber. Die genauen Gründe lassen sich nur mithilfe komplizierter Quantenphysik vollständig erklären und genau messen; die physikalischen Details sollen hier nicht erläutert werden.

Vor allem Wasserdampf absorbiert sehr viel Wärmestrahlung und sorgt für den größten Teil des natürlichen Treibhauseffekts. Ohne Wasserdampf und CO_2 in der Luft wäre es auf der Erde sehr kalt, im Schnitt circa minus 18 Grad – und damit vergleichbar mit der Mondoberfläche. Für die genaue Berechnung der tatsächlichen Temperatur auf der Erde sind noch die Wolken zu berücksichtigen. Ihr Einfluss lässt sich nur schwer einschätzen, Wasserdampf kann kondensieren, dabei Wolken aus Tröpfchen oder Eis bilden und das Sonnenlicht sehr stark reflektieren. Dies geschieht, bevor das Licht die Erde erreicht. Wolken behindern auch die Rückstrahlung von der Erde, wie man an den höheren Temperaturen in bewölkten Nächten bemerkt. Diese Faktoren bilden immer noch einen Schwerpunkt der aktuellen Forschung, die Luftverschmutzung mit Partikeln verkompliziert die Situation zusätzlich. So handelt es sich bei dem Treibhauseffekt und der Temperatur um komplexe Zusammenhänge mit vielen unterschiedlichen Faktoren. Zum Beispiel spielen die Wasserdampfkonzentration in verschiedenen Weltgegenden, Kondensstreifen vom Flugverkehr, Staub in Industriegebieten, Reflektion von Ackerboden, Wiesen und Schneeflächen, die Sonneneinstrahlung, Luftströmungen oder Tag und Nacht sowie die Jahreszeiten eine wesentliche Rolle.

Das Ausmaß des menschlichen Beitrags zum Klimawandel wirft immer noch Fragen auf. Unstrittig ist jedoch, dass die Konzentration von CO_2 in der Atmosphäre eine entscheidende Rolle bei der weiteren Entwicklung spielt. Bekannt ist der Wert vor der Industrialisierung, um 1750 lag er bei circa 280 Teilen pro eine Million Luftteilchen. Meist wird dieser Wert als parts per million oder ppm angegeben. Umgerechnet kommt man damit auf einen CO_2-Anteil in der Luft von 0,028 %. Durch die Verbrennung fossiler Rohstoffe steigt der Anteil vor allem seit 1850 stark an, wie in Abb. 9.1 gezeigt. Heute enthält die Atmosphäre circa 420 ppm CO_2 und liegt damit bei knapp 0,04 %. Dieser Anteil erscheint

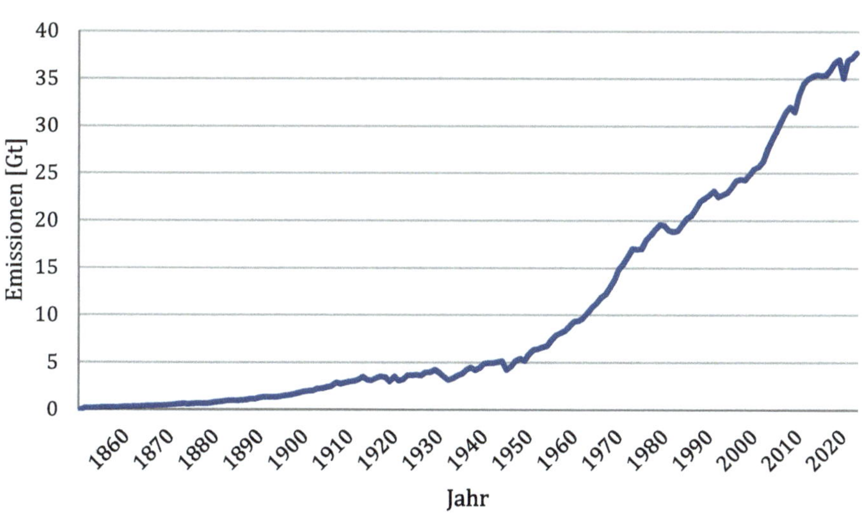

Abb. 9.1 Jährliche Treibhausgasemissionen in CO_2-Äqivalenten. (Quelle: OurWorldinData.org/co2-and-greenhouse-gas-emissions I CC BY)

zunächst unbedeutend. Allerdings wissen wir sogar aus dem Alltag, dass die Menge eines Stoffes nur wenig über dessen Wirkung aussagt. Gelangt zum Beispiel ein einziger Tintentropfen in ein Glas Wasser, wird es dadurch bereits undurchsichtig. Zudem ist bekannt, dass die anderen Bestandteile unserer Atmosphäre wie Stickstoff (N_2) und Sauerstoff (O_2) nur aus zwei Atomen bestehen und daher nicht mit der Infrarotstrahlung wechselwirken. Sie bleiben ohne Treibhauswirkung, und wenn man sie abzieht, steht CO_2 plötzlich für fast 100 % der Klimawirksamkeit trockener Luft. Wissen sollte man zudem, dass die Luftfeuchtigkeit global sehr stark variiert, die CO_2-Konzentration hingegen praktisch überall bei den genannten 420 ppm liegt. Diese Zahl steigt durch die Verbrennung von fossilen Rohstoffen jährlich um 3 ppm. Das Fazit ist daher: Je mehr CO_2 wir emittieren, desto wärmer wird es. Dazu kommt jedoch noch ein anderer, interessanter Punkt. Durch Umweltschutzbemühungen haben wir die Menge der Schadstoffe, insbesondere diejenige der Staubpartikel, in der Luft stark reduziert. Verantwortlich sind etwa die Entschwefelung von Schiffsabgasen oder die Verbesserungen bei Heizungen, Kraftwerken oder Autos. Vor allem im Sommer scheint die Sonne daher wieder intensiver, als noch vor 20 Jahren[2] – was zu einer zusätzlichen Erwärmung führt. Gemessen hat diesen Effekt die amerikanische Raumfahrtbehörde NASA mithilfe neuer und exakter Messungen mit Satelliten.

Diese Effekte sorgen für eine Erwärmung, die sich bereits heute eindeutig messen lässt. Je nach der zukünftigen Verbrennung fossiler Rohstoffe ist es sehr wahrscheinlich, dass die CO_2-Konzentration und die Temperatur weiter ansteigen. Durch die bereits geschilderten Wechselwirkungen lassen sich die genauen Auswirkungen jedoch nicht leicht abschätzen. Prognosen einer Klimakatastrophe sind genauso fragwürdig, wie das Bestreiten des Zusammenhangs zwischen Treibhausgasen und Klima. Deshalb sollten wir unabhängig vom exakten Ausmaß unseres Einflusses auf das Klima alles daran setzen, die CO_2-Emissionen zu begrenzen. Heißt also, weniger fossile Rohstoffe zu verbrennen, weil sie als wichtigste Treiber des Klimawandels wirken. Zwar sind die Erneuerbaren auf dem Vormarsch – ihr weltweiter Anteil stieg nach Angaben der Inter-

[2] Wild, M., Wang, Y., Wang, K. et al. A Perspective on Global Dimming and Brightening Worldwide and in China. Adv. Atmos. Sci. (2025). https://doi.org/10.1007/s00376-025-4534-2.

nationalen Energieagentur von 9,5 % im Jahr 2012 auf 12,9 % im Jahr 2022, allerdings stieg in der gleichen Zeit auch der weltweite Energieverbrauch. Bemerkenswert ist, dass die Zunahme der CO_2-Emissionen (+ 0,8 %) im Jahr 2024 geringer ausfiel als das weltweite Wirtschaftswachstum (über 3 %).[3] also eine Entkopplung von CO_2-Emissionen und Wirtschaftswachstum. Zusammen mit dem steigenden Energieverbrauch kam es in diesem Zeitraum daher trotzdem zu einer Zunahme der Treibhausgasemissionen.

Zu den klimawirksamen Treibhausgasen gehören neben dem Kohlendioxid auch die noch wirksameren Gase Methan (CH_4) und die Stickoxide. In Deutschland gehen die Methanemissionen seit vielen Jahren stetig zurück, global gesehen steigen sie jedoch an. Weltweit wird eine große Menge an Methan vorrangig durch natürliche Prozesse erzeugt, etwa beim Verrotten von organischem Material. Verantwortlich sind vier Hauptquellen: Dazu gehören erstens die Feuchtgebiete, also Sümpfe und Moore, zweitens die Landwirtschaft inklusive Viehhaltung, drittens das entweichende Methan bei der Erdgas- und Kohleförderung und viertens die Mülldeponien. Die großen Emissionsquellen lassen sich durch Satellitenbeobachtung ziemlich genau erkennen. Damit lässt sich zumindest herausfinden, wo die Problemstellen liegen, und Abhilfe schaffen. Im Gegensatz zu CO_2 verbleibt Methan relativ kurz in der Atmosphäre und wird innerhalb von 10 Jahren abgebaut, daher ist das Abdichten von Methanquellen wie bei der Erdgasförderung sehr wirksam. Stickoxide als klimawirksame Treibhausgase kamen bereits zur Sprache. Um die Wirksamkeit aller Klimagase korrekt einzubeziehen, spricht man bei Emissionen allgemein von CO_2-Äquivalenten. Dabei handelt es sich um eine eher schlecht zu definierende Äquivalenz, da die Gase in sehr unterschiedlichen Bereichen Infrarotstrahlung absorbieren und jeweils unterschiedliche Lebensdauern in der Atmosphäre haben.

Mit der Kenntnis der Klimawirksamkeit bestimmter Gase und, dass fossile Brennstoffe als Haupttreiber der Erderwärmung wirken, stellt sich die nächste – von vielen sicher als ketzerisch empfundene – Frage, wo denn nun das Problem liegt? Schließlich fahren wir im Urlaub häufig

---

[3] Internationale Energieagentur https://www.iea.org/reports/global-energy-review-2025/key-findings#abstract.

dorthin, wo es warm ist, und auch die meisten Pflanzen wachsen besser im Gewächshaus. Zudem führt auch das Argument der zunehmenden Dürregefahr in die Irre, denn in den wärmsten Gegenden der Erde ist es am feuchtesten. Befürchtungen zunehmender Dürren resultieren in der Regel aus dem Blick der gemäßigten Breiten. Hier zeigt sich das Phänomen, dass die Wüsten weiter Richtung Pole wandern. Durch die Wärme erhalten die Passatwinde mehr Schwung und vor allem auf der Nordhalbkugel verschiebt sich das Saharaklima weiter nach Norden. Am Südrand der Sahara fällt wieder mehr Regen. Dieser Gesamtblick ist jedoch strittig: Die meisten Klimaforscher erwarten global gesehen ein trockeneres Klima, obwohl uns die Geschichte das Gegenteil lehrt: Während der Eiszeit war es sehr trocken, während Wärmeperioden feuchter – was geologisch durch Lößablagerungen und Eisbohrkerne belegt ist.[4] Unstrittig ist dagegen der Anstieg des Meeresspiegels. Auch dieser Zusammenhang ist logisch: Wärmeres Wasser dehnt sich aus, und seit Jahrzehnten ist ein Anstieg von jährlich 4 mm[5] im Wesentlichen durch diesen Effekt zu verzeichnen. Diese Zahl verdeutlicht allerdings, dass kein Grund zur Panik herrscht. Die Entwicklung vollzieht sich sehr langsam und es bleibt Zeit zur Anpassung. Netto vergrößert sich die Landfläche aktuell, weil viele Flüsse große Mengen an Sedimenten mit sich führen und an den Mündungen ablagern.[6] Ein Beispiel bildet das Mündungsdelta des Irrawaddy in Myanmar, welches pro Jahr um bis zu 60 m ins Meer hineinwächst.

9.1 Die Reduzierung des CO_2 in der Luft

Die Konzentration bestimmter Gase in der Atmosphäre verändern also die Durchschnittstemperatur auf der Erde. Will man das vermeiden, muss man die Emissionen reduzieren. Daher stellt sich die Frage, ob Möglichkeiten zur Reduktion dieser Stoffe existieren. Eine Technik be-

[4] Jürgen Ehlers, *Das Eiszeitalter*. Spektrum Akademischer Verlag, 2011.

[5] Aktuelle Daten zum Meeresspiegelanstieg von der NASA, https://sealevel.nasa.gov/understanding-sea-level/key-indicators/global-mean-sea-level/.

[6] Wang, J., Dai, Z., Mei, X. *et al.* Response time of global deltas to changes in fluvial sediment supply. *Nat Commun* 16, 5573 (2025). https://doi.org/10.1038/s41467-025-60531-9.

kommt in diesem Zusammenhang neue Aufmerksamkeit: Die Abscheidung von CO_2. Hierbei geht es darum, entstehendes oder bereits entstandenes Treibhausgas zu entfernen und sicher zu speichern. Derartige Verfahren sind von großen Kraftwerken bekannt, bei denen die Abgase gefiltert werden. Pioniere auf diesem Gebiet sind die Amerikaner, die die CO_2-Emissionen mancher Kraftwerke schon seit Jahren abscheiden und für die Erdöl- und Erdgasförderung nutzen. Denn viele der Vorkommen lassen sich aufgrund sinkenden Drucks schon nach relativ kurzer Zeit nicht mehr nutzen. Öl und Gas kommen nicht mehr von selbst an die Oberfläche. Die Lösung: CO_2 wird ins Bohrloch gepumpt, um den Druck wieder zu erhöhen und damit den Abbau fortsetzen zu können. Bei einer sicheren Abdichtung existiert damit eine optimale Verwahrung von klimaschädlichen Gasen. Die CO_2-Abscheidung und -Speicherung wird auch unter dem englischen Begriff CCS (Carbon Capture and Storage) in der Öffentlichkeit diskutiert. Mit dieser Technologie lässt sich das Treibhausgas primär bei großen Emittenten wie der Industrie und fossilen Kraftwerken einfangen, bevor es in die Umwelt gelangt. Dazu wird das CO_2 an der Quelle abgespalten, dann aufgefangen und zu einem geeigneten Lagerort transportiert. Bei diesen Lagerorten handelt es sich meist um erschöpfte Öl- und Gasfelder oder um poröse Gesteinsschichten mit salzhaltigem Wasser. Diese für CCS geeigneten Formationen liegen mehrere 1000 m tief, und bei der CO_2-Speicherung handelt es sich um das gleiche Prinzip, wie es seit Jahrzehnten von der Speicherung von Erdgas in unterirdischen Formationen bekannt ist. Umweltprobleme sind deshalb nicht zu erwarten, weil der für unseren Lebensraum entscheidende Grundwasserkreislauf in der Regel nur bis zu 100 m tief reicht. Zwischen Wasser und CO_2 liegen damit mehrere 1000 m und diverse Gesteinsschichten. Neuere Anlagen wurden in Norwegen oder Kanada gebaut, CCS ist damit eine Möglichkeit, bei großen CO_2-Emittenten den Ausstoß in die Atmosphäre zu vermeiden. Ihr Nachteil: Die Abscheidung kostet Geld und verbraucht selbst Energie. Vor diesem Hintergrund von Klimaschutz und Kosten braucht es eine Diskussion.

Es gibt noch weitere Ideen, um die CO_2-Konzentration in der Luft zu reduzieren. In diesem Zusammenhang ist häufig die Rede vom Regenwald als wichtigem Faktor zur Stabilisierung des Klimas. Eine länger-

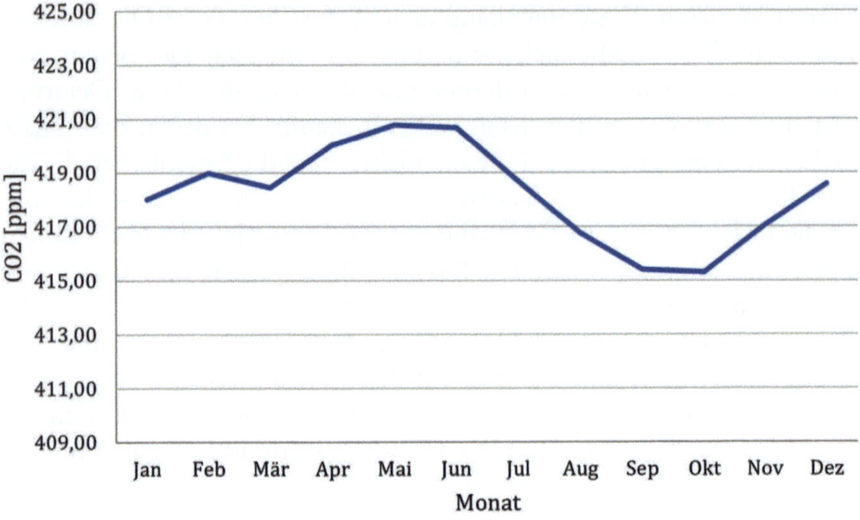

Abb. 9.2 CO_2 im Jahresverlauf 2023. (Quelle: Eigene Abbildung, nach Keeling Daten (Datenquelle: University of San Diego, https://keelingcurve.ucsd.edu/))

fristige Absorption von Klimagasen ist hier jedoch nicht dauerhaft.[7] Zwar benötigen Pflanzen CO_2 für ihr Wachstum, nachdem sie ausgewachsen sind und absterben, geben sie fast alles davon bei der Verrottung wieder an die Umwelt ab. Über einen längeren Zeitraum gesehen, liegt ein Gleichgewicht vor. Eine massenhafte Aufnahme von CO_2 durch die Regenwälder der Erde kann auch deshalb nicht sein, weil die CO_2-Konzentration in der Luft bis zur Industrialisierung über Jahrhunderte hinweg konstant war. Klar ist jedoch, dass Pflanzen hauptsächlich in Wachstumsphasen CO_2 aufnehmen. So lässt sich während der Vegetationsphase auf der Nordhalbkugel im Frühjahr eine Reduktion des Kohlendioxids in der Luft in den Monaten Mai bis September messen, im Winter nimmt die Konzentration dann wieder zu.

Vor dem Hintergrund der in Abb. 9.2 sichtbaren Bedeutung der Vegetation für den CO_2-Gehalt in der Atmosphäre, sind die Aufforstungs-

[7] Hubau, W., Lewis, S.L., Phillips, O.L. et al. Asynchronous carbon sink saturation in African and Amazonian tropical forests. Nature 579, 80–87 (2020). https://doi.org/10.1038/s41586-020-2035-0.

programme rund um den Globus eine begrüßenswerte Sache. Gerade die über Jahrzehnte wachsenden Bäume spielen eine wichtige Rolle als zusätzliche Absorber von klimawirksamen Gasen. Die konventionelle Landwirtschaft nimmt dagegen nicht mehr CO_2 auf, als sie produziert. So läuft die übliche landwirtschaftliche Nutzung mit Wachstumsphase, Ernte, Verstoffwechselung durch Mensch und Tier, Verwesung oder Verbrennung praktisch auf ein Nullsummenspiel hinaus. Das gilt umso mehr, weil Landwirtschaft überwiegend kurzfristig agiert. Die meisten Nutzpflanzen werden bereits nach wenigen Monaten geerntet und dann oft untergepflügt. Mehrjährige Pflanzen verfügen dagegen über eine bessere Bilanz in puncto CO_2, ihre intensivere Nutzung könnte diesen Faktor noch verstärken. Gleichzeitig lässt sich beobachten, dass eine kräftige Steigerung der landwirtschaftlichen Produktion in Ländern wie Indien und China nicht unbedingt klimapositiv zu werten ist. Zwar sind diese Gegenden grüner geworden, gleichzeitig zeigen Satellitenaufnahmen eine starke Zunahme des dortigen Methanausstoßes[8] – was deutlich klimaschädlicher wirkt als CO_2.

9.2 Die Diskussion ums Klima

Bei den Diskussionen über die aktuellen Entwicklungen fehlt mitunter das Verständnis, was Klima überhaupt ist. Zunächst einmal sollte jedem klar sein, dass es sich bei Klima und Wetter um verschiedene Dinge handelt. Der Begriff Wetter beschreibt die kurzfristige und in der Regel lokal betrachtete Entwicklung etwa von Temperatur und Feuchtigkeit. Diese Phänomene können Ausdruck des Klimas und auch des Klimawandels sein, jenen aber auch widersprechen. Selbst in der Sahara regnet es manchmal und ein trockener Sommer in Deutschland ist noch kein Zeichen genereller Veränderungen. Sprechen wir also nicht übers Wetter. Im Hinblick auf die weitere Entwicklung unseres Lebensraums kommt es auf das Klima an. Dieser Begriff steht für einen Mittelwert der dynamischen und ausgesprochen komplexen Prozesse, die über einen langen

[8] Zhang, Y., et al. (2021): *Attribution of the accelerating increase in atmospheric methane during 2010–2018, https://doi.org/10.5194/acp-21-3643-2021.*

Zeitraum hinweg in der Erdatmosphäre ablaufen. Sie beinhalten neben Wetterphänomenen wie Temperatur, Luftfeuchte oder Windgeschwindigkeit zum Beispiel auch die Strömungsverhältnisse in den Ozeanen und ihre Veränderung sowie die Wechselwirkung derselben mit der Atmosphäre. Es existieren Dutzende Effekte, die das Klima beeinflussen, aber für die Wetterprognose irrelevant sind. Wenn Klima als Zusammenfassung der Wettererscheinungen definiert wird, fehlen wichtige Aspekte. Dazu kommt der Chaos-Effekt bei der Entstehung des Wetters und des Klimas insgesamt. Er besagt, dass selbst geringfügige Änderungen der Anfangsbedingungen zu stark voneinander abweichenden Ergebnissen führen. Deshalb sagen viele Klimaforscher, dass langfristige Klimaprognosen mit zunehmender Unsicherheit behaftet sind. Klimamodelle betrachten daher unterschiedliche Szenarien. Auch diese sind noch immer unvollständig, weil das genaue Modellverständnis vieler klimatologischer Effekte fehlt – ein Beispiel bietet die Wolkenbildung. Die heutigen Klimamodelle berechnen Wahrscheinlichkeiten in Gegenwart des Chaos. Der Ausdruck dieser Komplexität findet sich in den Szenarien des IPCC. Der Weltklimarat gilt als Maß aller Dinge in der Klimaforschung, seine Sachstandsberichte sollten uns leiten.

In das Bewusstsein dringen die Erkenntnisse der Klimaforscher oft in populärwissenschaftlicher Verbindung mit Worten wie Wandel, Kipppunkt oder Gleichgewicht. Dort heißt es, der Mensch stört etwa durch die enormen CO_2-Emissionen das Gleichgewicht des Klimas. Vor dem Hintergrund der Erkenntnis, dass wir es bei der Klimaentwicklung mit einem chaotischen System zu tun haben, besitzt ein Begriff wie Gleichgewicht einen anderen Sinn. Historisch gesehen, existierten zwei solcher Gleichgewichtszustände: Eiszeit und Warmzeit. Beide sind ohne Zutun des Menschen entstanden und wieder verschwunden. Die globale Erwärmung ist unbestritten, ebenso der Treibhauseffekt durch Gase wie CO_2. Der Kernfrage lautet daher, wie stark CO_2 die Temperaturänderung beeinflusst. Dieser Faktor nennt sich Klimasensitivität. Als Rechengrundlage gilt eine Verdopplung des vorindustriellen CO_2-Gehalts von 280 ppm auf 560 ppm. Dieser Wert könnte in Zukunft erreicht werden, aktuell liegen wir bereits bei etwa 420 ppm. Diese Verdopplung entspricht einem Strahlungsantrieb von 3,7 W/m^2. Dabei handelt es sich um die Energie, die durch das CO_2 nicht direkt bei der bisherigen Temperatur ins Weltall abgestrahlt werden kann. Ein derartiger Energieeintrag führt zu einer Erwärmung der Oberfläche, bis die Temperatur so hoch ist, dass die Abstrahlung, die mit der Temperatur[9] stark steigt, wieder im Gleichgewicht ist. Die Verdopplung der CO_2-Konzentration in der Atmosphäre sorgt dieser Rechnung zufolge für einen Temperaturanstieg von circa 1,1 Grad, eine Temperatur, bei der ein neues Gleichgewicht entstehen würde. Allerdings kommt es gleichzeitig zu Rückkoppeleffekten: Bei höherer Temperatur verdunstet mehr Wasser aus den Ozeanen. Da Wasserdampf ein Klimagas ist, steigt die Temperatur dadurch weiter. Berücksichtigt man zudem die Wolken, wird es schwierig. Um mögliche Entwicklungen abschätzen zu können, muss auf Simulationen zurückgegriffen werden. Diese sind aufgrund vieler unbekannter Parameter Gegenstand der wissenschaftlichen Diskussion. Wir kennen den physikalischen Zusammenhang und wissen um den Erwärmungseffekt, können die exakte Erwärmung aber nicht vorhersagen.

9.3 CO_2-Senke

Wenn es um die Reduktion von Klimagasen in der Luft geht, kommt der Begriff CO_2-Senke ins Spiel. Dabei handelt es sich um ein Reservoir, das mehr Kohlendioxid aufnimmt, als es abgibt. Die Idee heißt nun, die Emissionen klimaschädlicher Gase zumindest teilweise auszugleichen. Dieser Gedanke liegt nahe, denn die Natur nimmt von sich aus hohe Mengen an Kohlendioxid auf. Vor allem die Ozeane bilden ein riesiges CO_2-Depot und gelten weithin als CO_2-Senke.[10] Sie enthalten das 40-fache der in der Erdatmosphäre gebundenen Menge. Es herrscht weder eine Gleichgewichtssituation, noch werden die Meere aufgrund der Temperaturveränderung in näherer Zukunft CO_2 in die Atmosphäre abgeben. Stattdessen kommt es zu einer weiteren Aufnahme und diese rührt daher, dass der Druck des Klimagases in der Luft weiter ansteigt und weit über dem vorindustriellen Wert liegt. Allerdings geht diese Aufnahme nicht beliebig schnell, denn die Oberfläche der Ozeane ist endlich. So

---

[9] Gesetz nach Stefan Bolzmann: Abstrahlung ist proportional zur vierten Potenz der Temperatur.

[10] Gerd Gantefór, Plan-B für das Klima, Westend Verlag (2024).

dauert es eine ganze Weile, bis sich CO_2 allmählich im Wasser anreichert. Ist dies geschehen, dürfte die CO_2-Konzentration 3 % höher liegen als vor der industriellen Revolution.[11] In Zahlen bedeutet dieser Zusammenhang, dass mit einer Aufnahme von circa 10 Mrd. t (Gt) CO_2 pro Jahr durch den Ozean zu rechnen ist. Diese Zahl bedeutet rund ein Viertel der Emissionen. Plausibel wird diese Prognose, weil die Ozeane zumindest seit dem Anstieg der Emissionen und den genauen Messungen zumindest kontinuierlich mehr CO_2 aufgenommen und absorbiert haben. Diese zusätzliche Aufnahme erfolgt vor allem aufgrund des höheren CO_2-Drucks in der Atmosphäre.

Zu den Meeren kommen die Pflanzen auf den Landflächen, auch sie wandeln CO_2 in Sauerstoff und in verschiedene Kohlenstoffformen um. Eine höhere Konzentration dieses Gases steigert sogar das Wachstum der Pflanzen, weshalb große Gewächshäuser oftmals mit Anlagen zur Einspeisung von zusätzlichem CO_2 ausgestattet sind. Auch generell beobachten wir ein intensiveres Wachstum von Pflanzen. Dabei spielen auch steigende Luftfeuchtigkeit, eine höhere Temperatur und eine längere Vegetationsperiode eine wichtige Rolle. Hierzu gibt es Messergebnisse: Die globale Blattfläche hat in den vergangenen 40 Jahren je nach Gegend um bis zu 40 % zugenommen.[12] Seit Anfang der 80er-Jahre messen spezielle Satelliten diesen Faktor. Dieses Ergrünen bedeutet, dass sich mehr Biomasse bildet, die ebenfalls rund 10 Mrd. t Kohlendioxid pro Jahr absorbiert. In diesem Zusammenhang sei erwähnt, dass sich die entsprechenden Zahlen nicht leicht ermitteln lassen. Allerdings zeigen Veränderungen im Laufe eines Jahres sehr deutlich, dass mehr CO_2 absorbiert wird als früher. Seit den 1950er-Jahren liegen genaue Messungen hierzu vor. Damit gilt folgende Rechnung nach dem Senkenmodell:[13] Ozeane und Pflanzen nehmen jährlich etwa 20 Mrd. t CO_2 aus der Atmosphäre auf. Würden wir nur diese Menge emittieren, käme die Atmo-

[11] Der Ozean hat aktuell 40.000 Gt CO_2 gelöst, die Atmosphäre enthält 880 Gt CO_2, werden die 880 Gt aus der Atmosphäre im Ozean gelöst, hat dieser 2,2 % mehr CO_2 als vorher. Siehe auch IPCC (Intergovernmental Panel on Climate Change): *Sixth Assessment Report (AR6), Working Group I.* Kapitel 5: “Global Carbon and other Biogeochemical Cycles and Feedbacks”.

[12] Zhu, Zaichun, Greening of the Earth and its drivers, Nature Climate Change, 6(8) doi:10.1038/nclimate3004.

[13] Wolfgang Eberhardt (2025) Unser Planet im Wandel.

sphäre ins Gleichgewicht. Leider liegt der Ausstoß im Moment bei 40 Mrd. t und sorgt damit für einen permanenten Zuwachs an CO_2 in der Erdatmosphäre. Es muss also darum gehen, die Emission zu halbieren und damit eine Stabilisierung zu erreichen.

9.4 Net Zero?

Vor diesem Hintergrund erscheint der häufig postulierte, vollständige Stopp des weltweiten CO_2-Ausstoßes fragwürdig. Dass die Emissionen sinken müssen, ist unter Wissenschaftlern nahezu unstrittig. Diesen Konsens spiegeln auch die Klimaabkommen der UNO wider. In den Verträgen von Paris wurde beispielsweise geregelt, dass die Industrieländer ihre Emissionen stärker reduzieren müssen als die anderen Staaten – schließlich haben sie bereits sehr viel emittiert. Ausnahmen gelten für Staaten, die etwa ihre Infrastruktur erheblich ausbauen müssen. Energie als Zivilisationsfaktor kam bereits zur Sprache und Staaten als notorische „Klimasünder" zu bezeichnen, führt oftmals in die Irre. Selbst China oder die USA unternehmen Anstrengungen im Bereich der Erneuerbaren. Europa versucht, sich an die Spitze der Bewegung zu setzen und strebt im Rahmen des Europäischen Green Deals an, der erste, klimaneutrale Kontinent der Welt zu werden. Es wurde das rechtlich verbindliche Ziel verabschiedet, bis zum Jahr 2050 Netto-Treibhausgasemissionen von null zu erreichen. Net Zero. Dieses Netto-Null heißt nicht, jeglichen CO_2-Ausstoß zu beenden. Das wäre auch nicht möglich. Vielmehr geht es darum, jegliche Emission durch eine anderweitige Absorption auszugleichen. Umstritten ist, ob die oben beschriebenen CO_2-Senken dazu zählen. Laut EU haben wir keinen Einfluss auf den Ozean und daher wird diese Senke nicht mitgezählt.

Der Weltklimarat IPCC fordert die CO_2-Neutralität von den Mitgliedern der internationalen Staatengemeinschaft. Hierzu gilt in Deutschland die aktuelle Rechtsprechung des Bundesverfassungsgerichts, dass ab 2045 kein CO_2 ausgestoßen werden darf. Wobei das Bundesverfassungsgericht vom Budgetmodell ausgeht, das berücksichtigt keinerlei Absorption, weder vom Ozean noch von der Vegetation.

9.5 CO_2-Zertifikate

Die Grundidee der CO_2-Zertifikate besteht darin, dass man für die Nutzung der Atmosphäre als „Müllplatz" eine Gebühr für das emittierte CO_2 bezahlt. Dieses Konzept funktioniert bei der klassischen Entsorgung von Müll sehr gut. Bei der Atmosphäre haben wir es aber mit zwei Problemen zu tun: Es existiert nur eine Atmosphäre und es gibt sehr viele Staaten auf der Welt. Handelt nur ein Staat, bleiben dessen Aktionen praktisch ohne Wirkung. Der Grund dafür liegt darin, dass auf dem weltweiten Markt Rohstoffe wie Kohle, Öl und Gas zu bestimmten Preisen gehandelt werden. Reduziert ein Staat den Verbrauch, ist für die anderen mehr übrig und der Preis für die Energierohstoffe sinkt. Der weltweite Verbrauch bleibt im Großen und Ganzen gleich. Dieses „Grüne Paradoxon" wurde von Professor Hans-Werner Sinn in seinem gleichnamigen Buch ausführlich beschrieben. Diese Einschränkung gibt der globale Markt vor. Daher braucht es einen weltweiten Mechanismus, um eine faire und wirksame Reduktion der Emissionen zu erreichen. Eine Idee heißt Clima-Club.[14] Dabei handelt es sich um Nationen, die das Problem gemeinsam lösen wollen und ein derart großes Gewicht haben, dass sie die zunächst nicht Beteiligten umstimmen oder mit wirksamen Sanktionen belegen können. Nun erlauben die Zertifikate das Verbrennen einer bestimmten Menge von fossilen Energierohstoffen. Das Ziel heißt, die Menge der Zertifikate so weit zu reduzieren, bis der CO_2-Gehalt in der Atmosphäre stabilisiert ist oder sogar absinkt. Die Zertifikate können gehandelt werden und es bildet sich ein Preis, etwa 60 € pro Tonne CO_2. Ein Unternehmen hat damit einen Anreiz, weniger CO_2 zu emittieren, denn es spart damit die Kosten, ein Zertifikat zu kaufen. Ein anderes Unternehmen, das nicht zu diesen Preisen einsparen kann, kauft dann freiwerdende Zertifikate. Dieser Mechanismus optimiert den CO_2-Einsatz, da die Marktgesetze wirken. Soweit die Theorie, auf dem G7-Gipfel 2022 wurde ein Clima Club beschlossen und dieser zählt aktuell 46 Mitglieder.[15]

Aktuell hat die Europäische Union einen Zertifikatehandel innerhalb der EU eingeführt. Vergeben werden die Zertifikate an Stromerzeuger

---

[14] Die Idee des Clima Clubs geht auf den Nobelpreisträger William D. Nordhaus zurück.

[15] Climate Club https://climate-club.org/.

und energieintensive Betriebe, auf Dauer sollen sie für alle Emittenten gelten. Die Gesamtmenge ist begrenzt und wird weiter reduziert, die betroffenen Emittenten dürfen daher immer weniger ausstoßen. Die Zertifikate sind zudem handelbar: Wer mehr CO_2 einspart als gefordert, kann seine Rechte an andere verkaufen, die nicht so sauber wirtschaften. Dieser Mechanismus soll einen Anreiz bieten, Emissionen zu reduzieren. Zunächst einmal stellt sich die Frage, wie die Bezeichnungen CO_2-arm oder -frei definiert und bilanziert werden. Im Prinzip existieren drei verschiedene Arten von CO_2-Zertifikaten. Nummer eins sind die offiziellen Zertifikate auf nationaler Ebene, zum Beispiel für die genannten Großverbraucher. Nummer zwei spüren alle, es sind Abgaben nach dem Brennstoffemissionshandelsgesetz. Dieses bepreist die Emissionen durch fossile Brennstoffe mit schrittweise steigenden Kosten, die auf jeden Liter Heizöl und jeden Kubikmeter Erdgas umgelegt werden. Nummer drei sind die sogenannten freiwilligen CO_2-Zertifikate. Diese ermöglichen es, beispielsweise Projekte wie Aufforstungen oder Solaranlagen in Entwicklungsländern zu unterstützen und für dieses Geld Zertifikate zu erhalten. Wer sie kauft, kann sie mit den eigenen Emissionen verrechnen. Dieser Mechanismus steht häufig in der Kritik, weil viel zu hohe Einsparungen berechnet würden. So existieren einige Wälder nicht, die angeblich aufgeforstet wurden. Bei einem sogenannten Nichtabholzungsprojekt gibt ein Staat an, dass er einen bestimmten Wald abgeholzt hätte und gegen den Kauf von Zertifikaten auf den Kahlschlag verzichtet. Dabei handelt es sich offensichtlich um Greenwashing.

Ein Problem besteht also darin, die Validität der Zertifikate sicherzustellen. Denn natürlich leisten Aufforstungsprojekte einen Beitrag zur CO_2-Reduktion und ihre Unterstützung ist sinnvoll.[16] Doch selbst wenn Bäume gepflanzt werden, heißt das erstmal nichts. Beispielsweise speichert eine Buche die ersten 20 Jahre ihres Wachstums praktisch kein CO_2 und insgesamt braucht sie ungefähr 80 Jahre für die Speicherung einer Tonne davon. Heutige Zertifikate für derartige Projekte helfen aktuell wenig beim Erreichen der Klimaziele wie etwa von netto null 2045. Ähnlich widersinnig sind zu kurz gedachte private „Klimaschutzmaßnahmen“. Wer zum Beispiel eine PV-Anlage montiert und sein Elektro-

[16] Radermacher, Franz Josef (2024): All in!: Energy and Prosperity for a Growing World.

auto mit deren Strom laden will, ohne über Speicher zu verfügen, dürfte dieses nur tagsüber tun, wenn die Sonne scheint. Wird jedoch eher nachts geladen und stammt der Strom wieder vom Braunkohlekraftwerk. Das Thema der Ökobilanzierung lohnt einen genaueren Blick. Zum Beispiel gehören zum Elektroauto auch die Herstellung der Batterie und die Herkunft des Stroms. Auch die Produktion von PV-Modulen ist sehr energieintensiv und verwendet nicht nur erneuerbare Energien. Aufgrund der weitgehenden Auslagerung lassen sich diese Faktoren kaum beeinflussen, Photovoltaik kommt aus China und der dortige Energiemix besteht im Wesentlichen aus Kohlestrom. Das gehört in die Ökobilanz unseres Solarstroms und damit ist die Kilowattstunde Solarstrom nicht klimaneutral, sie trägt ebenfalls einen kleinen CO_2-Rucksack. Diese Beispiele aus der näheren Umgebung zeigen, wie schwer eine Rechnung mit allen relevanten Einflussfaktoren fällt. Das Fazit gilt noch mehr, wenn abstrakte Modelle wie die genannten Zertifikate einbezogen werden.

Ein gutes Gewissen dank Ökostrom?

Umweltbewusste Menschen in Deutschland beziehen gerne sogenannten Ökostrom und gehen davon aus, dass er von einer Windmühle oder einer PV-Anlage ins Netz eingespeist wird. Allerdings funktioniert der größte Teil des Ökostrommarktes nicht so. In der Realität basiert die Einstufung als „grün" oft auf Herkunftsnachweisen für diesen Strom. Diese besagen, dass die darauf angegebene Menge tatsächlich in einer Anlage der Erneuerbaren irgendwo in Europa produziert wird. Dies gilt jedoch nicht für Stromproduktion aus Deutschland, da hier bereits das EEG den Einspeisern mit einer Vergütung hilft. Der jeweilige Energieversorger kauft eben diese Menge an Kilowattstunden im Ausland mit solchen Herkunftsnachweisen. In Wirklichkeit handelt es sich noch immer um normalen deutschen Netzstrom mit seiner typischen Mischung je nach Wetterlage. Wo kommt der grüne Strom tatsächlich her? Die Spur führt häufig nach Norwegen, von dort werden jedes Jahr ungefähr 100 TWh Herkunftsnachweise für grünen Strom nach Deutschland verkauft. Die Krux bei dieser Geschichte: Norwegen verbraucht Strom natürlich auch selbst und im Umkehrschluss müssten diese 100 TWh unseres Stroms dorthin fließen. Weil Norwegen den Eigenverbrauch ebenfalls als grün deklariert, entsteht der Eindruck einer Doppelbilanzierung. Anders sieht es für selbst erzeugtem und auch verbrauchtem Grünstrom aus, etwa mit Hilfe der eigenen PV-Anlage. Dabei handelt es sich tatsächlich um Ökostrom.

10

Kernenergienutzung

Kernenergie und Atomausstieg spalten unsere Gesellschaft[1] wie kaum ein anderes Thema. Deshalb ist es sinnvoll, die physikalischen Grundlagen hinter Radioaktivität und Kernspaltung etwas genauer anzuschauen.

10.1 Radioaktivität

Zunächst ist radioaktive Strahlung etwas Normales in der Natur, wir sind ihr ständig ausgesetzt. Dazu sollte man wissen, dass gut die Hälfte aller Elemente im Periodensystem radioaktive Isotope besitzt. Aus unserer Umgebung kennen wir vielleicht die „Töchter" des Urans wie das Edelgas Radon, dem sogar seit Langem eine Heilwirkung nachgesagt wird. So gibt es Heilbäder, die mit Radonkuren werben und wissenschaftliche Studien zeigen durchaus positive Effekte bei der Anwendung.[2] Andere Elemente wie Polonium sind hochgiftig, Geheimdienste sollen Widersacher damit umgebracht haben. Doch es strahlt nicht nur unsere Umwelt,

---

[1] Kafka, Peter (1982): Streitbriefe über Kernenergie, R. Piper.

[2] Sanders, Charles L. (2009): Radiation Hormesis and the Linear-No-Threshold Assumption.

E. Heindl, *Energie*, https://doi.org/10.1007/978-3-658-50486-1_10

sondern auch der Mensch selbst ist von Natur aus radioaktiv. Pro Sekunde finden circa 10.000 radioaktive Zerfälle in unserem Körper statt, insbesondere durch das in unseren Knochen enthaltene Kalium-40. Es gibt buchstäblich nichts, was nicht radioaktiv ist. Jeder Tropfen Wasser enthält grob geschätzt eine Milliarde radioaktive Atome. Auch weil der Mensch Radioaktivität nicht wahrnimmt, liegt es nahe, dass die Dosis das Gift macht. Unser Körper nimmt Strahlung nicht wahr und eine Erklärung dafür lautet, dass die Evolution Radioaktivität als ungefährlich definiert hat – einfach, weil sie überall enthalten ist. Wir verfügen zwar über eine sehr feine Sensorik für Wärme und Kälte, Geräusche und vieles andere, zur Messung der Strahlung braucht es elektronische Hilfsmittel. Diese machen sich die Physik dahinter zunutze und untersuchen, wie viel Energie in einer der Strahlung ausgesetzten Materie deponiert wird. Da es bei Radioaktivität hauptsächlich um die Wirkung auf Menschen geht, beschreibt die in dieser Beziehung wichtige Einheit diesen Zusammenhang. Man misst die Energie der Strahlung im menschlichen Gewebe nachfolgender Gleichung: Ein Joule pro Kilogramm Gewebe ergibt ein Sievert, abgekürzt *Sv*. Namensgeber ist der schwedische Physiker Rolf Sievert. In Deutschland sind wir pro Jahr durchschnittlich mit vier Millisievert (mSv) belastet, mit anderen Worten: Ein Mensch (70 kg) nimmt jährlich 0,28 J Energie über radioaktive Strahlung auf, die aus unterschiedlichen Quellen stammt, siehe Abb. 10.1.

Radon entsteht als Zerfallsprodukt des im Untergrund natürlich vorhandenen Urans, man findet es zumeist im Keller von Gebäuden. Kosmische Strahlung trifft aus dem Weltall auf die Erde, sie ist besonders intensiv im Gebirge und insbesondere im Flugzeug, das in 10 km Höhe fliegt. Terrestrische Strahlung stammt aus weiteren, natürlich vorhandenen radioaktiven Stoffen in der Erde und mit der Nahrung nehmen wir zum Beispiel Kalium-40 aus Bananen auf. Der größte Anteil an Radioaktivität stammt jedoch aus der Medizin, genauer gesagt aus Röntgenstrahlen. Die Dosis pro Aufnahme hat sich durch moderne Sensoren wesentlich verringert, allerdings hat sich diese Abnahme aufgrund häufigerer Aufnahmen wieder ausgeglichen.

Die angstbesetzte Strahlung aus Tschernobyl, anderen Kernkraftwerken und vom Kernwaffenfallout ist kaum messbar, ebenso wenig wie

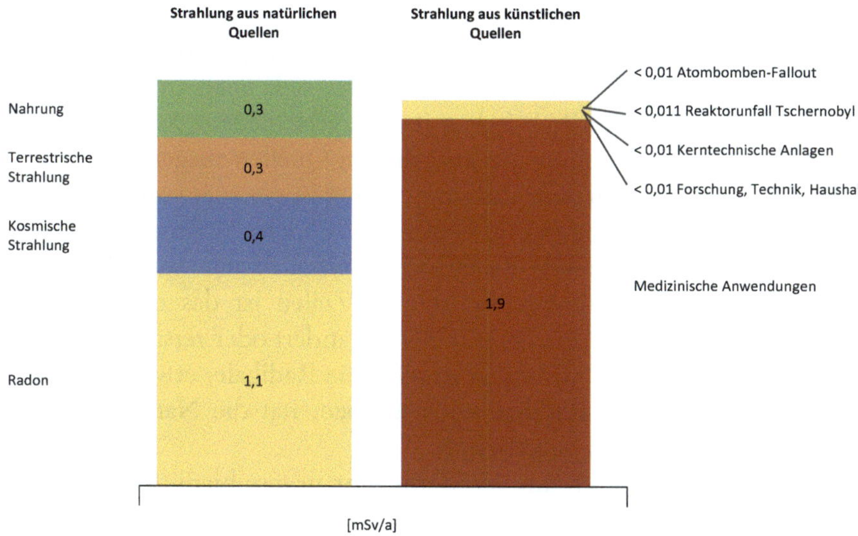

Abb. 10.1 Radioaktive Strahlung in Deutschland. (Quelle: Jahresbericht 2013, Bundesamt für Strahlenschutz (BfS))

die künstliche Radioaktivität aus Technik und Forschung.[3] Noch ein weiterer Datenpunkt zur Einordnung: Während des Kalten Krieges wurden rund 500 oberirdische Atombombenversuche durchgeführt. Trotzdem bleiben davon nur die in der Grafik dargestellten 0,01 mSv pro Jahr. Das Bundesamt für Strahlenschutz[4] liefert Vergleiche zur Strahlendosis: Demnach enthält eine Portion Wildschwein weniger als 0,004 mSv, 3 h Flug in 10 km Höhe entsprechen 0,01 mSv, 20 Zigaretten pro Tag ergeben circa 9 mSv pro Jahr (vorwiegend in Form von Polonium). Ein Kernkraftwerk verursacht weniger als 0,01 mSv pro Jahr und die Röntgenaufnahme der Lendenwirbelsäule bringt es immerhin auf 1 mSv. Weiterhin existieren Gegenden mit sehr hoher natürlicher Radioaktivität, etwa in Indien oder Brasilien. Dort beträgt die Strahlung 100 bis 200 mSv pro Jahr. Die Einwohner der letztgenannten Gegenden und auch Piloten

[3] Radioaktivität in Baden-Württemberg, Landesanstalt für Umwelt, Messungen und Naturschutz Baden-Württemberg, https://pudi.lubw.de/detailseite/-/publication/39227-2002_-_2011.pdf.

[4] https://www.bfs.de/DE/themen/ion/umwelt/natuerliche-strahlung/natuerliche-strahlung_node.html.

weisen keine erhöhten Krebszahlen auf und sind auch anderweitig nicht gesundheitlich auffällig. Der Mensch verträgt derartige Dosen offensichtlich problemlos.[5] Die Einheit Sievert findet sich auch in den Grenzwerten. Staaten auf der Welt haben jeweils verschiedene Maximaldosen festgelegt, die von Strahlung aus künstlichen Quellen ausgehen dürfen.

Was ist Strahlung? In dem Zusammenhang ist genauer von ionisierender Strahlung die Rede, denn im Gegensatz zu Licht, Wärme und Radiostrahlung kann ionisierende Strahlung einzelne Atome aus Molekülen herausschlagen. Insbesondere in unseren Zellen ist das ein Problem, wenn plötzlich ein Protein oder ein Gen verändert oder zerstört wird. Da aber die Zellen häufig Störungen durch freie Radikale, etwa Sauerstoff, oder durch natürliche Radioaktivität erleben, hat die Natur geeignete Reparaturmechanismen eingerichtet.

Die ionisierende Strahlung kann aus sehr unterschiedlichen Quellen kommen; ein Röntgenapparat erzeugt Strahlung von einigen keV, also relativ energiearme Lichtteilchen im Vergleich zu anderer ionisierender Strahlung, die aber bereits den Körper durchdringen können und daher in der Medizin häufig eingesetzt werden. Radioaktive Strahlung, die aus dem Atomkern kommt, hat noch größere Energie und insbesondere gibt es nicht nur Lichtteilchen (Gammastrahlung), sondern auch Elektronen (Betastrahlen) oder Heliumkerne (Alphastrahlen), die aus dem Kern geschleudert werden. Letztere haben zwar viel Energie, bleiben aber schon in einer Aluminiumfolie hängen. Daher kann man solche Strahler mit Handschuhen gut anfassen.

Eine weitere Strahlungsquelle kommt aus dem Weltall von weit entfernten Sternen, schwarzen Löchern und anderen ungewöhnlichen Quellen, es ist die kosmische Hintergrundstrahlung, die sehr energiereich sein kann und fast vollständig von der Atmosphäre abgefangen wird. Befindet man sich aber im Gebirge oder im Flugzeug, bekommt man davon etwas mehr ab.

Radioaktive Stoffe, das sind die Substanzen, deren Atomkerne ionisierende Strahlung aussenden können, wandeln sich beim Aussenden der Strahlung zumeist in eine stabile Substanz um. Wie lange das dauert,

---

[5] Sanders, Charles L. (2009): Radiation Hormesis and the Linear-No-Threshold Assumption, Springer.

wird durch die Halbwertszeit beschrieben, das ist die Zeit, bis die Hälfte der Atome eine Strahlung ausgestrahlt hat und damit inaktiv ist. Hat man etwa ein Gramm einer Substanz mit einer Halbwertszeit von einem Jahr, so ist davon nach einem Jahr nur noch die Hälfte in der Lage, Strahlung abzugeben. Nach zehn Jahren ist es nur noch ein Tausendstel, also ein Milligramm, und so verschwindet der radioaktive Anteil in der Substanz.

Bei der Katastrophe von Tschernobyl im Jahr 1986 wurden unter anderem große Mengen Cäsium-137 (rund 30 Jahre Halbwertszeit) und Iod-131 (8 Tage) freigesetzt. Die Iod-Strahlung warr wenige Wochen nach der Katastrophe kaum mehr messbar. Problematisch wirkt dagegen Cäsium. Erstens strahlt es genauso lange, wie die mittlere menschliche Lebenszeit beträgt. Zweitens handelt es sich aus chemischer Perspektive um einen Verwandten des Kaliums und es wird daher gerne vom Körper aufgenommen. Drittens gelangt es aufgrund seiner Flüchtigkeit schnell in die Umwelt. Damit sorgt Cäsium für 80 oder 90 % der Gesamtbelastung solcher Unglücke. Mit einer Einschränkung: Ein normaler Reaktormantel reicht aus, um die Strahlung abzuschirmen. In Fukushima war ein solcher vorhanden und Radioaktivität trat durch die absichtlichen Druckentlastungsmaßnahmen der Rettungsmannschaften aus und durch kontaminiertes Abwasser. Dessen Menge war ungleich geringer als in Tschernobyl. Beim dritten Unfall der Geschichte, 1979 in Harrisburg (USA), war das Kraftwerk ebenfalls geschützt. Auch hier wurden kleine Mengen Radioaktivität durch eine absichtliche Druckentlastung freigesetzt. Welche Auswirkungen hatten die Katastrophen? Viele Jahrzehnte später kennen sind genaue Zahlen bekannt.

Zunächst zu Tschernobyl, dem einzigen wirklichen GAU in der Geschichte der zivilen Nutzung der Kernenergie. In diesem Zusammenhang existiert eine umfangreiche Studie des wissenschaftlichen Komitees der Vereinten Nationen zu den Auswirkungen der Atomstrahlung (UNSCEAR).[6] Demnach starben 30 Menschen während oder kurz nach dem Vorfall. Dabei handelt es sich um 2 Arbeiter des Kraftwerks sowie um 28 Liquidatoren. Diese waren direkt im Reaktorgebäude beschäftigt und haben extrem hohe Strahlenbelastungen abbekommen. Ob noch

[6] Nachzulesen unter https://www.unscear.org/unscear/en/areas-of-work/chernobyl.html.

weitere dieser Liquidatoren in den Folgejahren durch ihren Kontakt zur radioaktiven Strahlung starben, ist unklar. Zwar gab es in dieser Gruppe bis 2006 noch 19 weitere Todesfälle, viele davon starben nicht an Krebs. Dazu kommen 4808 Fälle von Schilddrüsenkrebs innerhalb der relativ spät evakuierten Bevölkerung aus der Umgebung, und da nicht rechtzeitig Jodtabletten verteilt wurden. Bis zum Jahr 2018 starben ganze 15 dieser Fälle. Häufig wird in diesem Zusammenhang auf unseriöse Quellen zurückgegriffen. Auch die Umweltbelastung wird oft übertrieben, denn Stoffe wie Plutonium sind nicht wasserlöslich und gelangen nicht in die Nahrungskette.

Bemerkenswert ist, dass aufgrund der langsamen Reaktion der Behörden nahe Tschernobyl sehr viele Menschen einer erhöhten Radioaktivität ausgesetzt waren. Trotzdem kommt UNSCEAR zum Schluss, dass keine nachteiligen gesundheitlichen Auswirkungen der Havarie bei der Bevölkerung messbar sind. Befürchtete Mutationen sind nicht bekannt.[7] Diese Ergebnisse bestätigen die bereits geschilderten Erkenntnisse, über die Auswirkungen von Radioaktivität auf den Menschen. Trotzdem verbinden viele Menschen fälschlicherweise den Namen Tschernobyl mit Tausenden von Toten und weit verbreiteten Erbschäden.

Werfen wir nun einen Blick auf das Unglück in Fukushima. Die Havarie wurde im Jahr 2011 durch das stärkste Erdbeben in der japanischen Geschichte ausgelöst, verbunden mit einem Tsunami. Es gab ein Todesopfer im Zusammenhang mit der Radioaktivität; ein Arbeiter des Kraftwerks starb später an Lungenkrebs. Fünf Jahre später stellte die Weltgesundheitsorganisation fest, dass keine Zunahme von Krebstoten in Japan zu erwarten ist. Laut japanischer Regierung starben infolge des Stresses durch Evakuierung oder Fortzug wegen des Atomunfalls in Fukushima 1607 Menschen. Zum Vergleich: Der Tsunami hat 22.300 Menschenleben gefordert.[8] Auch der Unfall in Harrisburg lässt sich schnell abhandeln. Wissenschaftliche Untersuchungen zeigen keine gesundheitlichen Folgen aufgrund der Havarie.

---

[7] Meredith Yeager et al, Lack of transgenerational effects of ionizing radiation exposure from the Chernobyl accident, DOI: 10.1126/science.abg2365.

[8] David Ropeik, Fear of radiation is more dangerous than radiation itself, psyche, 2017, https://aeon.co/ideas/fear-of-radiation-is-more-dangerous-than-radiation-itself.

Die Gefahren einer zivilen Nutzung der Kernenergie rangieren weit unter denen, die beispielsweise im Zusammenhang mit Kohle oder Erdöl stehen. Opfer von Menschenleben im Umfeld der Tsunamikatastrophe waren tragisch, dürfen aber aus sachlichen Gründen nicht als Opfer der Kernenergiegewinnung betrachtet werden. Trotzdem existiert in Deutschland eine gewisse Angst vor der Kernkraft. Wie kann das sein? Entstanden ist die Antiatombewegung in den 70ern. Damals gab es noch keine Erfahrungen mit der Kernenergie, abgesehen von den Bombenabwürfen in Hiroshima und Nagasaki. Eine Atombombe ist eine Waffe, erschaffen um Schaden anzurichten. In den letzten 50 Jahren blieb es bei den bereits geschilderten Unfällen in Kernkraftwerken mit wenigen Opfern. In den 70ern fehlte eine valide Einschätzung der Sicherheitslage und auch die Probleme durch CO_2 waren außerhalb einer kleinen Wissenschaftsgemeinde weitgehend unbekannt. Wie es aussieht, kursiert noch immer eine Gefahrenbewertung in der Gesellschaft, die auch aufgrund eines weiteren Faktors zu überdenken ist: der Abhängigkeit im Energiebereich. In den 70ern stand primär das Öl im Mittelpunkt der Diskussion – Stichwort Ölkrise. Heute zeigen die Vorgänge in der Ukraine, dass wir generell nicht zu sehr auf Abhängigkeiten von einem Land setzen sollten, wie es beim Erdgas aus Russland mit 60 % Anteil geplant war. Kernbrennstoffe können auf dem Weltmarkt aus vielen Ländern bezogen werden, und aufgrund der hohen Energiedichte lassen sich Vorräte für Jahre problemlos lagern. Die Rahmenbedingungen haben sich also geändert. Die Gefahren der Kernenergie werden in Deutschland überbewertet, die realen Bedrohungen durch andere Energiequellen oder einen Blackout geraten dagegen weitgehend in den Hintergrund. Die Öffentlichkeit und Meinungsmacher sind gut beraten, sich zu hüten noch in den Mustern der 70er zu denken.

10.2 Die Kosten der Atomkraft

Diese Erkenntnisse über die Atomkraft legen nahe, sie als CO_2-freie Energieform wieder in Betracht zu ziehen – gerade in Deutschland, das über schlechte Voraussetzungen für eine effiziente Nutzung für Solar- und Windenergie verfügt. Das gilt umso mehr, als die Forschung Fortschritte gemacht hat und neue Reaktortypen denkbar sind, bei denen ein

Super-GAU aus technischen Gründen nicht mehr vorkommen kann. Ein interessanter Ansatz ist die Nutzung von Thorium. Wie im Fall von Uran handelt es sich auch um einen Kernbrennstoff, der sich zur Energieerzeugung eignet. Er konnte sich möglicherweise deshalb nie durchsetzen, weil bei seiner Nutzung praktisch kein Plutonium entsteht, das man für den Bau neuer Atombomben benötigte.[9] Wichtige US-Forschungsarbeiten zu Thoriumreaktoren aus den 60ern wurden kürzlich freigegeben und weltweit experimentieren Wissenschaftler und Unternehmen mit diesem Kernbrennstoff. Demnach birgt Thorium große Potenziale, es ist häufiger als Uran in unserer Umwelt vorhanden. So enthält eine durchschnittliche Tonne Gestein aus dem Schwarzwald circa 0,02 g Uran-235, dagegen immerhin 11 g Thorium, das ist das Fünfhundertfache. Im Gegensatz zum Uran muss es nicht einmal angereichert werden und Ressourcenengpässe sind auch bei großflächiger Nutzung nicht zu erwarten. Durch die geringe Halbwertszeit der Spaltprodukte von maximal 30 Jahren entfällt auch das Endlagerproblem, in der Regel ist ein radioaktiver Strahler nach zehn Halbwertszeiten ungefährlich. In diesem Fall also in 300 Jahren. Das Prinzip der Halbwertszeit sorgt dafür, dass nach einiger Wartezeit viel weniger Strahlung vorhanden ist. Es ist daher unwirtschaftlich, stillgelegte Kernreaktoren wie hier in Deutschland sofort zurückzubauen. Nach 10 Jahren wäre diese Angelegenheit viel einfacher und billiger.

Potenziale und auch die Unbedenklichkeit von Thoriumreaktoren zeigen sich beim Blick auf die Funktionsweise. Anstelle der bisher üblichen Brennstäbe kommt flüssiges Thorium-Salz zum Einsatz (Thoriumfluorid). Die bei der Kernspaltung in dieser Flüssigkeit entstehende Wärme lässt sich zur Dampferzeugung und damit zum Antrieb von Turbinen nutzen. Eine Reaktorfüllung reicht aus, um 100 Jahre lang Energie zu erzeugen. Die Energiedichte lässt sich mit einem kleinen Vergleich verdeutlichen: Die Menge an Thorium in einer Getränkedose kann den lebenslangen Energieverbrauch von vier Deutschen abdecken, inklusive Heizung und Flugreisen. So hoch ist die Energiedichte des Thoriums. Dabei fällt kein Plutonium an, wie es bei der bisher üblichen Nutzung von Uran der Fall ist. Es ist sogar möglich, das bei der bisherigen Kernenergienutzung entstandene und gelagerte Plutonium in diesen Reaktoren mitzuverbrennen (genau genommen zu spalten) und damit un-

[9] Weinberg, Alvin M. (1994): The First Nuclear Era: The Life and Times of a Technological Fixer.

schädlich zu machen. Zudem hat das flüssige Thorium-Salz den großen Vorteil, dass es nicht brennt. Damit fehlt die Feuergefahr, die das Unglück in Tschernobyl wesentlich verschlimmert hat. Auch kann es nicht zu der bei anderen Reaktoren so gefährlichen Kernschmelze kommen, die Kettenreaktion endet bei übermäßiger Erhitzung sofort. Die Physik dahinter: Bei Wärme dehnt sich die Flüssigkeit aus, die Abstände werden zu groß und die Kettenreaktion kommt zum Stillstand, weil zu wenig Atomkerne von den Neutronen getroffen werden. Auch Explosionen sind ausgeschlossen, da kein Druck vorhanden ist – übrigens im Gegensatz zum Druckwasserreaktor, bei dem es sich um einen „Dampfkessel" unter 70 Bar Druck handelt. Durch diese Vorteile können Thoriumreaktoren eine sinnvolle Möglichkeit zur Energieerzeugung darstellen, die auf einer sachlichen und fachlichen Ebene zu diskutieren sind. Verbreitete Ängste sollten sich ausräumen lassen. Fehlt noch ein weiterer Faktor für die Bewertung der Kernenergie: die Kosten.

Je genauer man die Preisentwicklungen der letzten Jahrzehnte betrachtet, desto schwerer fällt es, ein konkretes Preisschild an die Kernenergie zu kleben. Bei der Analyse hilft zunächst ein Blick auf die Geschichte. So bewegten sich die Kosten zu Beginn der zivilen Kernkraftnutzung in den 60er-Jahren des vorigen Jahrhunderts noch in moderaten Regionen. Danach kam es vor allem in den USA zu einer Preisexplosion aufgrund immer neuer Sicherheitsregeln. Frankreich gelang es, die Anlagen über Jahrzehnte hinweg zu mehr oder weniger stabilen Preisen zu bauen. Südkorea hat erst spät mit dem Bau von Kernkraftwerken begonnen und dort sinken die Preise dank einer intelligenten Serienproduktion. Heute exportiert Südkorea Anlagen in die ganze Welt. Eine zunächst widersinnig erscheinende Randnotiz: In Dubai gehen derzeit südkoreanische Anlagen in Betrieb, obwohl sich dort Solarstrom preiswert produzieren lässt. Der Grund ist einfach: Nachts ist es auch dort dunkel und moderne Gesellschaften benötigen kontinuierlich Strom. Zurück zum Preis. Studien[10] gehen davon aus, dass neue Reaktoren in den USA zwischen 3000 und 6200 US-Dollar pro Kilowattstunde kosten würden. International

---

[10] U.S. Energy Information Administration (EIA): *Capital Cost and Performance Characteristic Estimates for Utility-Scale Electric Power Generating Technologies*. Tabelle 9-1, https://www.eia.gov/analysis/studies/powerplants/capitalcost/pdf/capital_cost_AEO2025.pdf.

variieren die Kosten erheblich und aufgrund neuer Designs sind nur wenige Datenpunkte verfügbar, um Schätzungen über zukünftige Bauprojekte abgeben zu können. Vor allem China, Indien und Südkorea konnten in den letzten Jahren umfangreiche Kompetenzen sammeln, um wettbewerbsfähigere Reaktoren zu bauen. Angesichts der Fluktuation der Erneuerbaren und der CO_2-Problematik bietet Kernkraft eine der wenigen zuverlässigen Alternativen. Ähnlich schwierig zu beantworten wie die Kostenfrage, ist die nach der Bauzeit. Der schnellste Reaktor war bereits nach 21 Monaten am Netz, die längste Baustelle bestand 43 Jahre – beide Fälle stammen aus den USA. Im Mittel dauert der Bau eines Kernkraftwerks rund 7 Jahre und damit für Großprojekte nicht übermäßig lange. Am effektivsten bauen derzeit Japan, Südkorea und China.

SMR – Kleine Atomreaktoren

Großprojekte wie Kernkraftwerke lassen sich auch überschaubarer denken. So gelten sogenannte Small und Modular Reactors (SMR), also kleine und modulare Reaktoren, als interessante Lösung für die Nutzung der Kernenergie. Obwohl die einzelnen Konzepte kerntechnisch erhebliche Unterschiede aufweisen, wollen sie übereinstimmend drei wichtige Prinzipien nutzen:

Erstens hat small im Sinne von klein den Vorteil, dass die Reaktoren bei einem großen Störfall nur eine beherrschbare Energiemenge freisetzen. Ein umweltgefährdender Unfall ist praktisch ausgeschlossen. Diese Begrenzung rührt primär von der geringeren Nachwärme her, die sich rein über natürliche Wärmekonvektion abführen lässt. Diese Reaktoren liegen mit ihrer thermischen Leistung meist unterhalb von 100 MW und mit der elektrischen Leistung im Bereich von 40 MW.

Zweitens bedeutet modular die Serienfertigung in einer Fabrik. Dieses Prinzip bietet Vorteile, weil sich in einer Fabrikhalle auch komplizierte Produkte in höchster Qualität zu festen Preisen herstellen lassen. Dagegen entstehen die heutigen Kernkraftwerke im Wesentlichen auf Großbaustellen mit all den dazugehörigen Problemen.

Drittens bedeuten verhältnismäßig kleine Module eine größere Flexibilität. Oft lässt sich ihre Größe mit der von Schiffscontainern vergleichen und damit passen sie sogar auf einen Lkw. Reicht die Energie nicht mehr aus, kann der Anwender einfach ein weiteres Modul dazustellen.

Bei keiner Diskussion über die Kernenergie fehlt das Thema Endlager. Es ist fast genauso emotional belastet wie die Strahlung, insbesondere der deutsche Umgang damit wirft Fragen auf – die Stichworte heißen Gorleben und Asse. Zunächst sollte man wissen, dass es zwei verschiedene Arten von Müll gibt. Die öffentliche Diskussion kennt keine Differenzierung, diese spielt jedoch eine wichtige Rolle. Beim ersten Teil handelt es sich um Spaltprodukte. Wird ein Atomkern gespalten, zerfällt er in zwei Teile, diese beiden Teile sind in der Regel radioaktiv. Sie kennen das Thema Halbwertszeit bereits und wissen, dass die radioaktiven Spaltprodukte nach einer bestimmten Zeitspanne komplett verschwunden sind. Viele andere Mülldeponien bleiben auf immer und ewig hochgiftig. Der zweite Teil fällt an, wenn ein Neutron in einen Atomkern fliegt und dieser dann größer wird. Aus Uran 238 entstehen geringe Mengen sogenannter Transurane. Ein bekanntes davon heißt Plutonium. Dessen Halbwertszeit ist mit 10.000 Jahren deutlich länger, dadurch strahlt es jedoch viel schwächer als anderer Atommüll. Eine Kugel Plutonium könnte man sogar in die Hand nehmen, als Alpha-Strahler durchdringt es nicht einmal die Haut.

Zurück zur Lagerung. Die abgebrannten Brennelemente – und darum handelt es sich beim Großteil der strahlenden Reste – werden in sogenannten Castoren untergebracht. Diese Transport- und Lagerbehälter für radioaktive Abfälle bestehen aus massiven und strahlungsundurchlässigen Stahlgefäßen. Soll der Inhalt weiter genutzt werden, kommen sie in ein Zwischenlager. Verzichtet man auf Weiternutzung und betrachtet den energiereichen Rest (99 % der Energie sind noch vorhanden!) als Müll, kann er in ein Endlager verbracht werden. Dafür eignen sich tiefe Stollenanlagen, wo es zu keiner Strahlenbelastung kommen und ein Kontakt zum Grundwasser ausgeschlossen werden kann. Da die Behälter aus Metall bestehen, sollte man sie nicht in salz- und wasserhaltigen Umgebungen lagern. Genau das ist in Deutschland mit schwach aktiven Müll geschehen, zu besichtigen in der Schachtanlage Asse. Hier wurden seit den 60ern einfache Fässer mit radioaktiven Abfällen gelagert, die mit der Zeit durchgerostet sind und deren Inhalt nun ausläuft. Vor allem von Stoffen wie Cäsium und Strontium gehen Gefahren aus. Diese sind wasserlöslich und können ins Grundwasser gelangen. Offensichtlich wurden physikalische und chemische Grundregeln verletzt. Wer stattdessen wasserundurchlässige Tonschichten nutzt, wird keine derartigen Probleme bekommen und nach 300 Jahren sind die gefährlichen Stoffe weitestgehend verschwunden.

Bei der Betrachtung radioaktiver Abfälle ist die Bezeichnung *Müll* unglücklich. Denn in den abgebrannten Brennstäben, um die es hauptsächlich geht, steckt noch viel Energie. Für Deutschland gilt, dass 99 % des ursprünglichen Urans nicht genutzt werden (durften). Verständlich wird dieser Zusammenhang mit ein wenig Kernphysik. So enthalten die natürlichen Uranvorkommen nur 0,7 % des bislang in Brennstäben verwendeten Uran-235, zu 99,3 % bestehen sie dagegen aus Uran-238 – Letzteres lässt sich eigentlich nicht spalten und verwandelt sich zu einigen Prozent im Reaktor zu Plutonium-239. In Wiederaufbereitungsanlagen kann man daraus sogenannte MOX-Brennelemente (MOX steht für Mischoxid) herstellen, was in der französischen Wiederaufbereitungsanlage La Hague für deutsche Reaktoren geschah. Dieser Prozess lässt sich insgesamt fünfmal durchführen, eine gute Quote des Recyclings. Vor dem Atomausstieg wurde die Wiederaufarbeitung hierzulande bereits 2005 verboten, daher die 99 % Müll. Fast alle anderen Kernkraft nutzenden Länder setzen auf die Aufbereitung abgebrannter Brennstäbe. Diese Verwertung lohnt sich auch deshalb, weil Kernbrennstoffe über eine millionenfach höhere Energiedichte verfügen als andere Energieträger, die in normalen Verbrennungsprozessen wie in Kohlekraftwerken oder im Verbrennungsmotor zum Einsatz kommen. Man benötigt also kaum etwas davon. Dieser Zusammenhang lässt sich beim Blick in ein Zwischenlager wie Gorleben gut beobachten. Dort stehen die Castoren relativ weit verteilt in einer fast leeren Halle. Beim Atommüll handelt es sich um eine winzige Menge, verglichen etwa mit den Bergen an Kohleasche, die weltweit beim Betrieb von Kohlekraftwerken entstanden und noch immer entstehen. Diese enthält das Who's Who der Gifte, von Arsen über Cadmium, Selen oder Thallium. In Deutschland existieren aber 27 inaktive Endlager für derart hoch toxische Stoffe und weitere 15 aktive.[11] Anders als radioaktive Abfälle bleibt dieser chemische Müll gefährlich. Auch in einer Million Jahre sind die erwähnten Gifte noch vorhanden, radioaktive Substanzen sind dann schon zerfallen. Dieses Beispiel zeigt, dass die Gefahreneinschätzung in der Öffentlichkeit wenig mit der Realität zu tun hat.

---

[11] Studie zur untertägigen Entsorgung und Verwertung bergbaufremder Stoffe in der Bundesrepublik Deutschland Kernforschungszentrum Karlsruhe (1992), https://publikationen.bibliothek.kit.edu/270032797/16535864.

Im Jahr 2000 liefen hierzulande 17 Kernkraftwerke mit insgesamt 20 GW Leistung fast 30 % des Stroms. Seit 2023 ist der Ausstieg vollzogen und als Ersatz kommen vorwiegend Kohle und Gas zum Einsatz. Aus Klimaschutzgründen ist der Ausstieg kontraproduktiv. Die deutschen Kernkraftwerke haben jedes Jahr rund 134 Mio. t CO_2-Emission vermieden Mit der Entscheidung zur Abschaltung aller Anlagen wurden in Deutschland umgerechnet 200 Mrd. € vernichtet.

10.3 Kernfusion

In herkömmlichen Atomkraftwerken findet eine Kernspaltung statt. Dazu werden schwere Elemente wie Uran durch Neutronen gespalten und dabei wird Energie freigesetzt. Kernfusion ist der komplementäre Prozess, bei dem leichte Elemente, etwa Wasserstoffkerne, zu schwereren Elementen wie Helium verschmolzen werden. Bei Letzterem handelt es sich um einen binären Prozess, in dem zwei Teilchen miteinander wechselwirken und fusionieren. Es findet also keine Kettenreaktion statt. Doch ändern sich bei beiden Prozessen – also bei Spaltung und Fusion – die Bindungsverhältnisse zum Beispiel von Uran oder Wasserstoff (die sogenannten Reaktanten). Die Ausgangsprodukte dieser Reaktionen haben ein anderes Gewicht als die Eingangsprodukte und der Unterschied lässt sich mit Einsteins berühmter Formel $E = mc^2$ berechnen. Diese Gleichung beschreibt, dass sich Masse (m) und Energie (E) ineinander umwandeln lassen. Noch mehr: Energie ist eine Form von Masse und umgekehrt. Das „zum Quadrat“ und das c für Lichtgeschwindigkeit in dieser Gleichung deuten schon darauf hin, dass diese Veränderungen enorme Energiemengen freisetzen. Bei der Kernfusion liegen diese noch deutlich über denen der Kernspaltung und die Berechnung ist recht einfach. So ergibt ein Gramm Fusionsbrennstoff (Deuterium und Tritium) am Ende einen Wärmeenergiebeitrag von 94.000 kWh, das entspricht 10 t Kohle. Es stecken daher enorme Potenziale in der Kernfusion. Allerdings ist das noch graue Theorie, in der Praxis existiert bislang kein brauchbarer Fusionsreaktor. Lediglich aus physikalischen Berechnungen und Laborexperimenten geht hervor, dass die Kernfusion funktioniert. Die Herausforderung besteht darin, diesen Prozess technisch zu beherrschen und ökonomisch zu nutzen. Denn es braucht bis zu 100 Mio. Grad Celsius und es gibt kein Material, welches diese Temperaturen aushält. Eine Lösung heißt, das zu erhitzende Plasma magnetisch einzuschließen. Ein Magnetfeld hält also die geladenen Teilchen gefangen, um sie davon abzuhalten, die Wände des Reaktors zu berühren. Eine zweite Lösung könnte darin bestehen, Deuterium und Tritium durch intensive Laserbestrahlung zu erhitzen und zu komprimieren, um die Fusionsreaktion auszulösen – was bereits gelungen ist. Die Forschung hierzu läuft seit Jahrzehnten und noch immer sind viele Probleme ungelöst. So bräuchte man große Anlagen, um die Wärme abzuführen und zudem einen Weg, um Tritium herzustellen, und die vorhandene Radioaktivität zu kontrollieren. All das ist aufwendig und an den Grenzen des Machbaren. Die gewaltigen Potenziale locken Forscher jedoch weltweit und es bleibt abzuwarten, ob es gelingt, diese Energiequelle ökonomisch tragbar zu erschließen.

Energiegeschichten: Kalte Fusion

In der Energiewelt tauchen immer wieder fantastische Ideen auf, die scheinbar ohne Probleme die leidigen Energieprobleme lösen können. Diese lassen sich in zwei Gruppen aufteilen. Erstens gibt es die Erfindungen im Bereich eines Perpetuum Mobile. Dabei handelt es sich um Maschinen, die aus dem Nichts Energie gewinnen. Sie sind schon häufig in der Technikgeschichte aufgetaucht und haben sich immer als Betrug herausgestellt. Darunter fallen auch die Erfindungen, die unter dem Stichwort „Freie Energie" als physikalisch möglich kommuniziert werden. Einfacher Hinweis: Es gibt keine „Freie Energie".

In der zweiten Gruppe befinden sich Energieformen, die der Physik nicht widersprechen. Sie lassen sich nicht so leicht abtun und sollten daher Beachtung finden. Darunter fällt die sogenannte „Kalte Kernfusion", die von den Chemikern Martin Fleischmann und Stanley Pones 1989 vorgestellt wurde. In ihrem Experiment haben sie Wasserstoff (Deuterium) aus schwerem Wasser in Palladium elektrolytisch eingefangen. Dabei sollen sich die Protonen so nahekommen, dass eine Kernfusion stattfindet und viel Wärme und Strahlung entsteht. Obwohl es bis heute nicht gelungen ist, diese Form der Kernfusion reproduzierbar im Labor nachzubauen, sind die experimentellen Beobachtungen interessant. Es scheint einige Effekte zu geben, die mit klassischer Festkörperphysik nicht zu erklären sind. Das ist in diesem Bereich nicht unüblich, so lässt sich auch die Hochtemperatursupraleitung nicht hinreichend erklären. Daher kann man aus der Sicht der Physik nicht ausschließen, dass in diesem Bereich Überraschungen möglich sind.

11

Die Entwicklung der Energiemärkte

In fast allen Kapiteln spielten Kosten und Märkte bereits eine Nebenrolle. Daher wird es Zeit, die wirtschaftlichen Aspekte rund um das Thema Energie näher zu betrachten. Dabei lässt sich auf den ersten Blick erkennen, dass der globale Energiemarkt derzeit in einem starken Wandel begriffen ist. Der Verbrauch fast aller Energieträger wächst und neben Photovoltaik sowie Windkraft gilt das auch für Kohle und Gas. Der große Anteil an Kohlekraftwerken stammt aus China, da das Land weiterhin stark in diese Technologie investiert. Bemerkenswert ist, dass Deutschland der größte Verbraucher von Braunkohle in Europa ist und weltweit an Nummer drei steht, ein Ergebnis des Ausstiegs aus der Kernenergie. Die Abb. 11.1 verdeutlicht das Wachstum des weltweiten Energieverbrauchs in den letzten knapp 40 Jahren und eine nach wie vor bestehende Dominanz der Fossilen.

Obwohl es aus Umwelt- und Gesundheitsgründen negativ zu werten ist, hat der Verbrauch von Steinkohle und Erdgas zur Energieerzeugung in den vergangenen Jahren weiter zugenommen, Biomasse bleibt dagegen relativ stabil. Deren Nutzung beschränkt sich meist auf das Verbrennen von Holz in Entwicklungsländern. Solar- und Windenergie legen sichtbar zu, ihr Anteil bleibt jedoch noch immer klein, wobei insbesondere

E. Heindl, *Energie*, https://doi.org/10.1007/978-3-658-50486-1_11

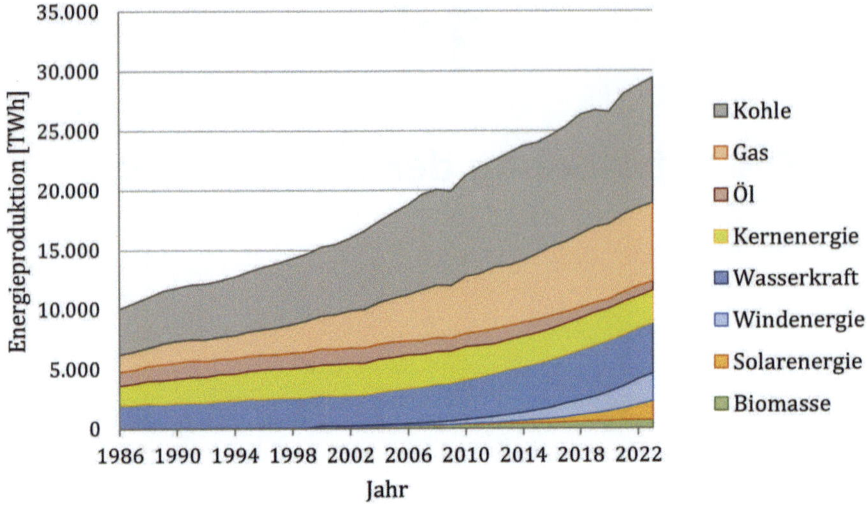

Abb. 11.1 Entwicklung der elektrische Energieproduktion 1986–2023. (Quelle: OurWorldinData.org/energy I CC BY)

das exponentielle Wachstum der Solarenergie eine grundlegende Veränderung in den nächsten Jahren bewirken wird. Gezeitenenergie und Geothermie spielen weltweit gesehen kaum eine Rolle und die Wasserkraft erscheint in dieser Darstellung klein, weil es um Primärenergie geht. Gerade für die fossilen Energieträger gilt, dass ein Großteil (circa 60 %) der erzeugten Energie als Abwärme verloren geht. Beim Fokus auf die Endenergie sähe diese Grafik daher anders aus.

Die meisten Energiemärkte folgen den Prinzipien von Angebot und Nachfrage, einen großen Einfluss übt zudem die geopolitische Großwetterlage aus. Diese Rahmenbedingungen gelten für alle fossilen Energieträger mehr oder weniger unverändert seit 100 Jahren. Sehr gut lässt sich dieser Zusammenhang an der Zapfsäule beobachten. Wenn viele Menschen Anfang der Sommerferien in Urlaub fahren, steigt der Preis üblicherweise an, ebenfalls bei politischen Spannungen im Nahen Osten. Zudem gilt, dass ohne Erdölprodukte viele Lichter ausgehen – zumindest im übertragenen Sinn – und deshalb verharrt auch die Importmenge, dargestellt in Abb. 11.2, weiterhin auf einem hohen Niveau. Schwankungen zeigen sich hauptsächlich bei Krisen, wenn die Unternehmen weni-

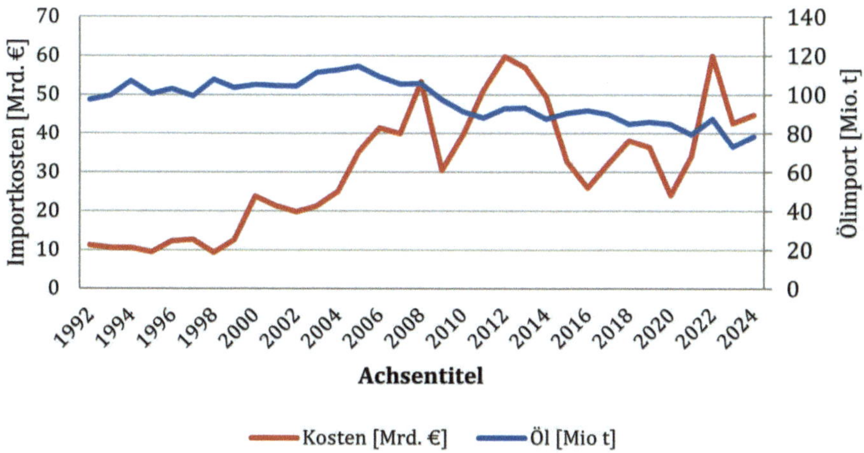

Abb. 11.2 Ölimporte/Ölpreis. (Quelle: Statistisches Bundesamt)

ger Energie für ihre Produktionsprozesse benötigen. Einen signifikanten, vorübergehenden Rückgang verzeichnen wir zum Beispiel in Folge der Turbulenzen an den Finanzmärkten nach 2008 oder während der Corona-Pandemie im Jahr 2020.

11.1 Europäischer Strommarkt

Andere Regeln gelten für den europäischen Strommarkt. Dessen Struktur hat sich in den vergangenen Jahrzehnten stark verändert. Vor der Liberalisierung der Strommärkte Ende der 1990er-Jahre existierte in Deutschland eine Handvoll Versorger, die ihre jeweiligen Gebiete abgedeckt haben und eine verlässliche Versorgung per Gesetz garantieren mussten. Es galten Gebietsmonopole für die Stromerzeugung und -verteilung, Konkurrenz fehlte und Kraftwerke, Leitungen und Netze befanden sich zumeist in der Hand der gleichen Unternehmen. Die EU-Staaten sorgten dafür, dass die unterschiedlichen Bereiche dieser Stromversorgung aufgespalten wurden. Im Kern bedeutete diese Trennung vor allem, dass die ehemaligen Monopolisten ihre Netze ausgliedern mussten. Heute befinden sich Stromerzeugung, Vermarktung und Belieferung der Kunden in der Hand verschiedener, miteinander konkurrierender Unternehmen. Zudem hat die EU den Wettbewerb auch über die Grenzen hinweg angeregt und auf europäischer Ebene die Stromnetze verbunden. So existiert heute ein europäischer Binnenmarkt für Elektrizität und theoretisch soll der jeweils europaweit günstigste Anbieter zum Zug kommen. Praktisch funktioniert dieser freie Stromhandel bislang nur eingeschränkt, an vielen Stellen fehlen die dafür nötigen Hochspannungsleitungen. Diese grenzüberschreitenden Verbindungen sollen jedoch weiter ausgebaut werden. Doch schon heute fließt zum Beispiel Strom aus den Niederlanden oder Frankreich in deutsche Netze und wird an die Kunden hierzulande verkauft oder umgekehrt. Eine genauere Analyse der Mechanismen hinter den Strommärkten folgt im Kap. 14.

11.2 Energierücklaufzeit

Der Bau eines jeden Kraftwerks benötigt Rohstoffe und Energie, man denke nur an die Betonfundamente eines Windkraftwerks und den Stahlturm, die Kupferspulen der Generatoren oder die Herstellung von Silizium-Solarzellen. Zur Herstellung wird also bereits viel Energie eingesetzt. Sinnvoll ist ein Kraftwerk, aber erst dann, wenn es wesentlich mehr Energie produziert als für seinen Bau benötigt wurde.

Die Energierücklaufquote (EROI) wird oft auch als Erntefaktor bezeichnet, sie lässt sich mit folgender Formel berechnen:

$$EROI = \frac{Ernergieerzeugung\ während\ des\ Betriebs}{Energieeinsatz\left(für\ Bau, Betrieb, Wartung\ etc.\right)}$$

Als Faustregel gilt beim Kraftwerksbau, dass die Energierücklaufquote mindestens 20 sein sollte. Kernkraftwerke kommen auf Werte von mehreren Hundert, Solar- und Windkraftwerke liegen dagegen oftmals unter 20. Daneben muss man die Amortisation berechnen, wie viele Monate oder gar Jahre ein Kraftwerk laufen muss, bis es auf dem Energiemarkt genau so viel Geld eingespielt hat, wie es gekostet hat. Rechnet sich deren Betrieb ohne Subventionen, eine Frage, die immer zu klären ist. Manche

Tab. 11.1 Erntefaktoren unterschiedlicher Kraftwerkstypen

Kraftwerkstyp	Erntefaktor	Amortisationszeit
Druckwasserreaktor	106	2 Monate
Braunkohle, Tagebau+	31	2 Monate
Steinkohle +	29	2 Monate
Gaskraftwerk (GuD), Erdgas+	28	9 Tage
Gaskraftwerk (GuD), Biogas+	3,5	12 Tage
Laufwasserkraftwerk+	50	2 Jahre
Windkraftwerk 1,5 MW, 2000 VLh (deutsche Küste)	16	1,2 Jahre
Windkraftwerk 2,3-MW, 3200 VLh (deutsche Küste, Strand)	51	4,7 Monate
Poly-Silizium, Dachinstallation, 1000 VLh (Süddeutschland)	4,0	6 Jahre
Poly-Silizium, Dachinstallation, 1800 VLh (Südeuropa)	7,0	3,3 Jahre
Photovoltaik, 800–1200 VLh (Deutschland)	14 bis 33	0,9 bis 2,1 Jahre

Quelle: Energy/Umweltbundesamt (Energy: https://doi.org/10.1016/j.energy.2013.01.029, Umweltbundesamt: Forschungskennzahl 37EV 16 119 0 FB000545, Wikipedia.de: Erntefaktor (VLh = Volllaststunden))

Technologien benötigen eine Anschubfinanzierung in der Forschung, etwa die Kernenergie, aber für den laufenden Betrieb sollten keine Subventionen gezahlt werden, wie hierzulande für Wind und Solarstrom üblich. Die Tab. 11.1 zeigt die Erntefaktoren und die Amortisationszeit unterschiedlicher Kraftwerkstypen. Sonnen- und Windstunden sind Durchschnittswerte. Bei Kernkraft und den Fossilen ist die Brennstoffbeschaffung inkludiert.

12

Energiespeicher

Im Kap. 7 ging es um die einzelnen erneuerbaren Energiequellen und um die Möglichkeiten, wie Solarzellen oder Windkraftwerke daraus Strom erzeugen. Damit ist nur einen Teil des Systems beschrieben. Diese Energieträger müssen genau dann zur Verfügung stehen, wenn sie gebraucht werden. Bei Kohle oder Öl funktioniert dieser Schritt problemlos, man kann sie lagern und zu einem späteren Zeitpunkt benutzen. An den Anblick von Öltanks und Kohlewaggons bei der Bahn haben wir uns längst gewöhnt und auch daran, wie einfach alles ist. Leider ist es jedoch nicht nur einfach, sondern auch ziemlich umweltbelastend. Vor allem deshalb arbeiten die meisten Staaten der Erde an der Elektrifizierung des Energiesystems und am Umstieg auf die Erneuerbaren. Hier wird es jedoch kompliziert, weil die Fluktuation ins Spiel kommt. Den Ausgleich zwischen zu viel und zu wenig leisten wir derzeit noch durch Abschalten beziehungsweise durch Stromimporte und fossile Quellen. Die Idee der Zwischenspeicherung liegt daher nahe und dieses Kapitel behandelt die Speichertechnologien im Kontext der Stromerzeugung. In vielen Diskussionen und Artikeln über die Energiewende können Stromspeicher als ‚Elefant im Raum' bezeichnet werden. Häufig geht es um Solar- oder Windkraftausbau, vielleicht um neue Stromtrassen und um die Still-

E. Heindl, *Energie*, https://doi.org/10.1007/978-3-658-50486-1_12

legung fossiler Anlagen. Wo die Elektrizität während einer Dunkelflaute herkommen soll, bleibt oft ungeklärt. So kommt die zentrale Bedeutung von Stromspeichern für die überwiegende Versorgung durch Solar- und Windenergie außerhalb der Fachliteratur nur selten zur Sprache.[1] Stellt sich zudem die Frage, welche Speichertechnologien zur Verfügung stehen, wie sie sich ausbauen lassen und wie eine Speicherinfrastruktur aussehen kann. Wichtig ist, dass die von anderen Energielieferanten bekannten Faktoren Ort und Zeit auch bei den Speichern existieren. Sorgt etwa der Wind in Norddeutschland für Überkapazitäten, helfen leere Speicher in Süddeutschland wenig. Ein PV-Überschuss im Süden führt zu einer analogen Situation. Es spielt also eine wichtige Rolle, dass sich die Speicherkapazitäten am richtigen Ort befinden und damit die Netze im Bedarfsfall stabilisieren können. Hier ist eine marktwirtschaftliche Lösung gesucht. Gibt es die richtigen Preissignale, werden Investoren an geeigneter Stelle Speicher installieren.

Rufen wir uns daher die unterschiedlichen Gründe für den Speicherausbau nochmals ins Gedächtnis:

1. Ausgleich für Tag und Nacht
   Tagsüber scheint die Sonne und nachts nicht – diese Gesetzmäßigkeit erfordert einen Ausgleich. Vor allem in sonnigen Ländern und bei uns im Sommer können Batterien eine Rolle spielen.
2. Ausgleich der Überproduktion
   Überkapazitäten der Erneuerbaren kamen bereits zur Sprache. Anstatt sie wegzuwerfen, könnten wir diesen Strom genauso gut speichern.
3. Abmildern der Flanken
   Auch das Phänomen des Anstiegs der Stromproduktion in den Morgenstunden sowie ihre ebensolche Abnahme lässt sich durch Speicher abflachen und damit netzschonend gestalten.
4. Überbrückung von Dunkelflauten
   Klima und Geografie sorgen dafür, dass vor allem im Winter oft tage- oder sogar wochenlang weder Wind weht noch Sonne scheint. Die Überproduktion aus anderen Phasen könnte also hier abgerufen werden.

[1] Mach, Manfred (2015): Speicherung von elektrischem Strom – Voraussetzung jeder Energiewende.

5. Netzstabilität
   Im klassischen Energiesystem gleichen die großen, rotierenden Massen der Turbinen die Schwankungen auf Angebots- und Nachfrageseite aus. Solarzellen fehlt diese physikalische Eigenschaft, sodass Speicher diese Rolle übernehmen müssen

Diese Liste macht deutlich, dass unterschiedliche Anforderungen an die Speichertechnologien existieren und daher die Anforderungen einzelnen zu bewerten sind. Eine der größten Hürde sind Speicherlösungen für den Ausgleich der saisonalen Unterschiede. Dabei geht es um hohe Mengen, gleichwohl wird die Frage nach der erforderlichen Kapazität von Speichersystemen kontrovers diskutiert. Es gibt relativ wenige Studien und diese kommen zu unterschiedlichen Ergebnissen. Im positivsten Fall werden lediglich 6 h veranschlagt, im negativsten bis zu 12 Wochen – und auf den ersten Blick liefern die jeweiligen Verfasser plausible Argumente für ihre Zeitschätzung. Ein genauerer Blick auf die Erneuerbaren und etwas Mathematik lassen eine Bewertung der benötigten Kapazitäten zu. Einerseits zeigen die vorhandenen Statistiken, wie viel Strom in einem bestimmten Zeitraum benötigt wird. Andererseits sind die Schwankungen von Sonne und Wind bekannt, womit sich die Phasen mit Über- und Unterproduktion mit Computersimulationen[2] berechnen lassen.[3] Eine Einschätzung sieht etwa so aus: Heute verbrauchen wir in Deutschland durchschnittlich 1200 GWh Strom pro Tag und mit Dunkelflauten von 2 Wochen sollten wir mindestens rechnen. Diese grobe und eher bescheidene Schätzung ergibt 16.800 GWh oder 16,8 TWh. Stand heute sind jedoch nur circa 0,3 % dieser benötigten Kapazität in Form von Pumpspeichern und Batterien vorhanden. Deren Reserven stabilisieren bislang vorwiegend die Netze, denn das Netz kann Strom nicht speichern. Ganz andere Dimensionen erhält, wer die geplante Steigerung des Stromverbrauchs etwa durch die Elektrifizierung des Verkehrs sowie der Gebäudeheizung hinzurechnet. Schätzungen gehen von der Verdopplung des Strombedarfs aus und die Speicherszenarien reichen bis zu 100 TWh. Vor dem Hintergrund dieser Größenordnungen sowie unter Beachtung

---

[2] Popp, Matthias (2010): Speicherbedarf bei einer Stromversorgung mit erneuerbaren Energien.
[3] Wehrle, Nico (2024).

der fünf Gründe für den Speicherausbau folgt der Blick auf die bisher verfügbaren Speichertechnologien.

12.1 Pumpspeicherkraftwerke

Eine alte und bewährte Speichertechnik nennt sich Pumpspeicherkraftwerk. Sie funktioniert seit über 100 Jahren erfolgreich und spielt immer noch eine wichtige Rolle. Das Prinzip ist simpel: Wasser aus einem niedrig gelegenen Reservoir oder Fluss wird bei günstigen Strompreisen in einen höher gelegenen Stausee gepumpt. In Phasen von Strommangel, also bei hohen Strompreisen, fließt es über Turbinen wieder hinab. Diese Technik verfügt über einen sehr hohen Wirkungsgrad von bis zu 80 %. Bisher boten Pumpspeicherkraftwerke die einzige Möglichkeit, elektrische Energie in großem Maßstab zu speichern. Die ersten Großanlagen gingen um 1930 in Betrieb, etwa bei Dresden und an der Ruhr. Ursprünglich sollten sie Lastspitzen abfangen, die nächtliche Überschussproduktion von Atomkraftwerken speichern und als Kurzfristreserve beim Ausfall eines Kraftwerks dienen. Noch immer stehen Pumpspeicherkraftwerke für einen Großteil der in Deutschland verfügbaren Netzspeicher, sie verfügen über eine Kapazität von circa 40 GWh und können eine Leistung von 6,7 GW abgeben – das entspricht rund 7 großen Kohle- oder Atomkraftwerken. Bei einem durchschnittlichen Tagesstromverbrauch von rund 1200 GWh lässt sich daher ausrechnen, dass diese Speicher nur wenig auffangen können. Rein rechnerisch deckt diese Kapazität den deutschen Strombedarf für 40 min. Von den genannten fünf Punkten eignen sie sich daher nur für den Ausgleich von Lastspitzen und so dienen Pumpspeicherkraftwerke heute hauptsächlich dazu, die Schwankungen von Wind- und Solarstrom kurzfristig auszugleichen und die Netzfrequenz stabil zu halten. Damit sind die Intervalle von Füllen und Leeren kürzer geworden, diese Überbeanspruchung führt zu einem schnelleren Verschleiß. Prinzipiell bieten Pumpspeicherkraftwerke jedoch bewährte und leistungsfähige Speicher. Die deutsche Topografie – wenige Berge mit verfügbaren Flächen – und Widerstände in der Bevölkerung verhindern den Bau neuer Anlagen.

Anders sieht es in Österreich aus, dieses Land verfügt über 3 TWh Speicherkapazität. Noch besser steht die Schweiz da. Aufgrund der günstigen Geografie besitzen die Eidgenossen 8 TWh gespeicherte Energie in ihren Speicherseen. Diese wurden schon früh gebaut, ein vergleichbarer Ausbau würde heute vermutlich am Widerstand der Bevölkerung scheitern. Diese gewaltige Speicherkapazität übertrifft Norwegen sogar noch: Dort verfügen die Speicherseen auf der Hochebene Skandinaviens über eine Kapazität von 80 TWh, die jährlich mit dem Wasser der Schneeschmelze aufgefüllt werden. Allerdings lassen sich diese Speicherseen nicht über Pumpen auffüllen, da keine Unterbecken vorhanden sind und sich in dieser Größenordnung auch nicht bauen lassen. Auf diese riesigen Speicher der Nachbarländer verlässt sich Deutschland und nutzt sie teilweise bereits mit. Damit machen wir es uns jedoch sehr einfach, die Speicher bilden einen integralen Bestandteil der CO_2-armen und günstigen Stromversorgung dieser Länder.

Eine Sonderform des Pumpspeichers bildet der Lageenergiespeicher[4], ein vom Autor vorgeschlagenes und entwickeltes Konzept, das in Abb. 12.1 dargestellt ist. Dazu wird eine große zylinderförmige Felsmasse aus dem natürlichen umgebenden Gestein freigelegt. Dies geschieht im Wesentlichen mit bekannten Techniken aus dem Berg- und Tunnelbau. Dieser Zylinder wird gegenüber seiner Umgebung wasserdicht abgedichtet und mit einer Stülpdichtung versehen. Bei überschüssigem Strom lässt sich mit Pumpen, ähnlich denen eines Pumpspeichers, Wasser unter den Zylinder pumpen. Dadurch hebt sich der Millionen Tonnen schwere Zylinder an und speichert Energie. Bei Bedarf wird das Wasser, das aufgrund des schweren Zylinders unter hohem Druck steht, über eine Turbine abgelassen und erzeugt zusammen mit einem Generator den benötigten Strom. Der Vorteil des Verfahrens liegt darin, dass für diese Art von Pumpspeichern keine Berge benötigt werden.

[4] Unkonventionelle Pumpspeicher – Schlüsseltechnologie der zukünftigen Energielandschaft? (2015).

Abb. 12.1 Der Lageenergiespeicher nach Eduard Heindl. (Quelle: Eduard Heindl, Heindl Energy)

12.2 Batteriespeicher

Für Batteriespeicher ist zunächst eine begriffliche Präzisierung sinnvoll. Im Deutschen hatte sich für wieder aufladbare Batteriender Begriff Akku (kurz für Akkumulator) etabliert, im Englischen existiert dieser jedoch nicht. Mit der Internationalisierung der Fachsprache sprechen wir auch im Falle wiederaufladbarer Technologien hierzulande meist von *Batterie* und daher wird der Begriff in diesem Buch ebenfalls benutzt. In der Stromspeicherung nutzt man elektrochemische Prozesse und ihre Geschichte beginnt mit den Bleibatterien. Die großflächige Verbreitung dieser Technik begann bereits im 19. Jahrhundert und noch heute sind sie als Starterbatterie in Benzin- oder Diesel-Kfz präsent. Diese Langlebigkeit verdankt sich einem niedrigen Preis, einem einfachen Aufbau und vor allem der großen Zuverlässigkeit. Aus diesem Grund dienen sie häufig auch als Notstromquellen. Allerdings ist ihre Energiedichte relativ gering und damit werden sie groß und schwer. Für die E-Mobilität taugen sie nur in Ausnahmefällen, etwa bei Gabelstaplern ist das hohe Gewicht sogar hilfreich. In den meisten Anwendungen finden sich heute Lithium-Ionen-Batterien. Entdeckt wurden sie in den 1970er-Jahren durch den Chemie-Nobelpreisträger John Goodenough, die Firma Sony hat die Technik im Anschluss für tragbare Videokameras weiterentwickelt. Danach verlief der Siegeszug rasant. Diese Erfolgsgeschichte liegt an der einzigartig hohen Energiedichte, dem hohen Wirkungsgrad von 95 % und den vielen tausend Ladezyklen, die solche Batterien ertragen. Sie wurden zunächst primär in mobilen Geräten verbaut, von der Zahnbürste über Spielzeug bis zu Rasenmähern. Entscheidend waren jedoch die Millionenstückzahlen in Laptops und Smartphones. Heute beginnt dieser Batterietyp neben dem Elektroauto, auch für stationäre Anwendungen eine große Rolle zu spielen, insbesondere für die Stabilisierung von Stromnetzen mit hohem PV-Anteil. Die größten Anlagen in den USA erreichen bereits drei GWh Kapazität, vergleichbar mit einem typischen deutschen Pumpspeicherkraftwerk. Ende 2023 lag die weltweit für derartige Zwecke installierte Batteriespeicherkapazität bei fast 126 GWh und damit um rund 60 % über dem Vorjahr. China mit einem Anteil von knapp 60 % und die Vereinigten Staaten führen den Markt derzeit an, Deutschland hat den Anschluss im Bezug auf große Batteriespeicher im Netz, Heimspeicher werden hier nicht mitgezählt, verloren.[5] So bauten die USA und China ihre Kapazität in den vergangenen 10 Jahren von nahe Null auf bemerkenswerte Volumen aus, hierzulande betrug die Steigerungsrate 40 % in 2024.

Die Abb. 12.2 zeigt eine exponentielle Entwicklung, die gerade erst begonnen hat. Denn der Ausbau von Fertigungskapazitäten in vielen Regionen der Welt deutet auf ein erhebliches Wachstum auch in der Zukunft hin. Mit diesen Steigerungsraten dürften die Batteriepreise weiter sinken. Diese Entwicklung läuft derzeit weitgehend unbeachtet ab, weil sich die Batteriefertigung vorwiegend an den Erfordernissen der Elektro-

[5] The Energy Institute (EI), Statistical Review of World Energy, https://www.energyinst.org/.

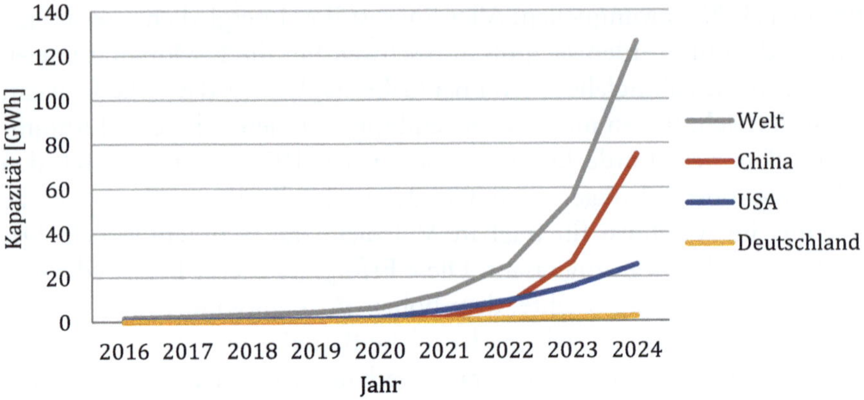

Abb. 12.2 Kapazität von Batterienetzspeichern. (Quelle: The Energy Institute (EI), Statistical Review of World Energy)

mobilität orientiert und der Fokus auf einer Verbesserung der Kapazität liegt. Vor diesem Hintergrund spielt uns die Zeit in die Karten: Batterien dürften in Zukunft noch billiger und leistungsfähiger werden. Der mobilitätszentrierte Fokus auf Klein und Energiereich spielt für den stationären Betrieb nur eine Nebenrolle. Hier geht es eher um die Kosten pro kWh. Diese Entwicklung eröffnet eine weitere Perspektive. So lassen die Akkus in den Autos nach gewisser Zeit nach und taugen damit nur noch begrenzt für diesen Einsatz. Bei stationären Batterien ist es jedoch nicht entscheidend, wenn sie 20 % weniger Strom aufnehmen können. Ein zweites Leben drängt sich für diese Akkus daher geradezu auf. Gleichzeitig finden intensive Forschungen statt, um Lebensdauer, Kapazität und Materialien weiter zu optimieren. Experimentiert wird beispielsweise mit anderen Metallen, die Lithium ersetzen können. Dazu zählt etwa Natrium, das nahezu kostenlos verfügbar ist und in Form von Tausalz sogar auf die Straßen geworfen wird – dieses besteht aus Natriumchlorid. Insgesamt steigern diese Entwicklungen die Verfügbarkeit wettbewerbsfähiger Batteriespeicher, was sich vor allem an den Heimspeichern ablesen lässt, sie werden zumeist von Betreibern einer Dachflächen-PV-Anlage eingesetzt. Anfang 2025 waren in Deutschland bereits 20 GWh an Batteriespeichern installiert. Auch hier dominieren Lithium-

Ionen-Batterien. Zu diesen stationären Speichern kommen die bereits heute in E-Autos verbauten Batterien, diese bringen es Anfang 2025 auf rund 100 GWh – alleine in Deutschland.[6] Diese Kapazität verteilt sich zu gleichen Teilen auf Plug-In Hybride und vollständig batterieelektrisch betriebene Fahrzeuge. Der in Fahrzeugen gespeicherte Strom kann theoretisch nicht nur den Automotor antreiben, ebenso eignet er sich zur Stabilisierung der Stromnetze oder als Pufferspeicher etwa für das Einfamilienhaus. Für eine derartige Integration fehlen allerdings noch die technischen Voraussetzungen – Autos und (Haus-)Stromnetze sind nicht unbedingt dafür ausgelegt. Gleichwohl gilt das bidirektionale Laden als wichtige Option und am Faktor Netzintegration arbeiten die Forscher weltweit. Ein wichtiger Zusammenhang soll hier nicht fehlen: Weder Autos noch stationäre Speicher werden ihre volle Kapazität zur Verfügung stellen, da ein vollständiges Laden und Entladen die Lebensdauer der jeweiligen Batterien verkürzt.

Auf Abb. 12.2 sieht der Zubau an stationären und mobilen Batterien imposant aus, die Aufgabe der Langzeitspeicherung für Dunkelflauten werden sie jedoch kaum übernehmen können. Dazu eine kleine Rechnung: Wenn wir zukünftig eine Zahl von 10 Mio. E-Autos in Deutschland annehmen und jedes davon 10 kWh seiner Batteriekapazität für die Netze zur Verfügung stellt, kommen wir auf eine Gesamtkapazität von 100 GWh. Der deutsche Verbrauch ließe sich damit für rund 100 min decken. Aufgrund solcher Zahlen gehen viele Fachleute davon aus, dass lokale Batterien in Haushalt und Auto vorwiegend kurze Zeitspannen überbrücken, etwa die Nachtstunden ohne Sonneneinstrahlung. Die relativ hohen Kosten für Batteriespeicher rechnen sich an dieser Stelle, da sehr viele Lade- und Entladezyklen zusammenkommen. Geht es dagegen um die Überbrückung einer mehrwöchigen Dunkelflaute im Winter, lässt sich der ökonomische Betrieb einer Batterie kaum darstellen und die Kilowattstunde würde mindestens fünf Euro kosten. Noch eine Einschränkung: Regelelektronik und vor allem die erforderlichen Wechselrichter drücken den Wirkungsgrad von Batterien heute noch merklich.

[6] Diese Zahl stammt von https://www.mobility-charts.de/.

Batterieherstellung

In der Diskussion über die Energiewende sowie über die Elektrifizierung weiterer Lebensbereiche spielen die Batterien eine wichtige Rolle – auch im Hinblick auf die erforderlichen Ressourcen. Die Fertigung der Zellen benötigt Rohstoffmengen, durchschnittlich werden pro Autobatterie mehrere Kilogramm Mangan, Lithium, Nickel und Kobalt benötigt, die Verhältnisse sind in Abb. 12.3 visualisiert. Darüber hinaus braucht es Graphit, Kupfer, Aluminium und andere Materialien. Durch die Steigerungen der Stückzahlen in der Batterieherstellung ist auch der Rohstoffbedarf entsprechend gestiegen, aber die Erschließung neuer Vorkommen dauert lange. Daher sind zeitliche Engpässe durchaus möglich, doch die Geschichte zeigt ebenso, dass sich die Produktion an die Liefersituation der Rohstoffe anpasst. Vielleicht lässt sich Lithium zum Beispiel durch Natrium ersetzen. Zudem ist der Fortschritt enorm. Moderne Batterien enthalten nur noch Bruchteile knapper Materialien, wie sie noch vor zehn Jahren erforderlich waren. Dazu kommt, dass diese Entwicklung noch immer relativ am Anfang steht.

Der Abbau dieser Rohstoffe hinterlässt oftmals einen unerwünschten ökologischen und sozialen Fußabdruck. So verursachen beispielsweise viele Kobalt- und Kupferminen größere Umweltschäden. Diese Herausforderungen sind jedoch bekannt und die Minenbetreiber sehen sich wachsendem Druck ausgesetzt, verträglicher zu wirtschaften. Auch im weiteren Verlauf der Batterieherstellung sind Optimierungen denkbar, etwa durch die Nutzung von grünem Strom. Um derartige Potenziale zu erschließen, errichten viele Unternehmen ihre Werke an Orten mit erneuerbaren Energiequellen. Ansatzpunkte für die Verkleinerung des ökologischen und sozialen Fußabdrucks bieten auch die Produktionsprozesse selbst. So erfordert etwa die Trocknung der frisch beschichteten Elektroden viel Strom. Auch hierbei

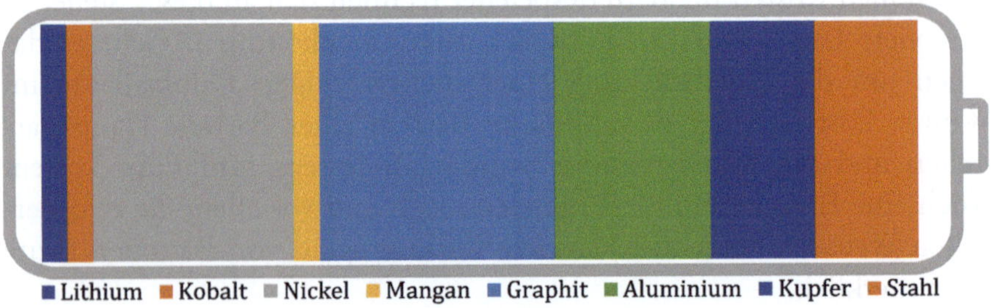

Abb. 12.3 Bestandteile einer durchschnittlichen Batterie. (Quelle: Bundesamt für Energie BFE der Schweiz. Gilt für eine Lithium-Ionen-Batterie NMC811)

wollen die Firmen grüner werden. Zum Abschluss sei noch auf den gesamten Lebenszyklus der Batterien und auf ihre Verwendung verwiesen. Denn der Rohstoffbedarf endet nicht bei der reinen Batterieherstellung. Zum Beispiel verursacht die Produktion eines Elektroautos mehr CO_2, als die eines vergleichbaren Verbrenners. Schätzungen gehen jedoch davon aus, dass die heutigen Modelle diesen größeren Fußabdruck nach rund 40.000 Km ausgleichen und ab da grüner fahren als ein Verbrenner.

12.3 Wasserstoff

Für weitere Pumpspeicher fehlen die topografischen Voraussetzungen in Deutschland und Batterien können Dunkelflauten auf absehbare Zeit nicht überbrücken. Aus diesem Grund schafft es Wasserstoff immer wieder in die Diskussion und Deutschland setzt auf Forschungen in diesem Gebiet. Zunächst einmal gilt es festzuhalten, dass diese Strategie eine relativ einsame ist. Verbreiteter ist die Ansicht, dass sich Wasserstoff kaum zur Stromspeicherung eignet, und engagieren sich eher in der Batterieforschung. Auf den ersten Blick verwundert diese Zurückhaltung nicht, die technologischen und ökonomischen Herausforderungen sind hoch. Bislang ist das Ganze teuer und ineffizient. Zudem gibt es physikalische Beschränkungen. Der Wirkungsgrad der gesamten Prozesskette lässt sich auch theoretisch kaum über 40 % steigern.

Ein zweiter Blick nimmt zunächst die wichtigste Anforderung in den Fokus: Wir benötigen große Speicher. In dieser Hinsicht verfügen wir über gute Erfahrungen beim Erdgas. Deutschland verfügt über solche Speicher und deren Kapazität lässt sich noch vergrößern. Nutzt man ehemalige Salzkavernen über viele Jahrzehnte hinweg, fallen die einmaligen Investitionskosten für diese Speicher kaum ins Gewicht. Der gasförmige Wasserstoff bietet sich als Energieträger fürs Heizen an und so verwundert der deutsche Schwerpunkt bei diesem Thema nicht. Bei genauerem Hinschauen wird es kompliziert, denn Speicherung und Transport sind alles andere als trivial. Als kleinstes von allen Atomen verhält sich der Wasserstoff enorm reaktiv und geht gerne Verbindungen mit anderen Molekülen ein. Aufgrund ihrer geringen Größe können Wasserstoffatome herkömmliche Leitungen durchdringen. Schwieriger wird es bei den anderen Nutzungsarten. Hier kommt die geringe Energiedichte des gasförmigen Wasserstoffs in die Quere. Beispiel Autokraftstoff: Weiter als ein paar Kilometer pro Tankfüllung gelingt es nur, wenn der Wasserstoff unter Druck steht. Üblich sind mindestens 700 bar und es funktioniert daher nicht, Plastiktanks wie bei Benzin oder Diesel ins Auto einzubauen. So erfordert die Produktion der erforderlichen Spezialtanks Hochtemperaturprozesse und damit entsprechenden Energieeinsatz – der Ressourcenaufwand ist vergleichbar mit der Herstellung von Batterien für E-Autos. Aus dieser Perspektive erscheint es nicht sinnvoll zunächst Strom aufwändig in Wasserstoff zu verwandeln, diesen unter komplizierten Bedingungen zu speichern und dann in Bewegungsenergie im Auto umzuwandeln.

Energiegeschichten: Die Erneuerbaren schaffen Arbeitsplätze

Ein wichtiges Argument im Kontext der Energiewende hieß, die dafür nötigen Industriezweige bringen Deutschland Arbeitsplätze und damit Wohlstand. Leider hält dieses Argument einer näheren Betrachtung nicht stand. Als Resultat des Preiskampfs vorwiegend mit den chinesischen Anbietern stellen wir hierzulande inzwischen weder PV-Module noch Windkraftanlagen her und auch die Batteriefertigung ist unerheblich. Der Hintergrund: Die deutsche Politik hat den Einsatz dieser Technologien gefördert, etwa durch die garantierte Einspeisevergütung. Damit rechnet sich das Solarpanel zwar für viele Haushalte, dessen Provenienz spielt jedoch keine Rolle bei der Investitionsentscheidung. So hat sich China diesen Umstand zunutze gemacht und mithilfe strategischer Entscheidungen eine wettbewerbsfähige Industrie etabliert. Heute stammen 9 der 13 weltgrößten Anbieter aus China und keiner aus Deutschland. Lediglich bei der Montage sind hiesige Handwerker beteiligt. Ähnliches gilt für die Windkraft, hier besetzt China rund zwei Drittel des weltweiten Marktvolumens. Mit Siemens Gamesa befindet sich immerhin ein deutscher Name in der Liste, allerdings handelt es sich dabei um die Übernahme einer spanischen Firma und somit arbeiten auch die meisten Menschen dort. Gewisse Kapazitäten für den Bau von einzelnen Teilen für die Erneuerbaren finden sich zwar in anderen Industriezweigen hierzulande, insgesamt bleiben diese auf einem bescheidenen Niveau. Diese enttäuschende Bilanz verwundert, da Deutschland mit seinem starken Maschinenbau vertreten sein sollte, etwa bei den Getrieben von Windturbinen. Auch die globale Verteilung der Produktionskapazitäten für den Bau von Batteriespeichern lässt sich mit der geschilderten Situation bei PV oder Wind vergleichen. Auch auf diesem Feld dominiert China mit rund 70 % Marktanteil, gefolgt von Südkorea.

Schwieriger als die Speicherung ist der Transport über sehr weite Strecken. Dazu wird Wasserstoff heute in der Regel verflüssigt. Allerdings braucht es dazu extrem niedrige Temperaturen von minus 253 Grad, die während der gesamten Reise gehalten werden müssen. Verflüssigter Wasserstoff verfügt nur über ein Drittel der Energiedichte des Methans und daher bräuchte es eine entsprechende Tankerflotte. Eine Rechnung: Momentan fahren circa 700 LNG-Tanker Erdgas über die Weltmeere an sein Ziel, vergleichbare Schiffe bräuchte es auch für den Wasserstofftransport. Gefertigt werden aktuell 60 Stück (2024) pro Jahr.[7] Es bräuchte also 700-mal 3 Schiffe, alleine um auf die heutige LNG-Energiekapazität zu kommen. Diese grob 2000 Schiffe lasten die Werften mit heutigen Produktionskapazitäten für 30 Jahre aus. Der Transport von Wasserstoff per Schiff ist daher langfristig kaum vorstellbar.

Allerdings sind noch andere Verfahren denkbar, als die Verdichtung per Hochdruck oder die Verflüssigung – es existieren unterschiedliche Möglichkeiten zur Umwandlung des Wasserstoffs in andere Verbindungen, die sich leichter handhaben lassen. Viele davon sind bewährt, die Prozesse bilden daher kein allzu großes Hindernis. Die erste Variante lautet Ammoniak, er hat die chemische Verbindung NH_3, besteht also aus Stickstoff aus der Luft und Wasserstoff.[8] Dabei handelt es sich um einen der wichtigsten Stoffe der chemischen Industrie, die ihn seit Jahrzehnten in großen Mengen erzeugt, vorwiegend zur Düngemittelproduktion. Diese Flüssigkeit ist jedoch giftig und der Transport daher nicht ganz ungefährlich. Der Großteil des dafür benötigten Wasserstoffs wird bislang aus Erdgas gewonnen. Dessen Hauptbestandteil heißt Methan (CH_4), eine Verbindung aus Kohlenstoff und Wasserstoff. Da sich Wasserstoff aus Methan gewinnen lässt, funktioniert dieser Prozess auch umgekehrt. Es wäre also möglich, den schwer handhabbaren Wasserstoff zu Transportzwecken in Methan umzuwandeln. Dazu braucht es jedoch Kohlenstoff (C). Das Problem: An vielen Orten mit einem Überangebot an Wind- oder Solarstrom wie Patagonien oder der Sahara und damit

[7] The LNG industry GIIGNL Annual Report 2025, Seite 39, https://www.giignl.org/annual-report.

[8] Sterner, Michael; Stadler, Ingo (Hrsg.) (2019): Handbook of Energy Storage: Demand, Technologies, Integration.

idealen Bedingungen zur Wasserstoffherstellung gibt es kaum direkt verwendbaren Kohlenstoff.

Deutschland setzt vor allem auf die Potenziale des sogenannten grünen Wasserstoffs. Der Plan heißt, überschüssigen Solar- und Windstrom in Wasserstoff umzuwandeln und diesen als Energieträger zu nutzen. Das Verfahren dahinter kennen wahrscheinlich die meisten noch aus dem Chemieunterricht in der Schule: die Elektrolyse. Dabei handelt es sich um einen elektrochemischen Prozess, mit dessen Hilfe sich Wasser (H_2O) in seine Bestandteile Wasserstoff und Sauerstoff aufspalten lässt. Verkürzt dargestellt, befinden sich zwei Elektroden in einer leitfähigen Flüssigkeit – dem Wasser. An einer Elektrode liegt positive Spannung, an der anderen negative und diese sorgen für die Aufspaltung des Wassers. Entsprechende Anlagen existieren heute schon, vor allem die chemische Industrie produziert Wasserstoff auf diese Weise. Allerdings deckt dieses Verfahren nur einen kleinen Teil des Bedarfs industrieller Prozesse und wir wissen bereits, dass etwa Ammoniak hauptsächlich unter Verwendung von Wasserstoff aus Erdgas hergestellt wird. Doch warum verbraucht man Erdgas, wenn es auch per Elektrolyse geht? Dieses Verfahren lässt sich im großindustriellen Maßstab nicht ganz so leicht umsetzen wie im Schulversuch. So besteht eine der großen Herausforderungen bei der Elektrolyse darin, die richtigen Materialien für die Elektroden zu finden. Normales Metall reagiert mit Sauerstoff und oxidiert. Setzen die Elektroden Rost oder Kalk an, funktionieren sie nicht mehr. Die Forschung sucht daher solche Materialien, die die Elektronen ebenso gut übertragen wie normales Metall und unter den chemischen Reaktionsbedingungen stabil bleiben. Eine weitere Herausforderung besteht darin, die beiden während der chemischen Reaktion entstehenden Gase Wasserstoff und Sauerstoff sauber zu trennen und damit für die weitere Verwendung nutzbar zu machen. Zudem benötigen die Elektrolyseure noch aufbereitetes Wasser, es muss gereinigt und deionisiert werden. Leitungswasser enthält viele andere Stoffe, die sich an den Elektroden ablagern würden und damit den Elektrolyseur unbrauchbar machen. Dazu kommt der Strombedarf der Elektrolyse, sodass sich die Erzeugung von grünem Wasserstoff für den Energiesektor bis jetzt nicht wirklich lohnt.

Zudem lassen sich nicht alle Wasserstoffkapazitäten der Stromwirtschaft zuschlagen, obwohl dort Alternativen existieren. In vielen anderen

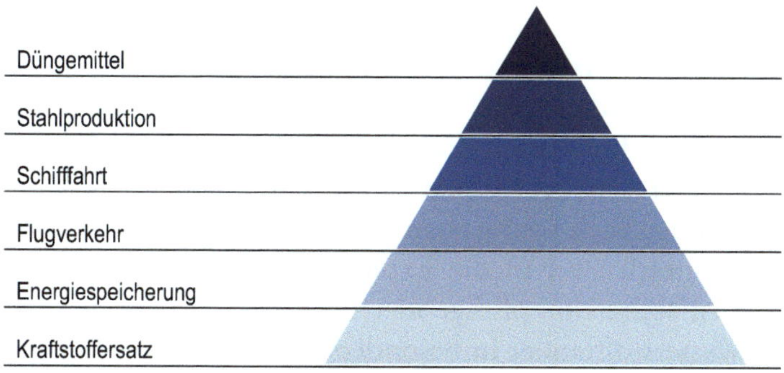

Abb. 12.4 Bedürfnispyramide des Wasserstoffs. (Quelle: Eigene Darstellung)

Bereichen fehlen diese, es gibt eine Art Bedürfnispyramide des Wasserstoffs, Abb. 12.4. Ganz oben steht sicher die Ammoniaksynthese, denn ohne Kunstdünger ein Ertrag wie in der modernen Landwirtschaft nicht denkbar. Fazit: Die heute verfügbaren Technologien zur Elektrolyse eignen sich noch nicht für die Umwandlung großer Mengen von überschüssigem Wind- und Solarstrom in Wasserstoff.

Dazu kommt die bereits beschriebene Struktur unserer Stromerzeugung. Wir erweitern derzeit die bestehenden Möglichkeiten zum Ausgleich des fehlenden Solar- und Windstroms durch den Bau neuer Gaskraftwerke. Dafür sind nach bisherigen Schätzungen mehr als 20 Mrd. € nötig. Errichten wir dann zusätzlich Anlagen zur Produktion und Speicherung von Wasserstoff, könnte das Erdgas theoretisch durch Wasserstoff ersetzt werden. Diese Nutzung beeinträchtigt jedoch die Wasserstoffpläne, weil die chemischen Anlagen zur Umwandlung des Stroms in Wasserstoff zwei zentrale Voraussetzungen brauchen: Erstens benötigen sie billigen Strom – angesichts der Ausbaupläne wohl kein Thema – und zweitens eine hohe Auslastung. Hier dürfte es knapp werden, wenn teuer errichtete Gaskraftwerke vorhanden sind. Die Entscheidung ist dann, welche Infrastruktur nutzlos herumsteht. Ein Stichwort heißt H_2-ready. Die neuen Kraftwerke sollen also so gebaut werden, dass sie sich sowohl mit Erdgas, als auch mit Wasserstoff betreiben lassen.

Trotzdem erscheint es dem Autor fraglich, ob sich der Betrieb der geplanten Wasserstoffwirtschaft rechnet und, ob sich Bauherren finden.

Die deutsche Fokussierung auf bestimmte Arten der Produktion und Nutzung von Wasserstoff scheint mit Blick auf internationale Entwicklungen fragwürdig. Zum Beispiel bleiben natürliche Vorkommen außen vor, obwohl Wasserstofflagerstätten existieren. In der Nähe bekannter Öl- oder Gasvorkommen ist durch die dort herrschenden geologischen Bedingungen häufig auch Wasserstoff entstanden. Andere Länder wie Frankreich sind in die Exploration eingestiegen. Nicht unerwähnt bleiben sollte eine pfiffige Idee der Wasserstoffproduktion. Dazu lässt man Wasserstofftanker in besonders windreichen Gebieten von Segeln ziehen und nutzt die Bewegungsenergie des Schiffes, um mittels Turbinen Strom an Bord zu erzeugen. Dieser Strom wird dann elektrolysiert und gespeichert. Sind die Tanks voll, fährt das Schiff zum nächsten Terminal und löscht die Wasserstoffladung.

Es fehlt noch das letzte Glied in der Wasserstoffkette, die Rückverwandlung in die gewünschte Energieform – also in der Regel in Strom. Dieser Schritt geschieht zum Beispiel in Autos mit Hilfe von Brennstoffzellen. Die Umwandlung von Wasserstoff in Strom funktioniert im größeren Maßstab in Kraftwerken sehr gut, hier können die bereits ausgereiften und effizienten Gasturbinen zum Einsatz kommen. Jedoch liegt der Wirkungsgrad von H_2 bei den üblichen 50 %. Bedenkt man zudem, dass für Herstellung und Lagerung weitere 50 % verloren gehen, bringt es Wasserstoff nur auf einen Kettenwirkungsgrad von 25 %.

12.4 Die Carnot-Batterie

Die Diskussion um Stromspeicher kreist meist um Wasserstoff oder Batterien. Es sind jedoch noch andere Technologien denkbar, eine davon heißt Carnot-Batterie. Der Name leitet sich vom bereits bekannten Physiker ab und deutet darauf hin, Strom in Form thermischer Energie zu speichern und wieder daraus zu gewinnen. Die Carnot-Batterie macht sich den Umstand zunutze, dass sich thermische Energie kostengünstiger speichern lässt, als auf elektrochemischem Weg in konventionellen Batterien. Schritt eins besteht aus der Stromumwandlung in Wärme, in Schritt zwei wird die erzeugte Wärme gespeichert und drittens erfolgt die Rückgewinnung von Strom aus Wärme. Im Falle der erneuerbaren Energien kann überschüssiger PV- oder Windstrom mittels einer Wärmepumpe oder einfach per Heizdraht, Hitze erzeugen und flüssiges Salz von 250 Grad auf 500 Grad erwärmen. Flüssigsalz kommt aufgrund der geringen Kosten und einfachen Nutzbarkeit zum Einsatz. Die gespeicherte Wärme wird bei Bedarf mittels klassischer Dampfturbinen in elektrischen Strom zurückverwandelt. Physikalisch betrachtet, bringt es diese Technik auf theoretische Wirkungsgrade nahe 100 %. Praktisch lassen sich vielleicht 70 % erreichen. Allerdings stellt sich auch hier die Frage, zu welchem Preis eine Kilowattstunde geliefert werden kann. Auch solche Anlagen kosten Geld und sie stehen im Wettbewerb zu anderen Speichertechnologien wie Lithium-Ionen-Batterien. Die nötigen Komponenten sind für den industriellen Maßstab verfügbar, Carnot-Batterien lassen sich mit heutiger Technologie aufbauen. Allerdings funktioniert dieses Prinzip am besten bei sehr hohen Temperaturen, es erfordert daher eine geeignete Isolation des möglichst großen Speicherbehälters. Ein ähnliches Prinzip, ohne den Umweg über die Stromerzeugung, gibt es auch in Form von Wärmespeicherheizungen für den Hausgebrauch. Sonnenwärme erwärmt etwa eine Flüssigkeit in einem großen Tank, und später lässt sich diese Wärme per Wärmetauscher für Heizung oder Warmwasserbereitung nutzen.

13

Elektrische Energie – universell einsetzbar

In den vergangenen hundert Jahren hat die Elektrizität immer mehr Bereiche der Technik erobert. Zunächst war es nur das elektrische Licht, das den Bau von Elektrizitätswerken gerechtfertigt hat. Bald kam der kompakte Elektromotor dazu. In den Fabriken veränderte er den Fertigungsablauf, der bis dahin um die Dampfmaschine mit ihren Wellen und Transmissionsriemen gruppiert war. Dadurch ließ sich die Fließbandarbeit erst umsetzen, Bohrmaschinen und Drehbänke konnten an jeder Stelle der Fabrikhalle stehen. Schließlich kann elektrische Energie hervorragend verteilt werden. Die Elektrifizierung umfasst auch alle anderen Wirtschaftsbereiche. So hat die Schweiz bereits zu Beginn des 20. Jahrhunderts beschlossen, das Bahnnetz zu elektrifizieren. Ziel war es, nicht mehr von Kohle abhängig zu sein, sondern die eigene Wasserkraft zu nutzen. Weiter ging es mit der Informationstechnologie, Konrad Zuse entwickelte 1941 den ersten elektrischen Computer. Mit der Entdeckung des Transistors durch William Shockley im Jahr 1948 begann die revolutionäre Entwicklung der Elektronik bis zu den ersten Rechenzentren für künstliche Intelligenz heute.

Bleibt die Frage: Warum ist gerade die elektrische Energie eine derart vielfältig nutzbare Technologie in unserer Zivilisation? Zum einen sind

E. Heindl, *Energie*, https://doi.org/10.1007/978-3-658-50486-1_13

die grundlegenden Gesetze, die Strom und Magnetismus beschreiben, seit James Clark Maxwell 1865 gut verstanden. Die Ingenieure hatten also genügend Zeit, revolutionäre Erfindungen darauf aufzubauen. Weiterhin basiert unsere Umgebung auf Atomen und im Wesentlichen auf dem Verhalten der Atomhülle – sie besteht aus Elektronen. Daher verwundert es nicht, dass mit den Substanzen aus unserer Umgebung von elektrisch leitenden Metallen über Halbleiter bis hin zu Isolatoren hervorragende Werkstoffe für die Nutzung der Elektrizität zur Verfügung stehen. Basierend auf diesen Erkenntnissen kann man heute davon ausgehen, dass nahezu alle Prozesse, bei denen Energieumwandlung, Chemie oder Informationsverarbeitung im Spiel ist, in Zukunft auf elektrischen Prozessen basieren werden. Diese Entwicklung lässt sich auch daran ablesen, dass der Energieverbrauch von elektrischer Energie in den vergangenen hundert Jahren zehnmal schneller gewachsen ist als der Primärenergieverbrauch. Daraus entsteht die Vision einer „all electric" Welt, also einer Welt, in der nahezu keine Verbrennungsprozesse aus energetischen Gründen mehr stattfinden. In Zukunft soll es weder Kohlekraftwerk noch Dieselmotor geben, sondern nur noch das Surren von Elektromotoren. Ebenso fehlen wird das Stahlwerk, das auf Hochöfen mit Kohle basiert. Stattdessen soll es auf elektrisch erzeugtem Wasserstoff basieren. Der große Vorteil dieser Vision ist: Wo keine Verbrennung stattfindet, entstehen auch keine Abgase. Eine rein elektrische Welt ist inhärent sauber, ohne dass man Rußfilter und Abgaskatalysatoren benötigt. Diese Ideen stehen seit der Einführung von Kernenergie im Raum. Neben dieser können heute auch Solar- und Windenergie den historischen Trend unterstützen.

Zur weiteren Verdeutlichung dieser Entwicklung kann einen Blick auf die Situation in Deutschland dienen. Unser Verbrauch liegt aktuell bei 2911 TWh an Primärenergie und nur ein Sechstel davon fließt anschließend durch unser Stromnetz. Noch dominieren bei Kraftfahrzeugen und Heizungen die direkten Verbrennungsprozesse mit ihren limitierten Wirkungsgraden. Jede Umstellung von Verbrennungsprozessen zu elektrischen Prozessen kann etwa den Energiebedarf um den Faktor drei reduzieren. Theoretisch und optimistisch werden wir also in Zukunft nur etwa 1000 TWh elektrischen Strom benötigen, um Wirtschaft und Privatleben mit Energie zu versorgen. Praktisch werden es eher 1500 TWh sein, schließlich bringt auch die Speicherung des Stroms Verluste mit sich. Zudem steigt der Bedarf an Energie in einer Gesellschaft generell. Neue Produkte wie künstliche Intelligenz, Klimaanlagen und riesige Bildschirme benötigen zusätzliche Energie.

Die Umsetzung dieser Vision wird Anstrengungen im Ausbau der Stromnetze und in der Integration von Speichertechnik in Europa erfordern, falls man nicht zur Kernenergie umschwenkt. Das bedeutet aber auch, dass die bisher im Wesentlichen von den Nationalstaaten organisierte Stromversorgung einheitlicher gedacht werden sollte. Dazu gehört auch die Technologieentwicklung. Im Bereich der Kernfusion mit dem ITER-Fusionsreaktor gibt es ein Gemeinschaftsprojekt – obwohl die Technologie noch in weiter Ferne liegt. In der konventionellen Kernenergie und bei neuen, kleinen Kernreaktoren sieht man dagegen wenig Zusammenarbeit.

13.1 Der Blackout

Bereits heute hängt die industrialisierte Welt derart stark von Strom ab, dass ein großflächiger und länger andauernder Stromausfall weitreichende Konsequenzen nach sich ziehen kann. Wir können von Glück oder besser von hervorragender Ingenieurleistung sprechen, dass ein derartiges Großereignis bisher nicht eingetreten ist. Einige Fakten zum Problem: So können die Ursachen eines großen Stromausfalls unterschiedlicher Natur sein. Aktuell gilt Mangel an Strom bei gleichzeitig hohem Bedarf im Winter und kaum Wind und Sonne als Hauptgefahr. Allerdings ist die Infrastruktur immer noch so dimensioniert, dass Kohle- und Gaskraftwerke bei Engpässen aushelfen können. Gleichwohl wird die Reserve kleiner. Das Abschalten der 17 Kernkraftwerke hat nicht dazu geführt, dass eine vergleichbare Kapazität an Kohlekraftwerken in Deutschland gebaut wurden. Im Gegenteil, auch Kohlekraftwerke werden stillgelegt, wenn sie auch teilweise nur in eine sogenannte Kaltreserve wandern. An dieser Stelle sei erwähnt, dass aktuell nur thermische Kraftwerke wie Kohle- und Gaskraftwerke sicher und zu jedem Zeitpunkt Energie liefern können. Daneben können natürlich die (Kern)Kraftwerke aus dem Ausland einspringen, falls verfügbar. Mit dem geplanten Abschalten der

Braunkohle- und Kohlekraftwerke bis 2035 entschwinden allerdings 31 GW an gesicherter Leistung. Nur wenn diese Leistung eins zu eins durch Gaskraftwerke ersetzt wird, ist die Sicherheit gewährleistet. Der Stand der Planung 2025 sieht allerdings nur 12,5 GW zusätzliche Gaskraftwerke vor – es ergibt sich eine Lücke. Windenergie hat eine gesicherte Leistung von 1 % der Nennleistung, also weniger als 1 GW in Deutschland,[1] PV hat überhaupt keine gesicherte Leistung, da es nachts flächendeckend dunkel wird. Obwohl aktuell noch kein Blackout aus Strommangel aufgetreten ist, lässt sich dies ab 2035 angesichts der jetzigen Planung nicht ausschließen.

Strommangel ist nicht die einzige Gefahr für das Stromnetz. Wir nutzen Wechselstrom, genauer Drehstrom, und dieser hat in Europa eine feste Frequenz von 50 Hz. Werden zusätzliche Verbraucher eingeschaltet, sinkt diese Frequenz ein ganz klein wenig ab und entsprechende Regelsysteme erhöhen die Leistung von Dampfturbinen. Weiterhin helfen die großen rotierenden Massen der Turbinen durch ihre Rotationsenergie, derartige Schwankungen abzudämpfen. Damit das System stabil bleibt, müssen bestimmte Reserven existieren, die im Bereich von Sekunden liegen, aktuell sind es in Kontinentaleuropa im Schnitt 3,8 s Lastäquivalent. Im Detail hängt diese Größe davon ab, wie viele konventionelle Kraftwerke mit rotierender Masse am Netz sind. Das Blackout auf der Iberischen Halbinsel im Jahr 2025 war in gewisser Weise ein Weckruf. Der hohe Anteil an PV-Strom hat zum Abschalten vieler konventioneller Kraftwerke am Mittag geführt, was einer Reduktion des Lastäquivalents entspricht. Durch eine technische Störung wurde das Netz kurzfristig instabil und es kam zu einem Stromausfall. Durch das rasche Abkoppeln der Iberischen Halbinsel vom französischen Stromnetz konnte sich der Versorgungszusammenbruch nicht über ganz Europa ausbreiten. Soll das Stromnetz nur auf elektronischer Netzankopplung basieren – wie bei Solarzellen und Windkraftwerken, die ohne rotierende Massen auskommen –, sind aufwendige Regelungstechniken und Batterien für die Stabilisierung erforderlich.

[1] Am 14. 2. 2025 fiel die Windleistung unter 1 GW, https://www.energy-charts.info/charts/power/chart.htm?l=de&c=DE&source=sw&interval=month&year=2025&legendItems=0xvg.

Ein Blackout kann jedoch noch viele andere Ursachen haben. Ein Blick in die Geschichte zeigt, dass der Ausfall von Hochspannungsleitungen aufgrund von Eisbelag immer wieder eine Rolle spielt. In Neuseeland gab es einen Blackout aufgrund einer langen Trockenheit, da die Isolatoren kaputtgingen. In den USA sind häufig schwere Stürme verantwortlich, insbesondere Hurrikans. Ebenso können Waldbrände, Hochwasser oder technische Fehler Blackouts verursachen. Großflächige Stromausfälle können aus Terroranschlägen oder Cyberangriffen resultieren. Häufig gibt es nicht die eine Ursache, meist sorgt eine Kombination für den Zusammenbruch der Netzfrequenz.

Die Wiederherstellung der Stromversorgung ist aufwendig und erfolgt Schritt für Schritt in einzelnen Gebieten. Dabei kommt es vor allem darauf an, wieder die exakte Wechselstromfrequenz einzuspeisen. In diesem Fall spricht man von netzbildenden Kraftwerken, diese Rolle übernehmen normalerweise konventionelle Kraftwerke wie Wasserkraftwerke und thermische Kraftwerke. Solar- und Windkraftwerke sind sogenannte netzfolgende Kraftwerke und können nicht selbstständig ein Wechselstromnetz wieder aufbauen. Ein Faktum, das im Allgemeinen zu wenig bekannt ist.[2]

Mögliche Folgen eines großräumigen Blackouts hängen von der Dauer des Blackouts ab. In den ersten Stunden sind noch die meisten Notstromsysteme für Mobilfunk und Rechenzentren aktiv. Danach bricht die Kommunikation zusammen, was verhindert, dass etwa ein Notruf abgesetzt werden kann. Zudem fallen bargeldlose Zahlungssysteme aus. Die Landwirtschaft kann die Kühe nicht mehr melken, viele Industrieprozesse bleiben stehen und können später nur bedingt wieder angefahren werden. Nach wenigen Tagen kommt es zu Problemen bei der Wasser- und Lebensmittelversorgung. Es gibt praktisch keine Erfahrungen, wie sich das in der Gesellschaft auswirkt, da alle bisherigen Blackouts regional begrenzt waren und Hilfe von außen möglich war. Die Probleme können auf die gleiche Stufe wie eine Reaktorkatastrophe, einem GAU, gestellt werden, wenn nicht sogar deutlich schlimmer sein.

---

[2] Droste-Franke, et.al., Balancing Renewable Electricity, Springer Berlin 2012.

13.2 Der Strompreis

Wie für andere Wirtschaftsgüter auch, werden die Kosten für Elektrizität weitgehend von Angebot und Nachfrage bestimmt. Zwar greift der Staat hier stärker ein als im Rest der Wirtschaft, die grundlegende Tendenz bestimmt jedoch der Markt. Deutlich sichtbar wurde dieser Zusammenhang etwa beim Beginn des Ukrainekriegs, als eine Knappheit beim Gas drohte. Vor allem mit der zunehmenden Bedeutung von Wind- und Solarstrom schwankt nicht nur die Nachfrage, sondern auch das Angebot. Die Nachfrage verändert sich über die Tagesstunden hinweg, im Lauf der Woche und auch saisonal. Zum Beispiel benötigen wir über die Ostertage deutlich weniger Strom als an einem Wochentag im Winter. An einem Montagnachmittag mit hoher Nachfrage kostet eine Megawattstunde an der Börse daher üblicherweise mehr als an einem Wochenende und wenn kaum Erneuerbare verfügbar sind, steigen die Preise ebenfalls. Immerhin steht Solarstrom tendenziell tagsüber zur Verfügung, wenn auch die Nachfrage steigt. Die Schwankungsbreite und den Zusammenhang mit der Verfügbarkeit von Wind- und Solarstrom kann man dank eines Angebots der Fraunhofer-Institute optimal und fast in Echtzeit verfolgen.[3] In der Abb. 13.1 sind exemplarisch zwei Wochen – eine im Juni und eine im November – herausgegriffen. Die obere Fläche stellt die Produktion an Erneuerbaren dar, die untere die Fossilen. In der Sommerwoche zeigt sich ein großer Anteil der Erneuerbaren, im Winter müssen Braunkohle, Steinkohle und Gas den Hauptanteil des Stroms liefern. Der Faktor von Importen und Exporten ist hier nicht aufgetragen. Steigt die Solarstromproduktion im Juni mittags auf über 40 GW, dann fällt der Strompreis auf Null wie in Abb. 13.1 zu sehen. In den Abendstunden, kurz nach Sonnenuntergang, kann der Strompreis bis auf 2000 €/MWh steigen, was etwa 2 € pro kWh entspricht.

Im Winter ist die Situation beim Strompreis ruhiger, weil die Sonnenspitzen fehlen. Allerdings müssen bei Windschwachen Zeiten Kohle- und Gaskraftwerke den Strom liefern. Wodurch der Strompreis eher bei 100 €/MWh oder 10 ct/kWh liegt.

---

[3] Alle Daten finden sich unter https://www.energy-charts.info.

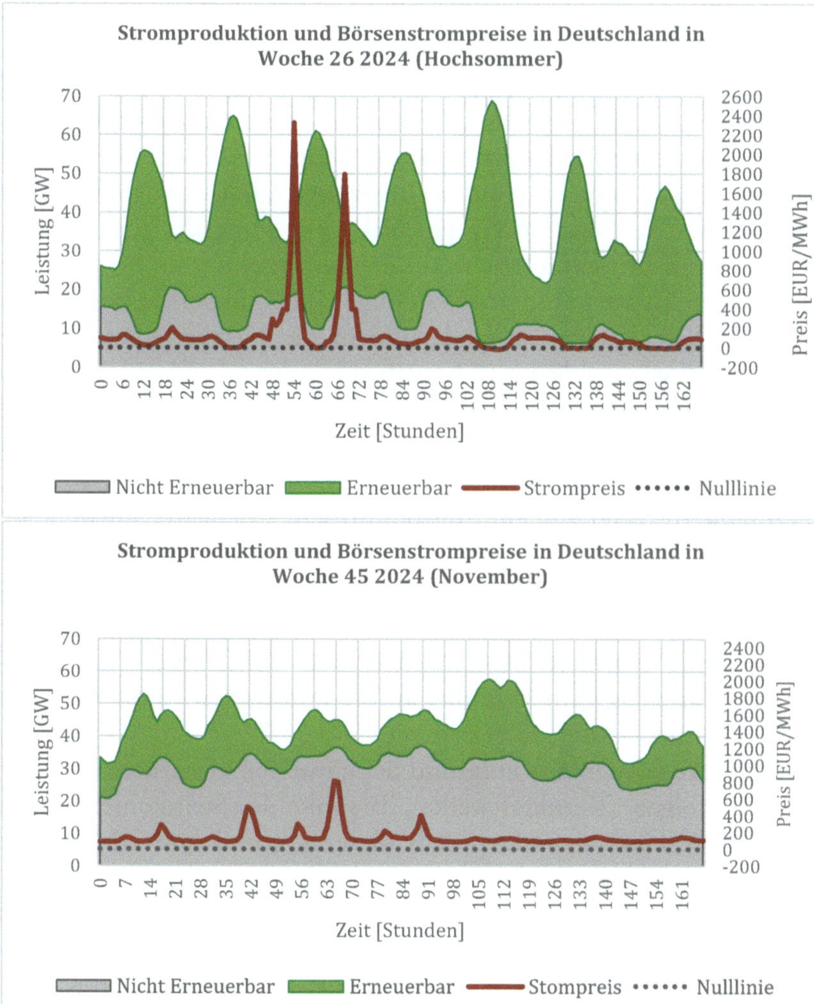

Abb. 13.1 Stromproduktion und -preise. (Eigene Darstellung, Datenquelle: Fraunhofer-Institut für Solare Energiesysteme ISE)

Die rote Linie in der Abb. 13.1 zeigt den Strompreis, der stärker schwankt als das Dargebot von Wind- und Solarstrom. Wichtig ist, dass dieser Strompreis an der europäischen Strombörse EEX (European Energy Exchange) in Leipzig ermittelt wird. Zusammen mit den Strombörsen der Einzelstaaten integriert sie alle anbietenden Versorger in einem gemeinsamen Markt – soweit die Übertragungskapazitäten dies zulassen. Ergebnis sind gleiche Strompreise für jedes Marktgebiet. Deutschland bildet, zusammen mit Luxemburg, ein solches einheitliches Marktgebiet. Die Folge: Der Großhandelsstrompreis in München gleicht demjenigen in Hamburg, auch wenn im Norden günstigerer Windstrom verfügbar ist als im Süden. Die Preisfindung geschieht mit Hilfe der sogenannten Merit Order, ein effizientes System für den Stromsektor. Im Prinzip geht es um die vorteilhafteste Einsatzreihenfolge von Kraftwerken zur Stromerzeugung. Diese kommt zustande, indem die Netzbetreiber am Tag zuvor angeben, wie viel Stromverbrauch sie erwarten und welche Kraftwerkskapazitäten vorhanden sind. Es existieren unterschiedliche Stromproduktionstechnologien wie Wind, Sonne, Kohle, Kernenergie und so weiter; alle haben unterschiedliche Fixkosten wie auch variable Kosten. Jeder einzelne Anbieter gibt ein Angebot für sein jeweiliges Kraftwerk ab, um kostendeckend zu wirtschaften. Diese Kalkulation richtet sich vor allem nach den sogenannten Grenzkosten, dazu gehören unter anderem Brennstoffkosten und CO_2-Preise. Natürlich hat jedes Kraftwerk seine eigenen Grenzkosten und am teuersten sind üblicherweise Gaskraftwerke. Der Zuschlag geht zunächst an die günstigsten Anbieter, meist sind das die erneuerbaren Energien wie Sonne, Wind und Wasserkraft. Ihre Kraftwerke werden also aufgrund der günstigen Grenzkosten bevorzugt. Dann folgen (Kernkraftwerke), Braunkohle, Steinkohle und zu guter Letzt die Gaskraftwerke – falls diese aufgrund hoher Nachfrage überhaupt erforderlich sind.

Trotz aller Kritik am Merit-Order-Prinzip bleibt festzuhalten, dass jeder freie Markt so ähnlich funktioniert. Stellen wir uns einen Wochenmarkt vor, auf dem drei Bauern ihre vollkommen gleichwertigen Kartoffeln anbieten. Jeder wird den gleichen Preis erzielen, auch wenn der Eine ein teures Gewächshaus betreibt, der Zweite schlechtes Land und der Dritte ausgezeichnete Böden bewirtschaftet. Der Gewinn fällt also sehr unterschiedlich aus, da der Markt keine Rücksicht auf die Produktionskosten nimmt. Sinkt nun die Kartoffelnachfrage, fällt auch der Preis. Der Bauer mit dem Gewächshaus dürfte sich den Weg zum Markt sparen und auf bessere Zeiten warten. Genauso läuft es an der Strombörse: Jede Kilowattstunde ist gleichwertig und alle Erzeuger bekommen den gleichen Preis zur gleichen Stunde. Das Prinzip gibt neuen Techniken wie Batterien jedoch eine Chance, Gewinne zu erwirtschaften. Der Batteriebetreiber kann bei einem Überangebot mit niedrigem Strompreis den Strom kaufen und die Batterien laden. Bei hohem Strompreis könnte er ihn wieder verkaufen und damit das Investment in die Batterie finanzieren, in der Praxis wirtschaften Pumpspeicherkraftwerke heute schon so.

Zurück zur Praxis an der Strombörse: Merit Order bedeutet nichts anderes, als die Einsatzreihenfolge der stromproduzierenden Kraftwerke über den Preis festzulegen. Steht die Angebotspalette für die jeweilige Stunde fest, definiert das Kraftwerk mit den teuersten Grenzkosten den Börsenpreis aller eingesetzten Kraftwerke. Es arbeitet also kostendeckend, während alle günstigeren Anbieter Profite machen. Die Merit Order sorgt auch dafür, dass teure Anbieter vom Markt verschwinden und die tendenziell günstigen Erneuerbaren zuerst zum Zug kommen. Zudem sorgt sie für tendenziell abnehmende Strompreise bei viel Wind- und Solarstromangebot. Diese Preise entscheiden zudem darüber, ob eine Anlage profitabel wirtschaftet. In Deutschland war diese Rechnung durch EEG und andere Rahmenbedingungen verzerrt, weil die Einspeisevergütung auch erfolgte, wenn der Strom nicht genutzt werden konnte. Auf globaler Ebene entscheidet die Merit Order in großem Maße über den Einsatz dieses oder jenes Energieträgers. Der letztlich erzielte Profit definiert sich als Erlös minus Kosten. Damit verbessern die stetig fallenden Preise für PV-Module und auch der andauernde Zubau die Angebotsseite der Gleichung. Diese Rechnung gilt nur für Zeiten mit Solar- und Windstromangebot. Fehlt dieses, muss die Lücke hauptsächlich durch Kohle und Gas gedeckt werden. Wir haben es also mit einer komplexen Gesamtrechnung zu tun, die von vielen Faktoren beeinflusst wird. So ist keineswegs klar, welche Energieträger sich langfristig rechnen und ob beispielsweise die relativ kurzen Einspeisungszeiten der installierten PV- und Windkraftwerke ausreichen werden, um die Kosten der Investition zu decken.

Stichwort Redispatch

Die große Fluktuation der Erneuerbaren stellt ein Problem für die Netze dar, sie erfordern umfangreiche Ausgleichsmaßnahmen. Strom muss genau zu dem Zeitpunkt zur Verfügung gestellt werden muss, wenn verbraucht wird. Natürlich kommt es immer wieder zu unvorhergesehenen Netzengpässen. Zum Beispiel, wenn überschüssiger Windstrom aus dem Norden nicht nach Bayern transportiert werden kann und abgeregelt werden muss, zum Ausgleich läuft ein Gaskraftwerk weiter südlich an. Dieser ungeplante Lastausgleich nennt sich Redispatch und aufgrund der Zunahme von fluktuierenden Erzeugern müssen die Netzbetreiber häufiger dieser Maßnahmen durchführen. In einem solchen Fall erhält der Gaskraftwerksbetreiber Geld für den gelieferten Strom, gleichzeitig hat der Windparkbetreiber Anspruch auf eine Kompensation für das entgangene Geschäft. Derartige Maßnahmen kosteten im Jahr 2024 circa drei Milliarden Euro in Deutschland,[4] sie werden auf die Netznutzungsentgelte der Verbraucher umgelegt. Der Netzausbau mildert dieses Problem, doch angesichts einer weiter zunehmenden Fluktuation durch die Erneuerbaren, fehlender Speicher und einer für die Belange der Erneuerbaren unzureichenden Strominfrastruktur dürfte es auch weiterhin zu hohen Redispatch-Kosten kommen. Zudem sollte man noch präzisieren, dass diese Kosten eigentlich den Erneuerbaren zugerechnet werden müssten. Denn die Kosten von wenigen Millionen pro Jahr bei den herkömmlichen Energieträgern wuchsen durch die Fluktuation von Wind und Sonne auf Milliardenbeträge an.

Wichtig ist außerdem, dass sich die Preise durch die Umstellung auf die Erneuerbaren stetig verändern. Die nähere Betrachtung zeigt zunächst ein scheinbares Paradox: So produzieren Solarzellen die Kilowattstunde im eher sonnenarmen Deutschland für durchschnittlich 8 Cent. Dieser Betrag ergibt sich beim Blick auf die Kosten einer Photovoltaikanlage. Denn 1 kW installierte Leistung schlägt derzeit mit rund 1000 € zu Buche und über die gesamte Lebenszeit gerechnet, kommen durch Abzinsen der Anlage die genannten 8 Cent heraus. Trotzdem stehen auf den Stromrechnungen derzeit eher 30 oder 40 Cent pro kWh. Die Gründe für diese Diskrepanz kamen bereits zur Sprache: Erneuerbare sind nicht

[4] Monitoringbericht 2024, Bundesnetzagentur, Abb. 54 https://data.bundesnetzagentur.de/Bundesnetzagentur/SharedDocs/Mediathek/Monitoringberichte/MonitoringberichtEnergie2024.pdf.

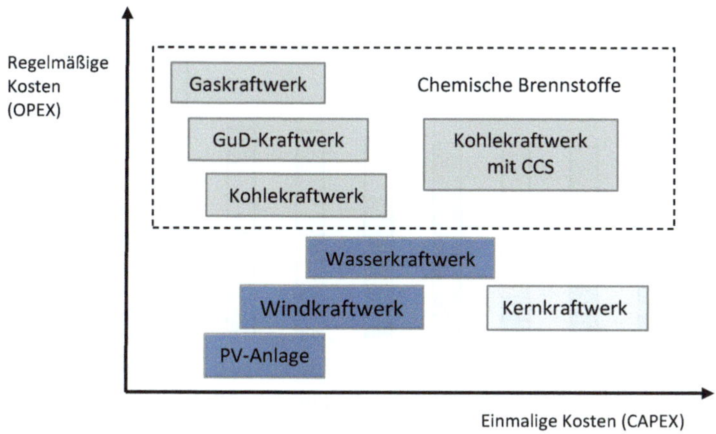

Abb. 13.2 Kostensystematik der Energieerzeugung. (Quelle: Eigene Darstellung)

immer verfügbar, es braucht weite Transportwege und eine Backup-Struktur. Es gibt also zwei Dimensionen der Stromerzeugung: den Ort und die Zeit. Das Gleiche gilt für die Kosten, auch hier sind zwei verschiedene Aspekte zu betrachten. Es existiert ebenfalls eine Diskrepanz zwischen den sogenannten Gestehungskosten – also den reinen Produktionskosten – und dem tatsächlichen Preis auf den Stromrechnungen. Dieser wird von zwei verschiedenen Faktoren bestimmt. Erstens enthält er die einmaligen Kosten der jeweiligen Anbieter, im Fachbegriff CAPEX (Capital Expenditure) genannt. Diese umfassen alle Ausgaben für den Erwerb, die Verbesserung und die Instandhaltung der Anlagen. Dazu kommen zweitens die regelmäßigen Betriebskosten (OPEX, Operational Expenditure). Die Grafik in Abb. 13.2 verdeutlicht die Systematik dieser beiden Preisbestandteile und zeigt, wo sich die einzelnen Energieträger verorten lassen.

Eine PV-Anlage zum Beispiel hat geringe Installationskosten, auch laufende Ausgaben fehlen weitgehend. Bei Windkraft – insbesondere offshore – sind die einmaligen Kosten höher und auch die Wartung erfordert höhere Ausgaben. Ähnliches gilt für die Wasserkraft, sie ist noch etwas teurer. Diese erneuerbaren Energieträger zeichnen sich dadurch aus, dass sie keine Brennstoffe bezahlen müssen. Sie befinden sich daher

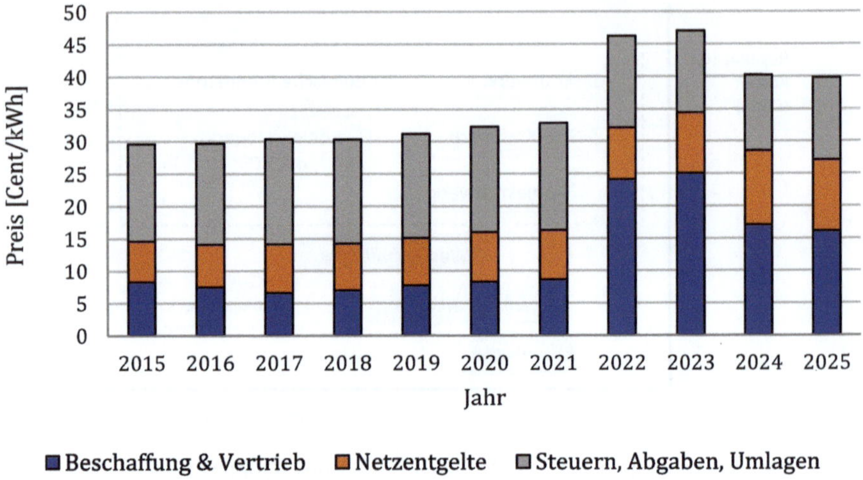

Abb. 13.3 Durchschnittlicher Strompreis für Haushalte. (Quelle: BDEW)

relativ weit unten auf der OPEX-Skala. Anders sieht es bei den Fossilen aus, ihre regelmäßigen Kosten liegen deutlich darüber. Das ist logisch, ihre Brennstoffe kosten Geld. Am günstigsten schneidet die Kohle ab, auch deshalb setzt China in großem Maße auf diese Technik. Etwas teurer wird es bei Gas- und Dampf-Kombikraftwerken (GuD). Am oberen Ende der Preisskala liegen die reinen Gaskraftwerke und darüber welche, die auch noch CO_2 abscheiden (CCS). Teuer sind diese aufgrund der hohen laufenden Kosten – sprich, der Gaspreise. Auch die CAPEX-Skala lohnt einen kurzen Blick, hohe Einmalkosten fallen bei Kernkraftwerken an. Doch auch Kohlekraftwerke mit Kohlenstoffabscheidung sind relativ teuer. Die Kästchen in der Abb. 13.3 kombinieren OPEX- und CAPEX-Kosten. Jeder aufgetragene Energieträger enthält die Ausgaben im Zusammenhang mit der jeweiligen Anlage, geteilt durch die produzierte Strommenge. Links unten finden sich die insgesamt günstigsten Technologien, rechts oben die teuersten. In der Literatur firmiert diese Größe in der Regel unter LCOE (Levelized Cost of Electricity). Die einschlägigen Berechnungen zeigen zum Beispiel Kosten von PV-Strom zwischen 4,1 und 14,4 Cent/kWh, bei Onshore-Wind von 4,2 bis 9,3 und bei Kohle zwischen 15,1 und 15,7 Cent/kWh.[5] Es handelt sich dabei um Annahmen für den Neubau der jeweiligen Kraftwerke, bei Kohle wurden auch die CO_2-Zertifikate mitberücksichtigt. Die bereits in Betrieb befindlichen Anlagen liefern den Strom deutlich günstiger. Für längst abgeschriebene Braunkohlekraftwerken liegt die LCOE unter 10 Cent/kWh.[6] Diese Preise reflektieren jedoch nur die Erzeugersicht, sie sind für Verbraucher fast irrelevant. Denn egal ob es um einen Privathaushalt, einen Industriebetrieb oder das örtliche Krankenhaus geht, muss Strom da sein, wenn er verbraucht wird. Daher enthalten die Stromrechnungen auch Kosten für Leitungen, Speicher und Backup-Kraftwerke. Dazu kommen Belastungen durch den laufenden Aus- und Umbau der Energieversorgung. Schätzungen sprechen von 5000 Mrd. €.[7] Die Formel für diese Gesamtbetrachtung muss diese Faktoren berücksichtigen. Der Fachbegriff dafür lautet Levelized Cost of Load Demand (LCOLD).

$$Strompreis\left[€ / kWh\right] = \frac{Kraftwerke + Speicher + Netze + Backup}{Erzeugter\ Strom}$$

Diese Berechnung zeigt, dass vergleichsweis hohe Strompreise hierzulande weiterhin wahrscheinlich sind.

Das gilt umso mehr, aufgrund staatlicher Eingriffe, die vergleichsweise günstigen Atom- und Kohlekraftwerke abschalten. All diese Kosten addieren sich heute und in Zukunft auf der Stromrechnung.

---

[5] Die Zahlen stammen vom Fraunhofer ISE https://www.ise.fraunhofer.de/content/dam/ise/de/documents/publications/studies/DE2024_ISE_Studie_Stromgestehungskosten_Erneuerbare_Energien.pdf.

[6] Quelle: Forum Ökologisch-Soziale Marktwirtschaft (FÖS).

[7] KfW Research (2021): *Investitionsbedarf für die Klimaneutralität in Deutschland.* https://www.kfw.de/PDF/Download-Center/Konzernthemen/Research/PDF-Dokumente-Fokus-Volkswirtschaft/Fokus-2021/Fokus-Nr.-350-Oktober-2021-Investitionsbedarfe-Klimaneutralitaet.pdf.

13.3 Die Kosten der Energiewende

Der geplante Umstieg auf 100 % Erneuerbare war mit Spekulationen im Hinblick auf die Kosten verbunden. Mit Hilfe eines Blicks auf die bekannten und abzusehenden Investitionen lassen sich relativ konkrete Zahlen ermitteln. Hier ist weitgehend auf die Berechnungen von Prof. Manuel Frondel vom RWI[8] zurückgegriffen, sie erscheinen dem Autor realistisch. Die nötigen Ausgaben lassen sich grob in vier verschiedene Sektoren unterteilen:

1. Aufbau neuer Wind- und Solarkraftwerke (rund 300 Mrd. € bisher)
   Dabei handelt es sich um bereits getätigte Ausgaben, nicht berücksichtigt ist der geplante Zubau von Kapazitäten. Zudem fehlt der Faktor Abnutzung. So müssen bis 2045 alle bestehenden Windkraftanlagen ausgetauscht werden.
2. Netzausbau mit Hochspannungsleitungen usw. (500 Mrd. €)
   Diese Zahl stammt aus dem Netzentwicklungsplan der Bundesregierung, sie enthält insbesondere die geplanten Stromautobahnen quer durch die Republik.
3. Kurzfristspeicher für den Ausgleich von Tag und Nacht (320 Mrd. €)
   Die Basis dieser Rechnung bildet der Tagesverbrauch, der an Werktagen rund 1600 MWh beträgt. Schließlich sollte der Solarstromüberschuss am Mittag über die Nacht und den kommen Morgen bringen. Der Preis ist optimistisch mit 200 € pro kWh installierte Batteriekapazität gerechnet.
4. Backup-Kraftwerke für Dunkelflauten (80 Mrd. €)
   Der Strom muss auch in den Monaten von November bis Februar fließen, die Wärmepumpen sollen gerade dann die Häuser heizen. Basierend auf einer Leistung von 80 GW, diese berücksichtigt die prognostizierten Verbrauchssteigerungen in der Zukunft und geht davon aus, dass es keine Kohlekraftwerke mehr gibt.

[8] Manuel Frondel ist Leiter des Kompetenzbereiches „Umwelt und Ressourcen" am RWI, seit 2009 außerplanmäßiger Professor für Energieökonomik und angewandte Ökonometrie an der Ruhr-Universität Bochum und seit 2010 Fakultätsmitglied der Ruhr Graduate School in Economics (RGS).

Mit dieser Konfiguration steigen die Gestehungskosten für Strom um den Faktor vier. Zudem sind die gesamten Systemkosten zu berücksichtigen, und dann sieht die Kostenbilanz der erneuerbaren Energien weniger gut aus. Wer alle Faktoren einrechnet, kommt also auf deutlich höhere Stromgestehungskosten. Zum Beispiel geht eine häufig zitierte Rechnung des Fraunhofer-Instituts von PV-Gestehungskosten von durchschnittlich 8 Cent pro Kilowattstunde aus.[9] Darin enthalten sind nicht Ausgaben für die nötigen Batterien, Netzanschlüsse und Reservekraftwerke. Realistisch betrachtet, liegt der Preis bei mindestens 35 Cent/kWh. Diese Rechnung kann jeder Hauseigentümer mit eigener PV-Anlage nachvollziehen, denn er besitzt weiterhin einen Stromanschluss und wenn eine Batterie vorhanden ist, kostet diese mehr als die Module. Ähnliche Zahlen gelten auch für die Windkraft. Nicht ganz zufällig liegen die erwähnten 35 Cent auf einem ähnlichen Niveau wie die heutigen Strompreise. Lässt man noch Subventionen mit einfließen, zeigt sich eine andere Kostenrechnung. Zudem verdeutlicht der erwähnte Austausch der Windkraftwerke, dass die Preissteigerungen höher ausfallen dürften. In diesem Zusammenhang lohnt ein genauerer Blick auf die Zusammensetzung der Kosten auf der Stromrechnung. Heute bildet die Beschaffung den größten Posten, also die oben genannten Gestehungskosten der jeweiligen Erzeuger. Einen weiteren Posten bildet der Unterhalt der Netze. Dieser ist unter anderem mit den Netzentgelten finanziert und ihr Anteil an der Stromrechnung beträgt circa 27 %. Dazu kommt der Posten mit Steuern und Abgaben, jede Kilowattstunde ist mit Stromsteuer und Mehrwertsteuer belegt. Dazu kamen bzw. kommen weitere Abgaben mit Bezeichnungen wie EEG-Umlage, KWKG-Umlage, Offshore-Netzumlage, §19 StromNEV-Umlage. Solche Umlagen lassen sich als Subventionen für erneuerbare Energien betrachten. Diese Positionen machen rund 30 % der Stromrechnung aus, wie in Abb. 13.3 zu sehen ist.

Um den Strompreisanstieg zumindest teilweise zu kompensieren, wurden viele Kosten für Netzausbau und Co. aus der Stromrechnung herausgenommen – so fiel die EEG-Umlage im Jahr 2023 komplett weg. Sub-

[9] Christoph Kost et.al., Levelized Cost of Electricity, Renewable Energy Technologies 2024, Figure 1. https://www.ise.fraunhofer.de/en/publications/studies/cost-of-electricity.html.

ventionen hebeln die marktwirtschaftlichen Prinzipien aus und sie verhindern, dass sich die günstigste und effektivste Option durchsetzt.

Ein Beispiel für die Folgen der deutschen Energiepolitik kam bereits kurz zur Sprache: Kohle und Kernkraft sollen durch den Brennstoff Erdgas ersetzt werden. Dieses kommt seit der Abkopplung von Russland häufig in Form von LNG hierher und ist alles andere als sauber. Wasserstoff als Ersatz gibt es bislang weder in ausreichenden Mengen noch lässt es sich preislich konkurrenzfähig herstellen. Weil Speicher ebenso fehlen, bleibt als Ausweg noch der internationale Stromhandel. Stromimporte und Exporte spielen ohnehin eine wichtige Rolle für die Glättung der Preise, zudem bringen sie Flexibilität ins System.

Die hohen Strompreise in Deutschland könnte man als unvermeidliche Kosten für den ökologischen Umbau unserer Energieversorgung in Richtung CO_2-Reduktion akzeptieren. Diese Rechnung passt aus diversen Gründen nicht. So führen sie zum Beispiel dazu, dass energieintensive Branchen weniger konkurrenzfähig arbeiten können. Doch benötigen wir die hergestellten Güter trotzdem und die entsprechende Produktion wandert teilweise ins Ausland. Dort fällt ggf. noch mehr CO_2 an und die Emissionsrechnung – die natürlich global ist – mit dieser Politik schlechter aus. Abnehmende Konkurrenzfähigkeit der Unternehmen sorgt für gesellschaftliche Probleme, Menschen verlieren ihre Arbeit. Abb. 13.4 zeigt, welche Unterschiede auf der Welt herrschen. Mit Ausnahme von Norwegen liegen die Strompreise in Europa generell hoch, die USA befinden sich im Mittelfeld und Menschen in Russland, China, Indien und der Türkei zahlen nur einen Bruchteil dieses Strompreises. Dieser Faktor stärkt die Wettbewerbsfähigkeit vieler Firmen aus diesen Ländern. Soll in Deutschland der Strompreis für die Industrie durch Steuersubventionen sinken, muss der Steuerzahler die Kosten jedoch doppelt zahlen, einmal mit den Steuern und dann mit dem eigenen hohen Strompreis.

Natürlich beschränkt sich der Preisanstieg nicht auf Privathaushalte, auch die Unternehmen leiden unter hohen Preisen. Dieser Anstieg begann im Jahr 2021, siehe Abb. 13.5, also noch vor Beginn des Ukraine-Kriegs. Dafür gibt es unterschiedliche Gründe. So sorgte die schnelle Erholung nach der Corona-Pandemie für einen Anstieg der weltweiten Energienachfrage, wodurch die Preise für fossile Brennstoffe wie Kohle

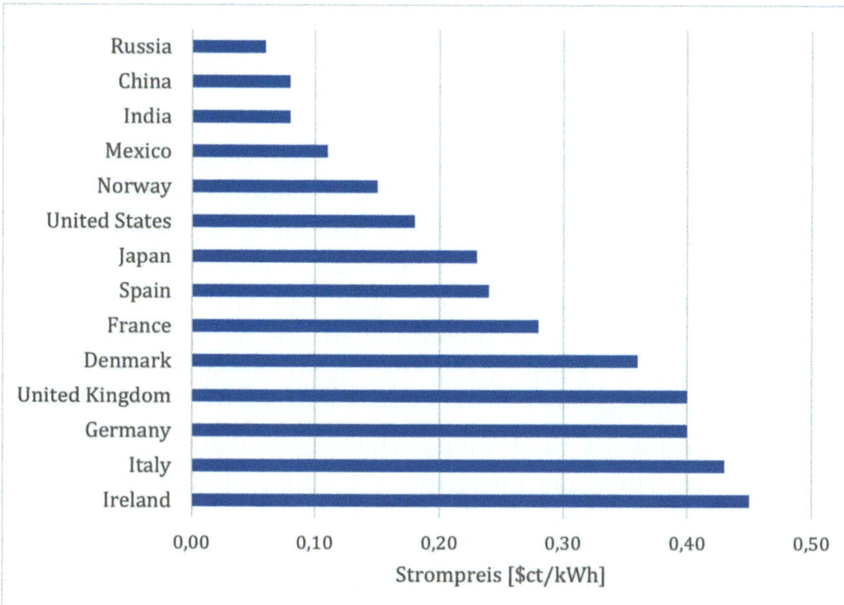

Abb. 13.4 Strompreise für Privathaushalte im weltweiten Vergleich. (Eigene Darstellung, Datenquelle: Statista (Global household electricity prices 2025, by country, Published by Statista Research Department, Aug 11, 2025))

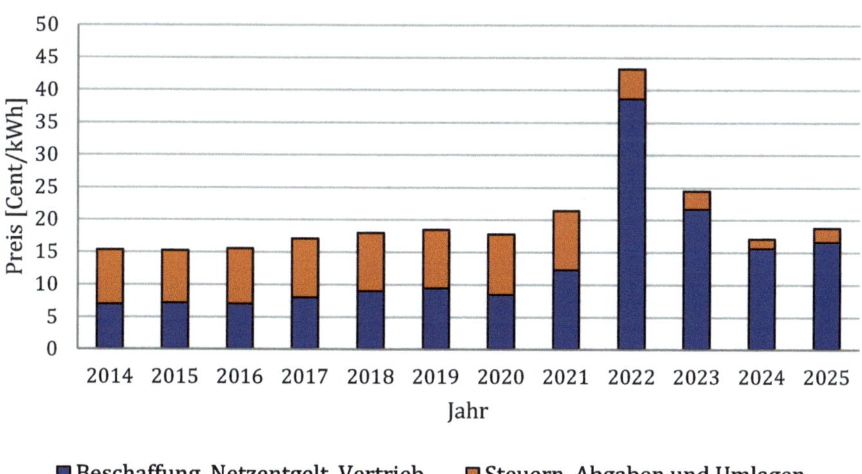

Abb. 13.5 Strompreisentwicklung in der Industrie. (Eigene Darstellung, Datenquelle: BDEW)

und Öl stark anzogen. Einen weiteren Faktor bilden die steigenden CO_2-Abgaben vorwiegend in der Europäischen Union. Dazu kam der schwelende Konflikt in der Ukraine mit den Unsicherheiten bezüglich der Gaslieferungen. Bei den Gewerbekunden hielten sich die Auswirkungen in Grenzen, die meisten größeren Unternehmen schließen langfristige Verträge mit ihren Versorgern, oftmals über zehn Jahre. Diese Situation änderte sich durch eine beginnende Insolvenzwelle unter Stromanbietern sowie durch Kündigung seitens der Versorger – auch diese mussten die erhöhten Preise bezahlen. Dadurch sahen sich viele Industriestromkunden mit gestiegenen Kosten konfrontiert und im Jahr 2022 kamen die Auswirkungen des Krieges dazu. Wichtig zu wissen: Es geht nur um die reinen Strompreise.

Es gibt noch andere Gründe für die schwierige Situation der deutschen Wirtschaft, der Anstieg der Energiepreise trägt jedoch dazu bei. So ging die Industrieproduktion seit 2017 um rund 10 % zurück und bei energieintensiven Branchen wie der Chemie zeigt sich ein noch deutlicherer Einbruch. Energie spielt nun mal eine zentrale Rolle in einer hoch entwickelten Volkswirtschaft wie der deutschen. Diesen Zusammenhang kennt auch die Politik. Da die geschilderten Investitionsanforderungen für die Stromversorgung insgesamt gelten, lassen sich Preissenkungen für die Industrie nur über Subventionen erreichen. Angesichts dieser Zwickmühle sind nur wenige kurz- bis mittelfristige Lösungen denkbar, um Preise sowie Angebot und Nachfrage zu stabilisieren. Eine Option besteht darin, die Fluktuation der Erneuerbaren besser zu nutzen und den Strom gezielter zu verbrauchen. Theoretisch müssten an einem sonnigen Sommertag die Waschmaschinen laufen und abends oder nachts eher sparsamer agiert werden. Eine solche Praxis lässt sich im gewerblichen Rahmen verwirklichen. Allerdings braucht es dazu variable Strompreise, die Angebot und Nachfrage widerspiegeln.

Die Technik zur gezielten Nutzung existiert, sie nennt sich Smart Meter. Mit ihrer Hilfe lässt sich eine preisabhängige Steuerungsfunktion ins Stromnetz integrieren. Sie würde es den Anbietern gestatten, variable Tarife anzubieten. Zudem versetzt sie die Konsumenten in die Lage, Leistungen dann abzurufen, wenn der Strom billig und also ausreichend verfügbar ist. Mit Blick auf einen solchen intelligenten Stromzähler kann jeder Haushalt entscheiden, ob er das Auto lädt, die Wärmepumpe einschaltet, die Spülmaschine laufen lässt oder ob es später vielleicht günstiger wäre. Vieles daran lässt sich sogar automatisieren. So kann man die Ladefunktion des E-Autos in Abhängigkeit vom Strompreis konfigurieren. Es lädt dann nur, wenn es gerade billig ist. Solche Funktionalitäten wären für viele elektrische Verbraucher möglich. Allerdings sorgt der große Anteil von Nicht-Stromkosten dafür, dass Smart Meter nur eine begrenzte Wirkung entfalten können. An den Netzentgelten und so weiter ändert ein Überangebot nichts, wenn man diese Kosten nicht ebenfalls dynamisch gestaltet. Zudem zeigt die Ökonomie, dass Verbraucher bei lebenswichtigen Gütern – Strom ist eines davon – nicht ganz so sensibel reagieren und nur eine eingeschränkte Lenkungswirkung entsteht. Wirken sich Veränderungen des Preises nur begrenzt auf Nachfrage oder Angebot aus, spricht man von unelastischen Preisen.

13.4 Die Stromnetze

Die Energiewende lässt sich nur dann erfolgreich umsetzen, wenn die verschiedenen Erzeuger und Verbraucher gut miteinander verbunden sind. Dazu braucht es Stromnetze. Diese existieren, sie genügen jedoch bisher vor allem unserer früheren Energieversorgungsstruktur. Vereinfacht ausgedrückt standen große Kraftwerke bisher in der Nähe von Städten und Verbrauchern, in weniger besiedelten Gegenden befanden sich eher kleine Kraftwerke. Diese Situation hat sich grundlegend verändert. Heute werden vor allem in den verhältnismäßig sonnenreichen Gegenden im Süden Deutschlands Photovoltaikanlagen installiert und im windreichen Norden eher Windkraftwerke. Auch diese Energie muss per Hochspannungsleitung zu ihren Verbrauchern gelangen. Die existierenden Hochspannungsleitungen reichen dazu nicht, schließlich muss der Strom Entfernungen von bis zu 1000 Km überwinden. Die klassische Übertragung mit Wechselstrom kommt angesichts dieser Distanzen an ihre Grenzen. Aus physikalischen Gründen verliert eine lange Wechselspannungsleitung Energie, sie wird in die Umgebung abgestrahlt. Es kommt zu einem Energieverlust und dieser Effekt macht sich bei Entfernungen ab hundert Kilometern bemerkbar.

Deutlich geringere Verluste entstehen bei Gleichspannung. Dort heißt die Faustregel, dass über 1000 km Entfernung nur circa 3 % verloren gehen. Jeder kennt Gleichstrom, er kommt aus der Batterie oder auch aus der Solarzelle. Die Planungen sehen daher vor, den Strom in Zukunft über die sogenannte Hochspannungsgleichstromübertragung (HGÜ) zu transportieren. Zwei oder drei dieser Leitungen sollen von Süd- nach Norddeutschland verlegt werden. Diese Technik bringt einige Herausforderungen mit sich. Um die Spannungsebenen zu wechseln, sind Transformatoren nötig und diese funktionieren nur mit Wechselstrom. Eine HGÜ erfordert daher spezifische und relativ teure Umstellwerke, die auf der Einspeiseseite Wechselstrom in Gleichstrom und am anderen Leitungsende den Gleichstrom wieder in Wechselstrom umwandeln. An beiden Übergabepunkten kommt es zu Energieverlusten. Da die Leitungen in beide Richtungen funktionieren sollen, um im Sommer Solarstrom nach Norden und im Winter Windstrom nach Süden zu transportieren, müssen auch die Stromwandler doppelt eingebaut werden. Diese funktionieren ungefähr so wie das kleine Handyladegerät, jedoch in großen Maßstäben und mit vielen 100.000 V. Auch dieser Schritt erfordert Aufwand mit teuren, elektronischen Bauteilen wie Thyristoren. Noch ein kleiner Tipp: Gleichstromleitungen lassen sich anhand der geraden Anzahl an Leitungen erkennen – etwa zwei, vier oder acht davon. Normale Hochspannungsleitungen verfügen dagegen immer über ein Mehrfaches von drei Leitungen.

Der Bau der Gleichstromleitungen lohnt einen genaueren Blick. Im günstigsten Fall verlaufen Freileitungen, diese beeinträchtigen nach Meinung vieler Anwohner jedoch die Landschaft und deshalb bevorzugen sie den Bau von Erdkabeln. Ein Problem dabei: Obwohl diese Leitungen in der Tiefe liegen und kaum Verlust verursachen, erwärmt sich der Boden darüber. Mitunter lassen sich bis zu 100 Grad messen und damit trocknet die Erde aus und beeinträchtigt Flora und Fauna. Zudem lassen sich auch Störungen bei Erdkabeln nur aufwendig beheben. Kommt es etwa zu einem Bruch der Leitung aufgrund kleiner Erdbeben, muss man die Stelle zunächst lokalisieren und freilegen. Dann braucht es ein aufwendiges Verfahren, um diese Leitungen wieder zu verbinden. Unterirdische Leitungen kosten daher rund achtmal so viel, wie eine vergleichbare Freileitung.

Diese Technologie der HGÜ wird für Leitungen ins Ausland verwendet. So existiert eine Gleichstromleitung durchs Wattenmeer und weiter durch die Nordsee von Deutschland nach Norwegen. Diese transportiert einerseits Windenergie nach Norden. Wenn bei uns zu wenig Wind weht, fließt zusätzlicher Wasserkraftstrom aus den Speicherseen Norwegens nach Deutschland. Nachvollziehbarerweise ist nicht jedes Land bereit, derartige Leitungen auf eigenem Territorium zu akzeptieren, um eine deutsche Energiewende zu ermöglichen. Frankreich kann argumentieren, dass wir eigene Kernkraftwerke beschaffen sollen oder die existierenden nicht hätten stilllegen dürfen. Auseinandersetzungen über den Bau neuer Leitungen gibt es auch in anderen Ländern wie in Italien.[10] So bietet Süditalien große Potenziale für die Solarenergie, Leitungen in die großen Industriegebiete rund um Mailand sind jedoch umstritten.[11] Zumal dort genauso wie in Deutschland gilt, dass die Versorgungssicherheit gewährleistet bleiben muss. Daher werden typischerweise mindestens drei unabhängige Hochspannungstrassen gelegt. Fällt eine Leitung aufgrund von Sturmschäden aus oder steht eine Reparatur an, darf nicht die gesamte Stromversorgung zusammenbrechen. Eine einzige Leitung ist für ein Stromnetz daher keine Lösung. Sicherheit bietet die sogenannte N-plus-1-Regel. Man möchte mindestens eine Leitung mehr, als man zwingend benötigt. All diese Rahmenbedingungen in dicht besiedelten Ländern wie Deutschland oder Italien zu berücksichtigen, macht die neue Infrastruktur teuer.

---

[10] https://ratedpower.com/blog/adapting-grid-in-italy/.

[11] Pläne des italienischen Übertragungsnetzbetreibers Terna S.p.A., https://www.terna.it/it/media/comunicati-stampa/dettaglio/piano-sviluppo-2023.

Hochspannungsleitungen

Ein wichtiger Aspekt der Energiewende sind neue Leitungen und die Zuständigkeit dafür liegt laut Gesetz bei den vier privaten Netzbetreibern. Überwacht wird dieser Umbau von der staatlichen Bundesnetzagentur. Die Blaupause für diese Infrastruktur liefert der sogenannte Netzentwicklungsplan. Er gibt auf europäischer und nationalstaatlicher Ebene vor, welche Leitungen gebaut werden sollen. Hierzulande wird er alle zwei Jahre aktualisiert, basierend auf den energiepolitischen Zielen der jeweiligen Bundesregierung und unter Berücksichtigung der praktischen Rahmenbedingungen. So fließen Szenarien des zusätzlichen Bedarfs an Wärmepumpen genauso ein wie die Zunahme der Elektromobilität. Man analysiert, mit welcher Netzstruktur sich diese Verbrauchsszenarien umsetzen lassen. Als übergeordnete Leitlinie dient das Jahr 2045. Dann soll eine CO_2-freie Stromversorgung Deutschlands gewährleistet sein und damit muss das dafür nötige Netz stehen.[12] Ob sich dieses Ziel erreichen lässt oder nicht, steht noch in Frage. Auf jeden Fall braucht es Anpassungsleistungen in Form von mindestens drei leistungsfähigen Stromtrassen. Mehrere müssen es sein, weil die geplanten Strommengen eine Leitung überlasten würden. Derartige Fälle drücken sich in der Regel in Form von Überhitzung aus. Dabei kommt ein physikalisches Phänomen zupass: Bei einer Kühlung der (Frei-)Leitung durch den Wind kann mehr Strom fließen. Ein günstiger Zusammenhang, denn bei mehr Windstrom ist oft eine höhere Leitungskapazität verfügbar, scheint die Sonne ist es leider genau umgekehrt. Doch das grundsätzliche Problem bleibt: Der erforderliche Ausbau kostet Geld, egal ob wir Wechsel- oder Gleichstromleitungen mit der erforderlichen Kapazität bauen. Dieses Fazit gilt für die überirdischen Hochspannungsleitungen und noch mehr für Erdkabel. Diese Kosten zahlen am Ende die Stromkunden über die Netzentgelte auf der Stromrechnung.

Neben dem Hochspannungsnetz braucht es in Zukunft auch auf lokaler Ebene neue Leitungen. Dafür gibt es mehrere Gründe. Zunächst erzeugen die Photovoltaikmodule auf den Hausdächern in der Spitze mehr Strom, als die existierenden Zuleitungen vertragen. Beispiel ländliche Gegenden: Viele Höfe verfügen über Solaranlagen mit 100 kW Leistung auf dem Scheunendach, obwohl der Stromanschluss ursprünglich nur für 20 kW ausgelegt ist. Die Solarenergie gelangt daher nicht ins öffentliche Netz, ohne eine zusätzliche Leitung zu legen. Ausnahmen bilden Zeiten

[12] Diesen Netzentwicklungsplan kann jeder unter https://www.netzentwicklungsplan.de/ einsehen.

mit hohem Eigenverbrauch der Landwirte, in denen energieintensive Geräte laufen. Eine ausgeprägte Diskrepanz findet sich auch in vielen Straßenzügen mit Einfamilienhäusern. Diese verfügen zum Beispiel über eine Strominfrastruktur mit einer Gesamtleistung von 100 kW, da jedes einzelne Haus im Durchschnitt vielleicht 5 kW für Waschmaschine oder Elektroherd benötigt. In Summe bleibt die Belastung gering, weil nie alle Verbraucher gleichzeitig laufen. Dieser Umstand wurde bei der Planung berücksichtigt und daher sind die Leitungen nicht für die maximale Anschlussleistung der Häuser ausgelegt. Installiert jedes zweite Haus Solarpaneele mit 10 kW, verbraucht dieser typische Straßenzug mittags nicht die üblichen 50 kW Strom, sondern erzeugt stattdessen 500 kW. Dieser Überschussstrom wird nicht in den lokalen Haushalten verbraucht und kann die Leitung überlasten. Zu einer solchen Situation können auch Elektroautos führen. Der typische Hausanschluss von 11 kW reicht nicht mehr, wenn viele Autos in der Straße gleichzeitig geladen werden. Eine weitere Herausforderung für die lokalen Netze entsteht durch den Ausbau der Wärmepumpen. Sie verbrauchen vor allem im Winter erhebliche Energiemengen. Auch hier kommt es zum gleichen Effekt: Der Bedarf an Leitungskapazität steigt in allen Gebäuden gleichzeitig an. Wo früher vielleicht eine Waschmaschine lief und der Herd im Nachbarhaus, wollen alle Häuser gleichzeitig heizen.

Diese neuartigen Verbrauchs- und Erzeugungssituationen erfordern den Ausbau von Verbindungsleitungen, und viele davon müssen auf eine höhere Spannungsebene gebracht werden. Der Aufwand dafür ist auch auf lokaler Ebene erheblich. So liegen im Untergrund Glasfaserkabel, Wasserleitungen oder Gasleitungen; der Platz ist also knapp und das Vergraben ist sehr aufwendig. In ländlichen Gebieten spielen die Entfernungen eine Rolle. Zudem muss vielleicht der lokale Trafo zur Versorgung eines Stadtviertels ausgetauscht werden, wie auch die Verbindung zum nächsten großen Stromverteilpunkt. Die Herausforderung eines lokalen Netzausbaus lässt sich bis zu einem gewissen Grad durch Batterien abmildern. Mit ihrer Hilfe können die Gebäude ihren Strom speichern, anstatt ihn in die Leitungsnetze einzuspeisen und auch bei Bedarf wieder abzurufen. Allerdings laden alle Batterien bei hoher Sonneneinstrahlung vormittags auf und sind gegen Mittag voll. Scheint die Sonne weiter, bleibt das Problem mit dem Stromüberschuss und den Leitungskapazitäten. Es braucht daher eine intelligente Steuerungselektronik und gute Wetterprognosen, sodass die Ladevorgänge verteilt stattfinden und die Netze mitspielen. Stellt sich die Frage nach der richtigen Dimensionierung solcher Batterien. Befindet sich zum Beispiel eine 10-Kilowattanlage auf dem Dach, muss die Batterie etwa 5 bis 8 h lang diese Ladung aufnehmen können. Damit die Netze flächendeckend entlastet werden, ergeben sich Batterien mit 50 oder 80 kWh pro Haushalt. Ein passendes Batteriesystem kostet einige 10.000 €, nicht jeder kann oder will diese Investition leisten. Letztlich handelt es sich um eine politische Entscheidung, die Betreiber von Photovoltaikanlagen dazu zu verpflichten, ihren Strom netzdienlich einzuspeisen. Zum Teil sind derartige Vorgaben bereits gesetzlich vorgesehen, aber nicht überall implementiert. Diese technischen Aufrüstungen erfordern Experten wie etwa Elektroingenieure, die den Umbau sorgfältig planen. Leider fehlt in Deutschland der Nachwuchs und Fachkräftemangel kann die Projekte verzögern und verteuern.

13.5 Die Netzstabilität

Der Schwenk zu den Erneuerbaren bringt nicht nur aufgrund ihrer Fluktuation und wegen der veränderten Verortung der Anlagen Herausforderungen mit sich, sondern auch die Gewährleistung der Netzstabilität erfordert neue Wege. Herkömmliche Kraftwerke liefern nicht nur Strom, sie erbringen auch unterschiedliche Systemdienstleistungen.[13] Dazu gehört vor allem, die Spannung und die Netzfrequenz auf 50 Hz zu stabilisieren. Kommt es zu einer Störung oder einem Engpass im Netz, können große Turbinen – der entsprechende Fachbegriff lautet Synchronmaschinen – den Ausgleich aufgrund ihrer physikalischen Eigenschaften einfach liefern. Die über Umrichter angeschlossenen Batterien, Wind- und Solarkraftwerke können das nicht per se, sie müssen technisch dazu aufgerüstet. Weil der Ausgleich zwischen Angebot und Nachfrage von herausragender Bedeutung ist, führen die Netzbetreiber schon vermehrt

[13] Freris, Leon; Infield, David (2008): Renewable Energy in Power Systems.

Ausgleichsmaßnahmen durch, um die Netzstabilität zu gewährleisten. In der Regel kommt ein mehrstufiger Prozess zum Einsatz, der unterschiedliche Erzeuger und Verbraucher aktiviert oder deaktiviert. So sind große Generatorsysteme instantan verfügbar (Frequenzabstützung) und danach springen zumeist die Pumpspeicherkraftwerke ein, sie können im Bereitschaftsbetrieb bereits nach circa 15 s Strom liefern oder überschüssigen Strom aufnehmen. Mit bis zu 10 min benötigen Gaskraftwerke etwas länger zum Hochfahren. Werden weitere Reserven benötigt, können auch laufende Kohlekraftwerke innerhalb von 15 min Versorgung leisten, ein Hochfahren kalter Kohlekraftwerke benötigt mehrere Stunden. Diese Mechanismen passen Erzeugung und Verbrauch kurzfristig aneinander an. Aufgrund der Schwankungen der Erneuerbaren fällt diese Aufgabe immer schwerer.

Bei den Stromerzeugern handelt es sich zumeist um privatrechtlich organisierte Anbieter, die miteinander konkurrieren. Bekannt sein dürften Firmen wie zum Beispiel RWE oder E.ON, die an der Börse notiert sind. Früher besaßen sie auch die Netze, diese Aufspaltung kam bereits im Kap. 12 zur Sprache. Das Netz bildet weiterhin ein reguliertes Monopol, es gibt also nur einen einzigen Anbieter in jeder Region – diese Regelung gilt übrigens europaweit. Den Strom über große Entfernungen transportieren die sogenannten Übertragungsnetzbetreiber. Hierzulande sind dies 50 Hz, Amprion, TransnetBW und TenneT TSO. Auf regionaler Ebene kommen Verteilnetzbetreiber hinzu, etwa die lokalen Stadtwerke. Diese Monopolisierung ist sinnvoll, denn sie vermeidet Doppelstrukturen. Diese Struktur vermischt staatliche und private Anbieter, in Deutschland kennen wir die öffentliche Hand in Gestalt zahlreicher Stadtwerke und die Privatwirtschaft in Form vieler Kraftwerksbetreiber. Allerdings führt die Heterogenität von Anbietern, Verbrauchern und Infrastrukturbetreibern dazu, dass die Anforderungen an die Netzstabilität wachsen. Speicher, Wechselrichter, Ladeboxen fürs Auto oder andere elektronische Komponenten beeinflussen die Charakteristik des Netzes insgesamt. Aus diesem Grund kann es dazu kommen, dass die Stabilität des Netzes leidet und bisher nicht bekannte Resonanzeffekte auftreten. Ein Beispiel dafür bietet der großflächige Blackout in Spanien und Portugal im April 2025. Vor dem Hintergrund dieser Erfahrungen steht zu befürchten, dass manche Probleme erst nach derartigen Zwischenfällen ins Bewusstsein treten.

14 Die deutsche Energiewende

Aus dem normalen Leben wissen wir, dass der Spruch „viel hilft viel" nicht immer stimmt. Im Gegenteil, eine Überdosis kann große Schäden verursachen. Trotzdem scheint dieser Spruch die Leitlinie für die deutsche Energiewende darzustellen. Es sollen noch mehr Solarpanels und Windräder aufgestellt werden. Die Logik dahinter scheint bestechend: 2024 stammten knapp 60 % der elektrischen Energie von erneuerbaren Trägern, deshalb müssen wir einfach noch mehr davon aufstellen und schon werden es 70, 80 oder 100 %. Weil Solar- und Windstrom nichts kosten, sinken dann die Preise. Leider existiert dieser Zusammenhang nicht und es lässt sich relativ einfach erklären, warum es so ist. Dazu ist zunächst einen Blick auf die Stromerzeugung in Deutschland nötig, genauer gesagt auf die fluktuierenden Erneuerbaren Energien (fEE). Vor allem in den letzten Jahren sind Kapazitäten dazugekommen und Ende 2024 zeigen sich eindrucksvolle Zahlen in Tab. 14.1.

Heute ist mehr als doppelt so viel an Wind- und Solarkraft installiert, wie in Spitzenzeiten benötigt wird. Aufgrund der großen Schwankungen reicht diese Menge nicht aus. Vor allem die Sonne liefert einen vergleichsweise geringen Beitrag, die installierten 90 GWp liefern im Durchschnitt über alle 8760 h des Jahres hinweg nur 7,19 GW. Diese Zahl kommt

E. Heindl, *Energie*, https://doi.org/10.1007/978-3-658-50486-1_14

Tab. 14.1 Erneuerbare Energien am Netz Ende 2024

Energiewandler	Installierte Leistung [GWp]	Durchschn. Leistung [GW]	Erzeugte Strommenge [GWh]
Photovoltaik (PV)	90	7,19	63.000
Windkraft an Land (onshore)	63	12,78	112.000
Windkraft auf See (offshore)	9	2,97	26.000
Summe (fEE)	172	22,93	201.000
Strombedarf	Lastspitze 80	52,70	462.000

Quelle: Energy Charts. Das p bei GWp steht für peak, es beschreibt die maximale Leistung unter Standardbedingungen

zustande, weil es die Hälfte der Zeit dunkel ist, oft schlechtes Wetter herrscht und die Intensität der Sonne im Winter stark nachlässt. Ein weiterer Blick auf die Tab. 14.1 zeigt, wie stark die Erträge von den meteorologischen Rahmenbedingungen abhängen. Die installierte Leistung der Offshore-Windparks beträgt nur 10 % der Photovoltaik (90 zu 9 GW). In der Realität erzeugen sie aber fast halb so viel Strom (63.000 zu 26.000 GWh). Dieser Vergleich zeigt, dass der Bau von Offshore-Windparks hierzulande effektiver ist als neue Solarmodule. Alle Erneuerbaren addiert, sieht der erste Eindruck gut aus: Von den 462.000 GWh Gesamtstromverbrauch in Deutschland stammten im Jahr 2024 immerhin 201.000 GWh von Wind und Sonne. Mit der angepeilten Verdreifachung der installierten Leistung können wir uns daher theoretisch zu 100 % mit den Erneuerbaren versorgen – Stand heute und wenn entsprechende Speicher vorhanden wären. Allerdings soll sich aus Klimaschutzgründen die E-Mobilität ausweiten und auch das Heizen durch Wärmepumpen sowie viele Industrieprozesse sollen weiter elektrifiziert werden. Wo der Strommarkt aktuell 20 % der Primärenergie ausmacht, wird dieser Anteil zukünftig ansteigen. Aufgrund der Effizienz des Stroms sind die Schätzungen von einer Vervierfachung der Stromerzeugung aus den Erneuerbaren plausibel, um den CO_2-Ausstoß halbieren zu können. Anstatt der heute rund 200.000 GWh erzeugten Strommenge wären theoretisch 800.000 GWh nötig.

14.1 Auswirkung des Ausbaus

Praktisch sieht das Ganze etwas schwieriger aus, wenn wir die Verfügbarkeit einbeziehen. Dazu hat der Autor eine Modellierung von PV-Stromproduktion, Verbrauch und dem geplanten Ausbau vorgenommen. Als Grundlage dient ein relativ sonniger Tag in Deutschland im Juni 2024. Die folgenden Abbildungen spiegeln diesen Zusammenhang sehr deutlich wider. Die unterste Linie bildet den realen Tagesverlauf der PV-Produktion ab, darüber liegen Modellierungen einer Verdopplung, Verdreifachung und Vervierfachung der installierten Leistung. Abb. 14.1 zeigt das Prinzip:

Nachts liefert Photovoltaik keinen Strom, die Abb. 14.1 zeigt den steilen Anstieg vormittags und einen ebensolchen Abfall abends. An diesem Tag beginnt der Ertrag ab 6 Uhr, erreicht mittags seinen Höhepunkt und nähert sich gegen 20 Uhr wieder der Nulllinie. Diese zeitliche Verschiebung hängt mit der Sommerzeit zusammen. Abb. 14.2 zeigt die vermutete Situation: Von den oben erwähnten 90 GWp installierter Leistung können nur rund 40 GW geerntet werden. Die durchschnittlichen

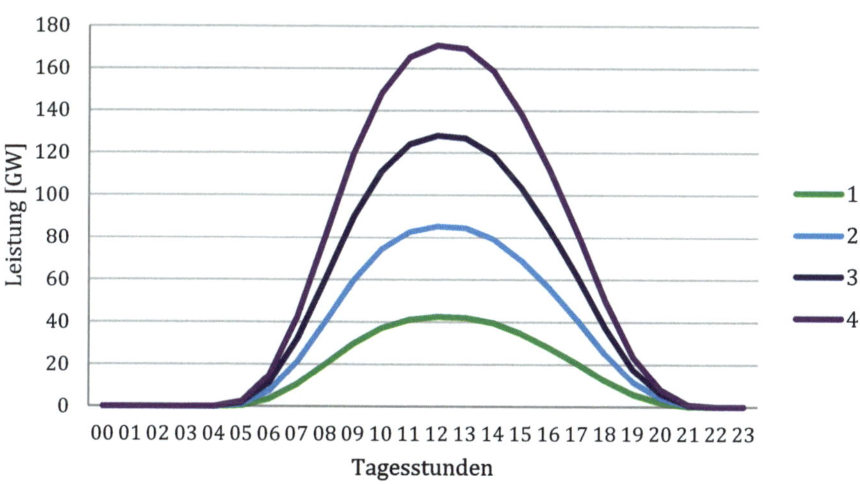

Abb. 14.1 PV-Stromproduktion im Tagesverlauf (26.06.2024). (Quelle: Bundesnetzagentur, eigene Berechnungen)

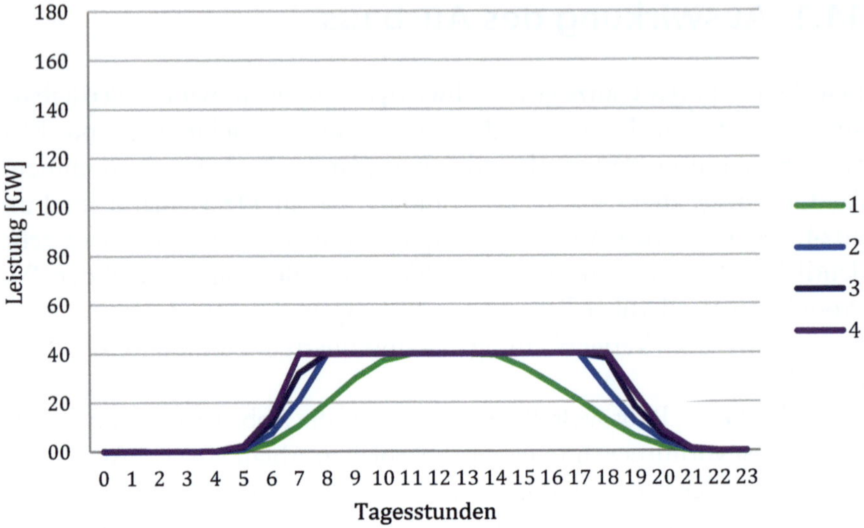

Abb. 14.2 Reale nutzbare Stromlieferung ohne Speicher (12.09.2024). (Quelle: Bundesnetzagentur, eigene Berechnungen)

Lastspitzen des Tages rangieren um die 60 GW und die fehlenden 20 GW stammten unter anderem von Braunkohle und Gas. Warum verbrennen wir fossile Energieträger selbst in Zeiten, in denen genug Sonne da ist? Kohlekraftwerke kann man zum Beispiel nicht kurzfristig an- oder ausschalten, sie müssen zumindest mit geringer Leistung weiterlaufen. Weiterhin erzeugen die rotierenden Massen ein stabiles Stromnetz mit einer festen Frequenz von 50 Hz, das aktuell mit PV und Wind nicht stabilisiert werden kann. Diese Beschränkungen gelten, ungeachtet der installierten Leistung der Erneuerbaren. Diese Rechnung wird nicht besser, wenn Deutschland die existierenden Pläne einer Verdreifachung oder Vervierfachung tatsächlich umsetzen sollte. Auch dann wird bei gleichbleibendem Stromverbrauch bei den genannten 40.000 MW abgeregelt. Diese Situation ändert sich erst, wenn sich Überschüsse an Strom anderweitig nutzen lassen – etwa mit Hilfe von Speichern.

Ein Großteil der Energie aus einem weiteren PV-Zubau lässt sich also nicht nutzen. Die Kosten des abgeregelten Stroms müssen die Stromverbraucher trotzdem bezahlen, das Erneuerbare-Energien-Gesetz verpflichtet zur Vergütung des potenziell produzierten Stroms, auch wenn er nicht gebraucht wird. Die Umlage taucht auf der Stromrechnung oder als Steuer auf, im Jahr 2024 schlug sie insgesamt mit ungefähr 20 Mrd. € zu Buche. Jeder Deutsche hat damit – rein rechnerisch – 250 € für Strom bezahlt, der nicht geliefert werden konnte. Dahinter steckt eine komplizierte Regelung, die Vergütung hängt von vielen Variablen wie Größe und Alter der Anlage oder dem Vorhandensein eines Speichers ab. Sehen Sie im Sommer bei Wind stillstehende Windräder, hängt das wahrscheinlich mit der schon heute übergroßen PV-Leistung zusammen. Denn viele kleinere Solaranlagen lassen sich nicht regeln und speisen ihren Strom immer ins Netz ein. Daher muss Windstrom abgeregelt werden. Diese Situation verschärft sich bei einem weiteren Ausbau von Solar- und Windenergie, und jedes neu errichtete Kraftwerk kann weniger Zeit am Netz sein. Diese Entwicklung lässt sich berechnen und die Ergebnisse sind in Abb. 14.3 dargestellt. Mit der angestrebten Verdreifachung lässt sich nicht dreimal so viel Solarstrom ernten, leider sind nur 32 % der Zusatzleistung auch tatsächlich nutzbar. Diese Berechnung berücksichtigt, dass

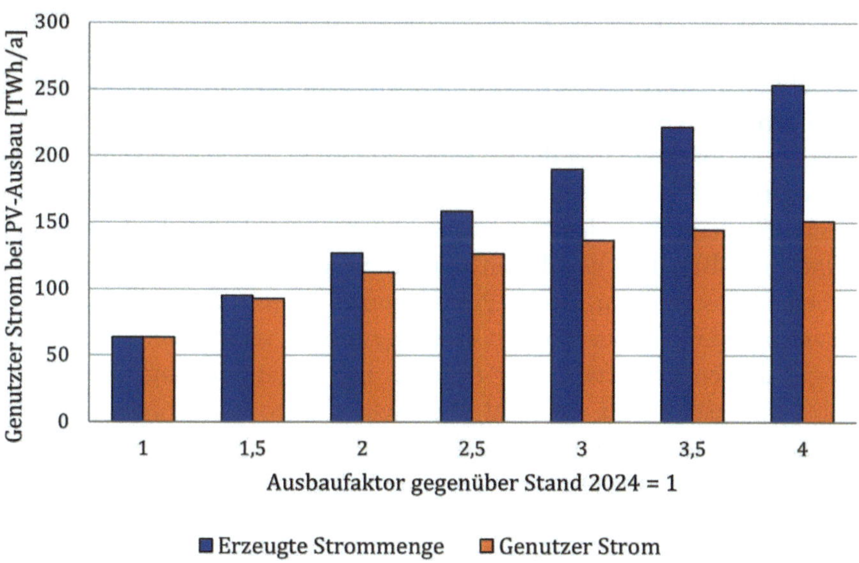

Abb. 14.3 Genutzter Strom bei PV-Ausbau (ohne Speicher). (Quelle: Bundesnetzagentur, eigene Berechnungen)

zum Beispiel im Winter oder an bedeckten Tagen oftmals 100 % genutzt werden können. Trotzdem sind neue Anlagen zu zwei Dritteln ungenutzt. Erst wenn sich der zusätzliche Strom zum Großteil speichern lässt, ergibt er ökologisch und ökonomisch Sinn. Die einfache Rechnung, dass mehr installierte Leistung der Erneuerbaren ebenso viel mehr Ökostrom bringt, gilt nicht. Es zählt nicht der Ausbau, sondern die tatsächliche Nutzung.

Damit lässt sich ein Fazit ziehen: Der weitere Ausbau der Solarenergie in Deutschland ist weitestgehend wirkungslos, solange Stromnetze den zusätzlichen Strom kaum aufnehmen können. Daraus folgt, dass der nutzbare Teil teuer wird. Weil Metalle und andere Materialien trotzdem erforderlich sind, ergibt der Bau solcher Anlagen auch aus ökologischer Perspektive wenig Sinn. Dazu kommt das Problem des sprunghaften Anstiegs der PV-Produktion in den Morgenstunden. Vor allem Abb. 14.2 zeigt eindrucksvoll, wie die die Stromgestehung innerhalb weniger Stunden von Null auf derzeit rund 40 GW springt. Folglich müssen thermische Kraftwerke parallel abgeschaltet werden und abends gilt das Gleiche umgekehrt. In kurzer Zeit müssen die Ersatzkraftwerke den fehlenden Solarstrom ausgleichen. Mit dem geplanten Ausbau würde sich diese Diskrepanz noch vergrößern. Dazu kommen Kosten durch die Einspeisevergütung. Diese sinken zwar stetig, liegen jedoch immer noch über dem tatsächlichen Wert des produzierten Stroms auf dem Strommarkt, der an sonnigen Tagen praktisch nahe null liegt. Aus der geschilderten Überproduktion ergibt sich daher die paradoxe Situation, dass der erzeugte Strom zu negativen Preisen exportiert wird. Zu diesen Herausforderungen im Zusammenhang mit dem Solarstrom kommt der laufende Ausbau der Windkraft. Beziehen wir diesen mit ein, wird jede zusätzliche Solarzelle zu einem Kostenfaktor, dessen Produktion CO_2 emittiert. Solarenergie in Deutschland weiter auszubauen ist nicht sinnvoll, solange keine Speichermöglichkeiten existieren. Wer dagegen im Einfamilienhaus den Akku gleich mitbestellt und vielleicht sogar sein E-Auto in sonnigen Stunden mit Überschussenergie lädt, schafft sich damit die passenden Rahmenbedingungen für eine ökonomisch und ökologisch sinnvolle PV. Er kann Strom selbst herstellen, muss kaum ins Netz einspeisen und sorgt zumindest kurzfristig vor. Allerdings profitiert er hauptsächlich selbst und legt Kosten auf die Allgemeinheit um. So bezieht er im Winter den Strom aus

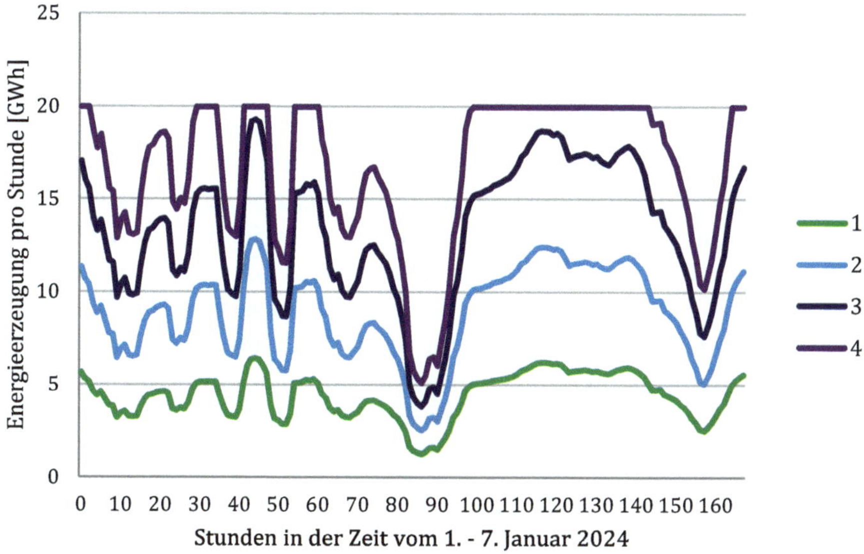

Abb. 14.4 Stromeinspeisung Offshore nach Ausbaufaktoren. (Quelle: Bundesnetzagentur, eigene Berechnungen)

dem Netz, die dafür entstehenden Kosten zahlen über das restliche Jahr jedoch die anderen Verbraucher über die Netzgebühr.

Hinsichtlich der Windkraft zeigt die Projektion des weiteren Ausbaus geteilte Ergebnisse. Im Gegensatz zur PV-Modellierung bilden Wintertage die Grundlage für diese Berechnung, dann weht mehr Wind und Solarstrom ist kaum verfügbar. Zusätzliche Onshore-Anlagen liefern ähnliche Resultate wie die PV, auch hier muss ein Großteil abgeregelt werden. Besser sehen die Rahmenbedingungen für einen weiteren Ausbau der Offshore-Windkraft aus. Auf See weht Wind deutlich gleichmäßiger, und auch wenn an Land Flaute herrscht, liefern die Turbinen in Nord- und Ostsee vielfach noch Strom. Abb. 14.4 zeigt Berechnung des Autors für die erste Woche des Jahres 2024.

Sie enthält den Ertrag bei aktuellem Ausbaustand auf Basis von Zahlen der Bundesnetzagentur. Zusätzlich zeigt sie den weiteren Ausbau mit Faktoren zwischen zwei und vier simuliert. Das Transportlimit kann man über die aktuell verfügbaren Hochspannungsleitungen und zusätzlichen

HGÜ-Leitungen abschätzen, sie erlauben keine Übertragung größerer Strommengen als etwa 20 GW. Die Berechnungen zeigen, dass sich fast der gesamte Strom dieser Beispielwoche selbst bei einem Ausbau um den Faktor drei nutzen ließe. Dieses Fazit gilt auch beim Blick auf das Gesamtjahr, selbst bei einer Verdreifachung der Offshore-Leistung könnte man noch 99 % des erzeugten Stroms ins Netz einspeisen – vorausgesetzt, es steht Leitungskapazität zur Verfügung. Der weitere Ausbau der Anlagen auf See lässt sich also besser nutzen, wobei der Aufwand für den Aufbau der Konverter über dem für Onshore-Anlagen liegt. Abb. 14.5, zeigt diesen Zusammenhang für das erste Halbjahr 2024. Abgebildet sind wiederum die unterschiedlichen Ausbaustufen mit dem ersten Balken als Darstellung des heutigen Ist-Zustandes. Danach folgt ein 50 %-Ausbau (Faktor 1,5) und weiter bis zu einer Vervierfachung gegenüber heute. Die Balken zeigen die eingespeiste Strommenge in Prozent bei 20 GW maximaler Einspeisung. Diese resultiert aus der angenommenen Höchstkapazität der Stromleitungen zu den Windparks auf See.

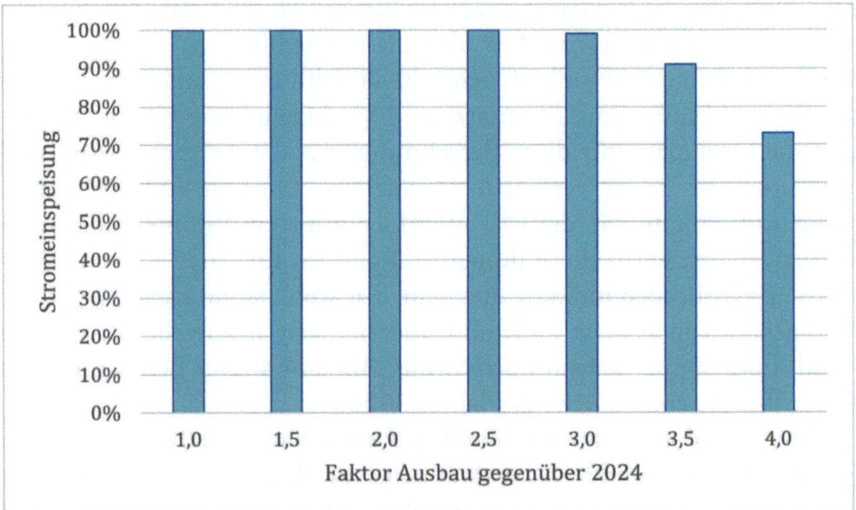

Abb. 14.5 Stromeinspeisung Offshore nach Ausbaufaktoren. (Quelle: Eigene Darstellung und Berechnung)

Interessant ist, dass bei einer Verdreifachung der Offshore-Windanlagen praktisch keine einzige

Abregelung erfolgen müsste. Diese Berechnungen zeigen, dass Deutschland vor allem die Offshore-Windenergie ausbauen sollte.

14.2 Wirkung von Subventionen

Das erfolgt nicht, stattdessen sind Zuwächse vor allem bei der Photovoltaik zu beobachten. Diese Situation ist der öffentlichen Förderung geschuldet. PV-Produzenten erhalten 8 Cent pro kWh je nach Anschlussjahr – unabhängig davon, ob der Strom verwendet werden kann. Angesichts der gefallenen Preise für die Solarpaneele ist es für den Einzelnen ökonomisch sinnvoll, sich zum Beispiel ein Balkonkraftwerk anzuschaffen. Dann nutzt man vorzugsweise die Eigenproduktion und muss nicht den versteuerten Strom vom Versorger inklusive Netzgebühr beziehen, dessen Preis alle Stromkosten abdeckt. Dafür zahlen die Stromkunden insgesamt. Betreiber von Offshore-Anlagen erhalten ebenfalls Geld, allerdings keine adäquate Summe. Staatliche Subventionen verhindern einen fairen Markt beim Strom und die Folge sind Fehlinvestitionen. Der Staat bezahlt die PV-Produzenten für ein Gut, das niemand benötigt, und legt die Kosten dafür auf die Allgemeinheit um. Dieses Geld fehlt für sinnvollere Investitionen, zudem rückt diese Praxis die Erneuerbaren insgesamt in ein schlechtes Licht. Viel hilft viel, gilt daher nicht für den Ausbau von Solar- und Windkraft, dieses Prinzip ist sogar kontraproduktiv. Der Ausbau der Netze auf europäischer Ebene hilft ein Stück weit dabei, Angebot und Nachfrage auszugleichen. Allerdings reichen auch Verbindungen über den gesamten Kontinent hinweg nicht aus, um Deutschland mit Hilfe von Solar- oder Windstrom über eine dreiwöchige Dunkelflaute zu bringen. Oft erstrecken sich derartige Wetterlagen im Winter über das gesamte Nordeuropa.

In diesen Zusammenhang noch ein generelles Wort zur politischen Lenkung: Aus wirtschaftspolitischer Sicht ist ein Politikansatz sinnvoll, der Ziele vorgibt und nicht Technologien. Ein solches Ziel kann zum Beispiel lauten, einen bestimmten Prozentsatz CO_2 einzusparen, die Kosten zu senken oder mehrere solcher Ziele. Wer Technologien vorgibt oder verbietet, verhindert Innovationen. Kein Geldgeber wird investieren, wenn das Ergebnis nicht verkauft werden kann. Man kann heute nicht wissen, welche Technik in zehn Jahren den Durchbruch schafft. Offenheit ist wichtig für Innovationen wie etwa Batterien oder neuartige Wärmespeicher. Diese Offenheit braucht es auch, weil Politik die Entwicklung einzelner Bereiche noch nicht absehen kann. Nicht nur Verbote oder Belastungen bestimmter Technologien wirken oft kontraproduktiv im Hinblick auf das Ziel der CO_2-Reduktion, sondern auch Subventionen oder Prämien. Die Abb. 14.6 zeigt, dass die deutsche Energiewende ihr Ziel verfehlt im Vergleich zu Ländern wie den USA oder dem Vereinigten Königreich – obwohl Amerika immer wieder als abschreckendes Beispiel für mangelnden Klimaschutz genannt wird. In den USA ist die Emission von CO_2 innerhalb der Periode von 2000 bis 2023 um 7,1 t pro Person zurückgegangen, im Vereinigten Königreich um 5,2 t je Einwohner, im durch Subventionen und Verbote gesteuerten Inland hingegen sank der Ausstoß um 3,9 t pro Kopf.

Physikalische Zusammenhänge werden erst dann für alle sichtbar, nachdem bereits viele Ressourcen in eine technische Sackgasse geflossen

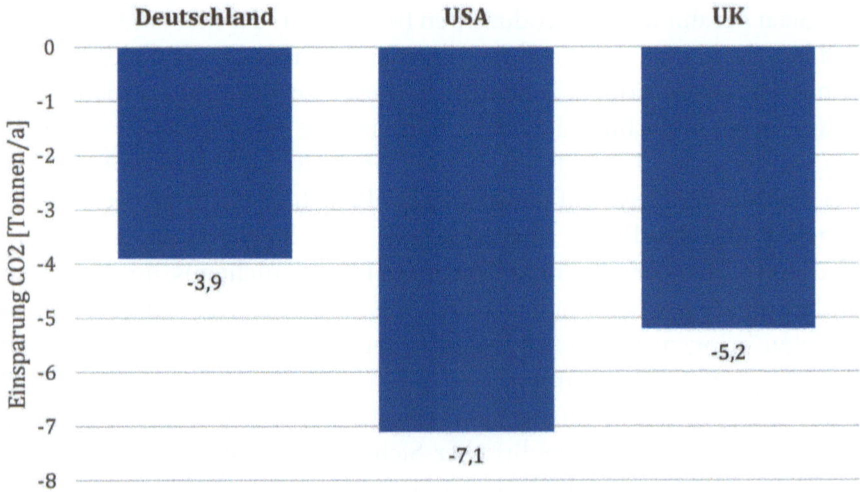

Abb. 14.6 Einsparung CO_2 je Einwohner zwischen 2000 und 2023. (Quelle: OurWorldinData.org/co2-and-greenhouse-gas-emissions | CC BY)

sind. Politische Lenkungsansätze wie Subventionen oder Verbote hintertreiben das Ziel einer unklaren Wirtschaftsförderung. Wird eine CO_2-Einsparung belohnt, entwickeln die Marktteilnehmer die passenden Sparmaßnahmen. Die Kosten für die Gesellschaft sinken insgesamt. Ein solcher Ansatz läge näher an der ursprünglichen Bedeutung des Wortes Energiewende. Dieser Begriff hat bereits einige Jahre auf dem Rücken und stammt von einem Buch des Öko-Instituts in Freiburg aus dem Jahr 1980. Dessen Titel lautete: „Energiewende – Wachstum und Wohlstand ohne Erdöl und Uran." Es ging ursprünglich darum, Wachstum und Wohlstand durch einen Umbau der Energieversorgung zu erhalten.

Energiegeschichten: Energiewende anno 1980

Durch die Ölkrise im Jahr 1973 geriet das Thema Energie plötzlich in den Fokus. Im Mittelpunkt stand die Abhängigkeit von anderen Ländern, damals in Gestalt der Erdölexporteure am Persischen Golf. Zusammen mit anderen Themen wie der Kernenergie unternahm das Freiburger Öko-Institut den Versuch, eine Strategie für die zukünftige Energieversorgung zu entwickeln. 1980 war es so weit und die Forscher veröffentlichten zentrale Thesen:

- Unabhängigkeit von Ölexporten.
- Braunkohle und Steinkohle als eigene Rohstoffe.
- Verzicht auf Atomkraft
- Dezentrale Stromversorgung.
- Arbeitsplätze durch PV- und Windkraftindustrien.
- Sehr viel später kam die CO_2-freie Stromversorgung dazu.
- Weltrettung als Vorbildnation.

Ein Blick auf den heutigen Stand zeigt, dass nur der Atomausstieg tatsächlich umgesetzt wurde. Unabhängig von Importen gibt es nicht, Braunkohle ist die schmutzigste Energieform und sollte ersetzt werden, eine dezentrale Stromversorgung gelingt nicht, die meisten Arbeitsplätze befinden sich in China, trotz des großen Anteils der Erneuerbaren sind die CO_2 Emissionen hoch.

Der Blick auf die Energiewende sollte sich nicht auf die stationären Anwendungen beschränken, schließlich benötigt der Verkehrssektor die meiste Energie. So liegt dessen Verbrauch über der gesamten deutschen Stromproduktion. Von den zuletzt knapp 600 TWh Energie für den

Verkehr pro Jahr stammen rund 7,3 % aus erneuerbaren Quellen, insbesondere Biokraftstoffe und lediglich 1,5 % aus erneuerbarem Strom.[1] Dieser Anteil geht zu zwei Drittel auf das Konto der Bahn. Immerhin fahren Züge zum Großteil mit Strom aus Erneuerbaren, zumindest gemäß den CO_2-Zertifikaten. Der motorisierte Individualverkehr mit seinen Personen- und Lastwagen ist dagegen fast ausschließlich mit Benzin oder Diesel unterwegs. Der kleine Anteil an batterieelektrischen Fahrzeugen wird überwiegend mit herkömmlichem Strom aus der Steckdose geladen und dieser stammt zu einem großen Teil aus Kohle- oder Gaskraftwerken. Biodiesel verfügt zwar über einen gewissen Anteil in dieser Rechnung, dessen Einordnung als klimaschonend ist jedoch nicht ganz zweifelsfrei. Das Fazit ist daher: Im Verkehrssektor gelingt bislang keine Energiewende und dieses Ergebnis wiegt aufgrund seines großen Anteils am Gesamtenergieverbrauch schwer. Der Stand der deutschen Energiewende zeigt, dass wir unseren Anspruch einer Vorbildnation für die Welt bisher nicht einlösen konnten. Vor allem im Hinblick auf den Hauptgrund für die Energiewende ist der Erfolg beschränkt, die CO_2-Emissionen im Vergleich zu anderen Ländern nur wenig gesenkt. Wie sieht es auf globaler Ebene aus?

14.3 Die internationale Energiewende

Der Blick rund um den Globus verdeutlicht, dass die Nutzung der Erneuerbaren zunimmt. Vor allem bei den großen Verursachern von CO_2 wie China zeigen sich erste Erfolge und die Welt insgesamt schwenkt immer mehr auf saubere Energie um. So zeigen derzeit andere, wie es geht. Dies gilt vor allem aufgrund der Anzahl neuer PV-Installationen. Seit vielen Jahren zeigt sich ein exponentielles Wachstum der installierten Leistung, sodass Stand Ende 2024 weltweit circa 2 TW installiert waren. Dieser Wert stellt circa das Zwanzigfache aller PV-Installationen in Deutschland dar. Durch den Kostenvorteil der Solarenergie nutzen

[1] Erneuerbare Energien in Zahlen, Bundesministerium für Wirtschaft und Energie (BMWE), 2025, https://www.bundeswirtschaftsministerium.de/Redaktion/DE/Publikationen/Energie/erneuerbare-energien-in-zahlen-2024.pdf.

immer mehr Menschen sie als Fuelsaver. Heißt: Sie verzichten auf das Verbrennen fossiler Brennstoffe, weil die Solarenergie in vielen Phasen günstiger ist. Salopp ausgedrückt sparen sie also Sprit (they save fuel), wenn etwa der Dieselgenerator Pause macht oder das Kohlekraftwerk seine Leistung reduziert. Global betrachtet gibt das Anlass zur Annahme, dass die Menschheit insgesamt den CO_2-Ausstoß bis 2050 so stark reduziert, dass Ozeane und Pflanzen die verbleibenden 50 % der CO_2-Emissionen in Höhe von 20 Gt pro Jahr absorbieren können. Durch diese Reduktion – Nettonull – lässt sich die Konzentration des Klimagases in der Atmosphäre stabilisieren. Die Temperatur wird in diesem Szenario um ungefähr 2 bis 2,5 Grad ansteigen.[2] Diese Entwicklung lässt sich zwar nicht exakt voraussagen, doch eines Tages könnten Pflanzen und Meere mehr aufnehmen, als die Menschheit produziert. Die Entwicklung in Deutschland spielt auf globaler Ebene keine große Rolle, wir emittieren nur 2 % des weltweiten CO_2.

[2] Zur Aufnahmekapazität der Senken (20 Gt pro Jahr): Friedlingstein, P., et al. (2023): *Global Carbon Budget 2023, Earth System Science Data*, https://essd.copernicus.org/articles/17/965/2025/, die 2-2,5°C Temperaturerhöhung entspricht den SSP2-4.5 Szenarien (Middle of the Road) des IPCC.

15
Mein Zukunftsszenario

Energie bleibt auch in Zukunft eine wichtige Ressource für die Menschheit. Ohne sie lässt sich unsere heutige Zivilisation nicht aufrechterhalten. Egal, ob es um Medizin, Nahrung oder um Wärme- und Mobilitätswünsche geht: Wir werden nur begrenzt auf Strom und andere Energieträger zur Produktion und Verarbeitung verzichten wollen und können. Zudem weisen die 17 Entwicklungsziele der Vereinten Nationen den Weg in eine Welt, in der jeder Einzelne menschenwürdig leben kann. Dabei handelt es sich lediglich um Minimalstandards. Fast alle Staaten auf der Erde streben ein wirtschaftliches Wachstum an, und so steigt der Energiekonsum in Zukunft weiter an. Als weiterer Faktor für einen steigenden Energieverbrauch dürfte sich der Klimawandel erweisen, schließlich sind umfangreiche Anpassungen erforderlich. Diese Liste an Herausforderungen prägt die Konzeption eines Energiesystems, das einerseits die geschilderte Bedarfssituation befriedigen kann und andererseits die Veränderungen an unserem Planeten begrenzt. Es sind also Strategien gefragt, die die Atmosphäre schonen und mögliche Temperaturveränderungen im Rahmen halten. Es ist unstrittig, dass höhere Konzentration von Klimagasen in der Luft zu vermeiden sind. Hier helfen hauptsächlich die Wettbewerbsfähigkeit der Solarenergie und vermutlich neue

E. Heindl, *Energie*, https://doi.org/10.1007/978-3-658-50486-1_15

Kernkraftwerke. Sie werden dafür sorgen, dass ein umfassender Umbau von Kohle, Öl und Gas hin zu CO_2-freien Energiequellen möglich wird. Der Grund ist einfach: Noch stammt der Strom in vielen Gegenden des globalen Südens aus unwirtschaftlichen Quellen, wie Dieselaggregaten. Die günstigen Solarmodule bieten einen ökonomischen Anreiz, die Generatoren tagsüber stillzulegen und vielleicht nur in den Abendstunden darauf zurückzugreifen. Der Dieselverbrauch halbiert sich damit erfahrungsgemäß, da der meiste Strom tagsüber verbraucht wird. Strom für die Beleuchtung lässt sich aufgrund der modernen LED-Technologien vernachlässigen. Somit übernehmen Solarzellen zunächst dort die Stromproduktion, wo heute Dieselgeneratoren oder Gasturbinen im Einsatz sind. Zudem lohnt es sich auch bei Kohlekraftwerken, sie nur dann in Betrieb zu setzen, wenn keine Sonne scheint. Dadurch gehen die CO_2-Emissionen erheblich zurück. Ein Beispiel dafür heißt China. Dort werden zwar immer noch Kohlekraftwerke für die Energiesicherheit gebaut, tatsächlich sank die verbrannte Kohlemenge jedoch 2025 aufgrund der erzeugten Wind- und Solarenergie.

Neben diesen stationären Anwendungen profitiert auch die Mobilität vom Schwenk zu den Erneuerbaren. Bislang dominieren Diesel und Benzin den Verkehr, der Trend geht jedoch weltweit zur Elektromobilität. Vor allem China ist derzeit Vorreiter, im Neuwagensegment werden dort, im Gegensatz zu Deutschland, schon mehr E-Autos als Verbrenner verkauft. Zwar stammt der Strom dafür vielfach aus Kohlekraftwerken, es zeigt sich jedoch eine Verschiebung in Richtung der Erneuerbaren. China bildet nur ein Beispiel der weltweiten Potenziale, vielerorts kann die Solarenergie als Fuelsaver im Bereich Mobilität fungieren. Dabei geht es um erhebliche Mengen, schließlich bildet der Transportsektor die Nummer eins im weltweiten Energieverbrauch – weit vor Gewerbe oder Privathaushalten. Nach der Argumentation des vorliegenden Textes genügt es, wenn Länder mit viel Sonnenschein diese Umstellung vollbringen. Circa 80 % der Menschheit lebt in Ländern mit ausreichendem Sonnenlicht. Zu nennen sind etwa Afrika, Indien, Indonesien, der südliche Teil von China und auch im Wesentlichen die USA und Südamerika. Angesichts der Wachstumsperspektiven in vielen dieser Länder wird in Zukunft dort die meiste Energie verbraucht. Dieses Fazit gilt nicht nur für den Transport, Nachholbedarf zeigt sich auch in anderen Sektoren – siehe die 17

UNO-Ziele. Der dazu erforderliche Strom lässt sich zumeist durch Solarzellen erzeugen und die sinkenden Batteriepreise gestatten es, diesen Strom auch nachts zur Verfügung zu stellen. Ökonomisch rechnet sich dieses Prinzip, weil Batterien vielerorts an fast jedem Tag geladen und entladen werden können. Durch viele Ladezyklen amortisieren sich die entsprechenden Anlagen im Süden sehr schnell.

Aufgrund der geschilderten Rahmenbedingungen ist das weltweite Potenzial für Solarenergie groß und nicht nur im Hinblick auf die CO_2-Reduktion eine erstrebenswerte Energiequelle, sondern auch, weil sie feinstaub- und abgasfrei ist. Durch ihre Funktion als Fuelsaver eröffnet sie die Chance, die heutigen Emissionen von circa 40 Gt CO_2-Äquivalenten pro Jahr auf 20 Gt zu halbieren. Obwohl auch diese Aufgabe ambitioniert ist, erscheint sie dem Autor möglich. Denn dazu braucht es keinen Komplettumbau der Energieversorgung, es wäre nicht nötig alle fossilen Energieträger zu ersetzen. Vielfach dürfte es genügen, die sogenannten „low hanging fruits" zu ernten. Also dort in den Umbau investieren, wo sich der größte Effekt erzielen lässt. Das ist der Fall, wenn sich ein wirtschaftlicher Vorteil ergibt, der gleichzeitig eine CO_2-Reduktion bewirkt, Solarmodule zunächst dort installieren, wo eine große Sonnenausbeute zu erwarten ist. Mit deren Hilfe lässt sich die Verbrennung fossiler Brennstoffe wie Kohle, Öl oder Gas substituieren. Weil Solarstrom in vielen südlichen Ländern tagsüber konkurrenzlos billig ist, besteht ein großer Anreiz für seine Nutzung. Niemand muss teuer tanken, wenn die Sonne das Elektroauto fast kostenlos auflädt. Diese Strategie auch tatsächlich umzusetzen, sollte angesichts der chinesischen Produktionsvolumina und Preise bei den PV-Modulen möglich sein. Aktuell beträgt die Produktionskapazität rund eine TWh pro Jahr. Auch wenn sie nicht mehr groß ansteigen sollte, lässt sich damit ein beachtlicher Zubau erzielen. Unter der Annahme einer typischen Entwicklung der Produktionskapazitäten und angesichts einer langsam auftretenden Marktsättigung, wie in Abb. 15.1 dargestellt, sollte in den nächsten Jahrzehnten die nötige Größenordnung installiert werden. Weiterhin ist die Menge der Emissionen pro Jahr bekannt. Zieht man die möglichen Einsparungen durch Fuelsaver-PV ab, lässt sich demnach 2034 eine Reduktion von heute 40 Gt auf 30 Gt erzielen und im Jahr 2050 eine Reduktion auf die gewünschten 20 Gt.

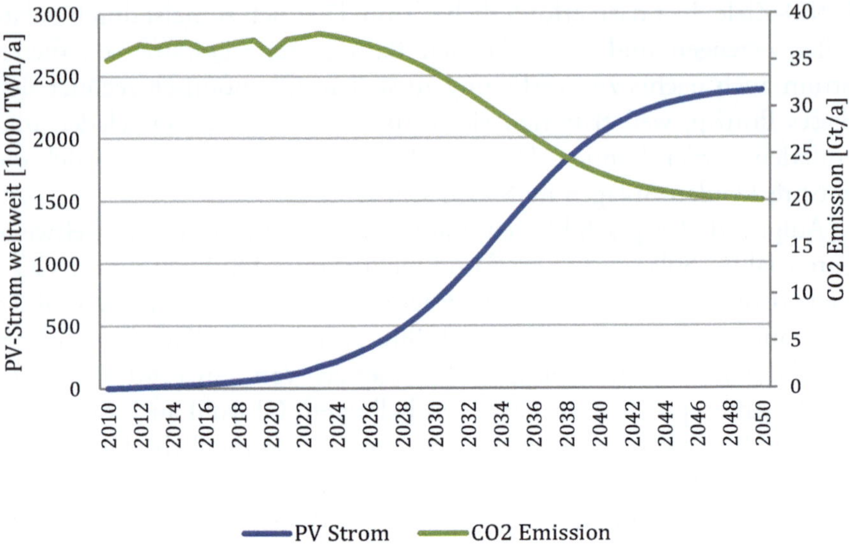

Abb. 15.1 CO_2-Ausstoß und Photovoltaik in Zukunft. (Quelle: Eigene Berechnungen)

Im Kapitel CO_2, Treibhauseffekt und Klima war argumentiert, dass die Natur die verbleibende Menge vollständig aufnehmen kann. Die Konzentration von CO_2 in der Atmosphäre dürfte, bei einem dann voraussichtlich erreichten Stand von circa 500 bis 550 ppm, konstant bleiben. Zwar enthält diese Rechnung keine Steigerungen durch Wirtschaftswachstum, aber auch keine weitere Reduktion der Emissionen durch den Bau neuer Wind- oder Kernkraftwerke. Das Prinzip Fuelsaver gilt nur für viele südliche Länder, in nördlichen Breiten fehlt diese Möglichkeit. Dort macht sich die Sonne von November bis Februar rar, so lassen sich hierzulande im Winter nur fünf Prozent der benötigten Energie aus Photovoltaik gewinnen. Ebenso erscheint es wenig sinnvoll, die Solarenergie über lange Leitungen etwa aus den Wüstengebieten der Sahara nach Europa zu leiten. Der Aufwand wäre hoch – und die Versorgungssicherheit problematisch. Es ist zweckmäßig Solarenergie dort zu installieren und auszubauen, wo die Sonne häufig scheint und direkt genutzt werden kann. Die PV-Ausbauziele in Deutschland und der damit verbundene Ressourcenverbrauch erscheinen vor diesem Hintergrund wenig sinnvoll Typischer als Deutschland für Länder in nördlichen Breiten sind Kanada oder Russland mit geringer Bevölkerungsdichte. Solarzellen lohnen sich aufgrund der geringen Herstellungskosten inzwischen in manchen Fällen auch hierzulande, sie refinanzieren sich im Fall geringer Installationskosten nach 3 bis 4 Jahren und dieser Zeitspanne steht eine Lebensdauer von Jahrzehnten gegenüber. Einschränkungen gelten für den weiteren Ausbau, solange nicht im großen Maßstab wirtschaftliche Speicher zur Verfügung stehen. Global gesehen spielt Deutschland in diesem Zusammenhang keine große Rolle und könnte die Ressourcen sinnvoller einsetzen, z. B. geeigneten Ländern Kredite für die Installation von PV-Systemen geben.

Auch für den Zeitraum nach 2050 zeichnet sich eine Entwicklung ab, die den Autor optimistisch in die Zukunft blicken lässt. Denn schon seit Jahrtausenden erleben wir eine kontinuierliche Entwicklung neuer Technologien, mit deren Hilfe wir Energie günstiger zur Verfügung stellen können. Die Solarenergie zeigt dies heute schon. Auch die Batterietechnik ist noch längst am Ende, sie befindet sich gerade erst am Beginn eines flächendeckenden Einsatzes. Zudem geht der Verfasser davon aus, dass auch andere Technologien wie etwa die Kernenergie oder die Windkraft einen substanziellen Beitrag liefern werden. Bestätigt wird diese Annahme durch einen Blick über den Tellerrand, denn Kernkraftwerke erleben derzeit eine Renaissance in vielen Ländern der Welt. Auf der Klimakonferenz COP28 in Dubai und anschließend auf der COP29 in Baku haben 31 Industriestaaten, ohne Deutschland, vereinbart, den Kernenergieeinsatz bis 2050 zu verdreifachen. Eine Neubewertung dieses Energieträgers kann auch in Deutschland stattfinden, obwohl wir diese Entwicklung derzeit ausblenden. Längerfristig könnte es dazu kommen, dass andere Länder darauf drängen werden, unsere vergleichsweise hohen Emissionen zu reduzieren. Als komplett CO_2-freie Energiequelle kommt aufgrund der geografischen Rahmenbedingungen aus heutiger Sicht die Kernenergie in Frage. Unsere derzeitige Gestaltung der Energiewende erscheint für den Rest der Welt deshalb irrelevant, weil andere Staaten Subventionen für Wind- und Solarenergie nicht bezahlen können. Auf globaler Ebene dürften eher ökonomische Vorteile dazu führen, dass sich die Emissionen halbieren. Dieser Trend zeigt sich zum Beispiel in China, dort sinken die Emissionen bereits. Zwar gibt es regelmäßig Berichte vom Neubau vieler Kohlekraftwerke, gleichzeitig entstehen dort jedes Jahr viele Solaranlagen – circa zehnmal so viele wie in Deutschland. In China fahren ihre Kohlekraftwerke tagsüber oder im Sommer herunter oder liegen still und verbrennen damit im Endeffekt immer weniger Kohle.[1] Diese Infrastruktur dient vorwiegend dazu, in Phasen ohne ausreichende Solar- und Windenergie genug Strom produzieren zu können. Denn es soll auf keinen Fall zu einem Blackout kommen. Deshalb bleibt nur, genügend konventionelle Reserven vorzuhalten. Insgesamt sinkt der Kohleverbrauch und damit sinken auch die CO_2-Emissionen. So zeigt das Jahr 2025 erstmals einen Rückgang im Reich der Mitte, mit Ausnahme der vorübergehenden Effekte der Corona-Jahre.[2] Fairerweise muss man jedoch auch hier einschränken, dass diese Tendenz einem geringeren Wirtschaftswachstum geschuldet sein könnte.

Ein vollständiges Ende der klimaschädlichen Emissionen ist derzeit nicht absehbar. Denn ungeachtet der großen Potenziale der Erneuerbaren sollte man sich vor Augen halten, dass bestimmte Sektoren der Industriegesellschaft weiterhin fossile Brennstoffe benötigen. Vielfach ist es nicht möglich, dass wir diese beliebig zu substituieren, zum Beispiel im Flugverkehr. Mit einer Tankfüllung praktisch die halbe Erde zu umrunden, funktioniert nur, weil der Brennstoff Kerosin eine derartig hohe Energiedichte besitzt und die Turbinen heute ausgesprochen effizient sind. Derzeit sind keine alternativen Energieträger denkbar, um 10.000 km am Stück fliegen zu können. Allerdings steht der Luftverkehr nur für 3 bis 5 % der CO_2-Emissionen weltweit. Er bleibt damit unter der Schwelle dessen, wo unbedingt Aktionismus nötig wäre; längerfristig könnten synthetische Treibstoffe eine Rolle spielen. Auch andere klimaschädliche Prozesse lassen sich kaum eliminieren. Beispiel Nummer eins ist die Herstellung von Zement. Aufgrund des globalen Bevölkerungswachstums und angesichts der verbesserungsbedürftigen Wohnsituation vieler Menschen braucht es neue Gebäude. Zur Einordnung: Jeden

---

[1] China's coal power spree could see over 300 coal plants added before emissions peak, Global Energy Monitor, http://globalenergymonitor.org/press-release/chinas-coal-power-spree-could-see-over-300-coal-plants-added-before-emissions-peak/.

[2] Myllyvirta, L., *Analysis: China's emissions set to fall in 2024 after record growth in clean energy*, Carbon Brief, https://www.carbonbrief.org/analysis-chinas-emissions-set-to-fall-in-2024-after-record-growth-in-clean-energy/.

Monat entsteht in Summe eine Stadt der Größe Manhattans. Neben Zement braucht es dafür auch Stahl und dessen Herstellung ist ebenfalls CO_2-intensiv. Aktuell lassen sich diese Bereiche nicht dekarbonisieren und derzeit sind auch keine entsprechenden Entwicklungen abzusehen. Die Grundzüge eines neuen Energiesystems liegen meines Erachtens nach daher bei:

- Fuelsaver: Solarenergie
- Grundlast im Norden: Kernenergie
- Mobilität: Elektrisch
- Rohstoffe: Verarbeitung, wo die Sonne scheint

Diese Entwicklungen sollen es der Menschheit insgesamt ermöglichen, das CO_2-Problem weitgehend in den Griff zu bekommen und eine Klimakatastrophe abzuwenden. Zwar kommt es wohl zu einer Temperaturerhöhung von 2 bis 3 Grad im Vergleich zum vorindustriellen Niveau, deren Auswirkungen lassen sich nach Ansicht des Autors jedoch beherrschen. Für Schwarzmalerei gibt es deshalb keinen Anlass, weil wir keine genauen Prognosen abgeben können. Die Klimawissenschaft spricht daher von Szenarien, Wörter wie Vorhersage oder Prognose fehlen in den Papieren von Organisationen wie dem IPCC, dem Weltklimarat. Die langfristige Reaktion auf den Temperaturanstieg und welche Strategien zum Einsatz kommen, lässt sich heute nicht sagen. Im 19. Jahrhundert wurden auch nicht alle Dampflokomotiven verboten, nur weil sie die Umwelt verschmutzten. Sie ermöglichten durch ihre Transportleistungen erst den heutigen Wohlstand. Die damaligen Probleme sind gelöst, den Job haben Elektrolokomotiven übernommen. Analog zur damaligen Phase wissen wir heute nicht, auf welche Aspekte es in 100 Jahren ankommt, und können sie nicht ökonomisch planen. Eine Politik der Verbote erscheint nicht sinnvoll. Gleiches gilt auch für Subventionen. Mein Vorschlag heißt, sie für alle Energieträger zu streichen[3] und in Forschung zu investieren – und zwar in alle Richtungen und technologieoffen. Es ist wichtig physikalische Konzepte zu verstehen und einsetzen zu können, anstatt das Ende aller Möglichkeiten zu sehen. Viel hängt von

[3] Prof. Dr. André Thess, „Der Energiegipfel, Ausweg aus dem Klimakampf", LMV (2025).

richtigen Rahmenbedingungen ab. In diesem Zusammenhang erscheint die Wirkung von CO_2-Zertifikaten grundsätzlich positiv, denn sie setzen beim Kern der Sache an. Das Verbrennen fossiler Rohstoffe wird monetär kompensiert, wohingegen der Preis für die Erneuerbaren sinkt. Der Markt tendiert dann zur günstigeren Variante. Unrealistische oder undurchdachte Ziele wie ein „Netto Null" bis 2045 sollten wir meines Erachtens fallen lassen. Denn in Europa dürfen die entsprechenden Zertifikate bis 2050 gehandelt werden und die aus Deutschland übrige Menge wird dann einfach in anderen Ländern verbrannt. Letztlich kosten überambitionierte Klimaziele zwar exorbitant viel Geld, sie vermindern die globalen Emissionen jedoch nicht. Damit werden eher wertvolle Ressourcen verschwendet, die das Weltklima auf andere Weise deutlich effektiver schützen würden.

Anhang

Wichtige Umrechnungsfaktoren

Einheit	Umrechnung	Beschreibung
1 kJ	0,000278 kWh	Kilojoule
1 kWh	3600 kJ	Kilowattstunde
1 kcal	4,1868 kJ	Kilokalorie
1 PS	0,745700 kW	Pferdestärke
1 eV	1,60217733 x 10^{-22} kJ	Elektronenvolt
1 btu	1,05506 kJ	Britische thermische Einheit (british thermal unit)
SKE (1 kg)	29.308 kJ	Steinkohle-Einheit
RÖE (1 kg)	41.868 kJ	Tonne Rohöl-Einheit
1 barrel Öl	5.694.048 kJ	Fass (159 L)
1 m^3 Erdgas	31.736 kJ	Kubikmeter

1 J wird bei einer Leistung von 1 W (W) in 1 s erzeugt.

E. Heindl, *Energie*, https://doi.org/10.1007/978-3-658-50486-1

Glossar

Brownout Im Gegensatz zum Blackout handelt es sich bei einem Brownout um eine regional begrenzte Abschaltung von Verbrauchern vom Stromnetz. Dazu kann es kommen, wenn plötzlich zu wenig Strom vorhanden ist und das Netz stabilisiert werden muss.

Carbon Leakage Carbon Leakage bezeichnet die Verlagerung von CO_2-Emissionen ins Ausland, weil dort weniger strenge Umweltschutzregeln herrschen als im Inland.

CO_2-Emission CO_2 ist die chemische Formel für das Gas Kohlendioxid. Emission meint den Ausstoß dieses Gases hauptsächlich durch Verbrennungsprozesse, wie sie etwa in Motoren oder Kraftwerken zum Einsatz kommen. Bei CO_2 handelt es sich um ein klimawirksames Gas mit Treibhauseffekt.

CO_2-Äquivalent Es gibt neben dem Kohlendioxid noch weitere Gase, die mit der Wärmestrahlung in Wechselwirkung treten und dabei als Treibhausgas wirken, etwa Methan oder Stickoxide. Man versucht, diese mit CO_2 zu vergleichen, um sie einzurechnen. Der Fachausdruck dafür lautet Äquivalent. Das ist wissenschaftlich unsicher, erlaubt aber eine grobe Abschätzung des zusätzlichen Treibhauseffekts.

Dunkelflaute Als Dunkelflauten werden Wetterlagen bezeichnet, in denen gleichzeitig die Windstärken und die Sonneneinstrahlung extrem gering bleiben. In diesen Phasen lässt sich kein oder nur sehr wenig Strom aus diesen beiden Quellen ernten. Vor allem im Mittel- und Nordeuropäischen Winter

E. Heindl, *Energie*, https://doi.org/10.1007/978-3-658-50486-1

können sie über Tage oder Wochen hinweg andauern und sehr große Gebiete umfassen.

E-Fuels Überbegriff für verschiedene, synthetische Kraftstoffe. Als Ausgangsstoffe sollen meist (grüner) Wasserstoff und CO_2 dienen. E-Fuels sollen fossile Brennstoffe ersetzen.

Endenergie Diese Energieform kommt beim Verbraucher letztlich an, etwa in Form von Strom aus der Steckdose oder Benzin im Tank.

Energie Der Begriff Energie bezeichnet die Fähigkeit, eine Arbeit zu verrichten oder Wärme abzugeben. Energie tritt in verschiedenen Formen auf. Weit verbreitete Formen sind mechanisch, elektrisch, thermisch (Wärme) oder chemisch. Mithilfe geeigneter Prozesse kann sie von einer Form in eine andere umgewandelt werden. Dabei wird sie nicht „verbraucht". In der Physik kennt man dieses Prinzip als ersten Hauptsatz der Thermodynamik.

Energiedichte Bei der Energiedichte handelt es sich um eine physikalische Größe, die den Energieinhalt pro Volumen oder Masse angibt. Kernbrennstoffe haben eine extrem hohe Energiedichte, fossile Träger wie Benzin oder Kohle nur ein Millionstel davon. Noch geringer ist die Energiedichte einer Batterie.

Energieeffizienz Bezeichnet das Verhältnis zwischen eingesetzter und genutzter Energie. Meist geht es darum, mit wenig Einsatz viel zu erzeugen.

Energieträger Dieser Begriff bezeichnet Stoffe, die Energie enthalten und transportiert werden können. Darunter fallen Wasserstoff, Methanol, Kohle, Öl oder Erdgas.

Erneuerbare Energien Dieser Begriff bezeichnet Energiequellen, die sich schnell wieder regenerieren. Darunter fallen Sonne, Wind, Wasser, Biomasse und Geothermie.

Fossile Energieträger Dabei handelt es sich um Stoffe, die im Laufe von Jahrmillionen aus toter Biomasse entstanden sind – meist unter Luftabschluss und hohem Druck. Beispiele sind Kohle, Öl und Gas.

Geothermie Unter Geothermie versteht man die Nutzung der in der Erde gespeicherten Wärmeenergie. Man unterscheidet zwischen oberflächennaher Geothermie, die bis in einige hundert Meter Tiefe reicht und vergleichsweise niedrige Temperaturen nutzt, und tiefer Geothermie, die mehrere Kilometer tief reicht und hohe Temperaturen erschließt.

Grundlast Dieser Begriff wird in der Regel mit Bezug auf das Stromnetz gebraucht und meint die Mindestmenge an Strom, die im Tagesverlauf innerhalb eines Netzgebietes benötigt wird.

Halbleiter Halbleiter sind Elemente oder Verbindungen, die Strom nur unter bestimmten Umständen leiten. Darauf basieren die moderne Elektronik und die Solarzelle in der Photovoltaik.

Joule (J) Die nach dem britischen Physiker James Prescott Joule benannte Standard-Einheit für Energie. Sie erlaubt es, ca. 100 g um einen Meter hochzuheben.

Kapazitätsfaktor Begriff für das Verhältnis von tatsächlicher zur maximal möglichen Erzeugung eines Guts. Im Energiebereich sagt der Kapazitätsfaktor, in welchem Anteil der Gesamtzeit ein Kraftwerk Energie produziert. Solarkraftwerke liefern zum Beispiel nur zu 10 bis 20 % der Zeit den maximalen Strom, Windkraftwerke zwischen 20 und 40 %. Besser schneiden fossile Energieträger und die Kernenergie ab, sie bringen es auf 80 bis 95 %.

Kaplan-Turbine Eine Kaplan-Turbine ist eine Art der Turbine, auf die das Wasser axial auftrifft, sie wird zumeist in Flusskraftwerken eingesetzt. Der österreichische Ingenieur Viktor Kaplan hat sie aus der Francis-Turbine Anfang des 20. Jahrhunderts entwickelt.

Kernfusion Bezeichnet die Verschmelzung von zwei leichten zu einem schweren Atomkern unter Freisetzung extremer Energiemengen. Diese Technik befindet sich noch Experimentierstadium. Die Kernfusion ist die innere Energiequelle der Sonne und aller Sterne.

Kernspaltung Eine Art der Kernenergie, bei der ein schwerer Atomkern mit Neutronen beschossen und dadurch in leichtere Atomkerne gespalten wird. Dabei entsteht sehr viel Energie. In Kernkraftwerken dient meist Uran-235 als Spaltmaterial.

Kilowattstunde (kWh) Entspricht der Menge an Energie, die ein System mit einer Leistung von einem Kilowatt in einer Stunde aufnimmt oder abgibt.

Lastgang Bezeichnet den Verlauf des Strombedarfs über eine bestimmte Zeit, etwa über die 24 h eines Tages.

Lastmanagement Unter Lastmanagement (Demand Side Management) versteht man die Steuerung des Stromverbrauchs beim Nutzer, um Netze stabil zu halten.

Lastmanagement Unter Last wird beim Strom üblicherweise der Verbrauch bezeichnet. Reichen die Erzeugerkapazitäten nicht aus, steuern die Netzbetreiber den Verbrauch – sie schalten zur Not bestimmte Verbraucher ab oder verschieben Bedarfe in eine weniger kritische Zeit. Lastmanagement versteht man eine aktive Steuerung des Stromverbrauchs

Leistung Bezeichnet die Energiemenge, die pro Zeiteinheit umgesetzt wird. Die Einheit dafür lautet Watt (W). Beispiel: Eine Glühlampe mit 100 W verbraucht in einer Stunde 100 Wh (0,1 kWh) Energie.

N plus eins Regel Bezeichnung für ein Sicherheitsprinzip, wonach immer eine Einheit mehr vorhanden sein muss, als eigentlich nötig wäre. Im Stromnetz muss immer eine weitere Hochspannungsleitung verfügbar sein, damit ein Leitungsausfall abgefangen werden kann.

Netzfrequenz Im deutschen Stromnetz fließt Wechselstrom, dessen Plus- und Minuspol wechselt also ständig hin und her, 50-Mal pro Sekunde. Diese Frequenz nennt man Netzfrequenz, die Einheit dafür heißt Hertz oder 1/Sekunde. Bei einem Über- oder Unterangebot von Strom steigt oder sinkt die Netzfrequenz. Das kann zum Steuern von Kraftwerken verwendet werden.

Netzstabilität Im Stromnetz müssen Angebot und Nachfrage stets ausgeglichen sein. Wird mehr verbraucht, schalten die Netzbetreiber Kraftwerke hinzu und umgekehrt. Angesichts der stark fluktuierenden Produktion der Erneuerbaren, erfordert dieser Ausgleich immer mehr Aufwand, um diese Netzstabilität aufrecht zu erhalten.

Nutzenergie Am Ende der Umwandlungsprozesse erhält man die eigentlich gewünschte Nutzenergie. Diese Energieform wird tatsächlich für die gewünschte Dienstleistung verwendet. Dabei handelt es sich zum Beispiel um Licht, Wärme oder Bewegung.

Pelton-Turbine Diese Bauart der Turbine wurde 1879 von dem amerikanischen Ingenieur Lester Pelton erfunden. Sie erinnert äußerlich an ein Rad mit Löffeln. Das Wasser wird tangential darauf geleitet und die Bewegungsenergie mit sehr hohem Wirkungsgrad in Rotation umgewandelt. Sie kommt bei sehr hohem Wasserdruck zum Einsatz.

Photovoltaik (PV) Bezeichnet das Prinzip, Sonnenlicht mithilfe von Halbleitern in Strom umzuwandeln. Basis ist der photoelektrische Effekt. In der Praxis werden Solarzellen aus Silizium mit einem pn-Übergang genutzt. Die Schreibweise im Deutschen ist oft auch Fotovoltaik.

Power-to-X Fachbegriff für verschiedene Technologien, mit denen sich Strom in andere Energieträger umwandeln lässt. Ein Beispiel dafür ist Power-to-Gas, womit in der Regel Wasserstoff, der elektrolytisch gewonnen wird, gemeint ist.

Primärenergie Ursprünglich in der Natur vorkommende Energieformen wie Kohle, Erdöl, Wind, Sonnenlicht. Diese sind noch nicht in eine für den Menschen nutzbare Energie wie Strom oder Bewegung umgewandelt.

Pumpspeicherkraftwerk Ein Pumpspeicherkraftwerk nutzt ein hoch gelegenes Wasserreservoir, dessen Wasser bei Bedarf über Leitungen und Turbinen in ein Unterbecken abgelassen wird, um Strom zu erzeugen. Bei Stromüberschuss wird Wasser wieder nach oben gepumpt. Diese Technik ist die preisgünstigste und weltweit am weitesten verbreitete Speicherform für große Strommengen, insbesondere in gebirgigen Ländern.

Redispatch Vor allem aufgrund der Schwankungen erneuerbarer Energieträger kommt es öfter zu einem unvorhergesehenen Unter- oder Überangebot von Strom in bestimmten Gebieten. In diesen Fällen schalten die Netzbetreiber Kraftwerke ungeplant zu oder ab, um Angebot oder Nachfrage auszugleichen.

Sektorenkopplung Steht für die Verbindung der Sektoren Strom, Wärme und Verkehr, um die vorhandene Energie so effizient wie möglich einsetzen zu können. Damit soll die Herausforderung entschärft werden, dass die erneuerbaren Energieträger nicht nach Bedarf, sondern nach Wetterlage Strom erzeugen.

Sekundärenergie Bereits umgewandelte Energieformen, etwa Benzin aus Erdöl oder Briketts aus Kohle. Bei Sekundärenergie handelt es sich um das Resultat technischer Prozesse, um Primärenergie nutzbar zu machen.

Smart Grid Auf Deutsch „intelligentes Netz". Steht für Stromnetze mit digitalen Steuerungsmöglichkeiten, um Stromerzeugung und -verbrauch in Echtzeit auszugleichen. Diese ermöglichen es beispielsweise, ein Auto dann automatisch zu laden, wenn ein Stromüberschuss vorhanden ist.

Smart Meter Darunter versteht man intelligente Stromzähler, die den Verbrauch digital erfassen und über das Internet steuerbar sind. Mit dieser Technik können die Verbraucher einerseits auf variable Preise reagieren, andererseits können die Netzbetreiber Verbraucher angebotsgerecht steuern – beispielsweise aus der Ferne ausschalten.

Synchronmaschine Als Synchronmaschinen werden Generatoren mit sehr großen, rotierenden Massen bezeichnet. Diese finden sich vor allem in herkömmlichen Kraftwerken, die etwa mit Kohle, Gas, Kernkraft oder Wasser betrieben werden. Aufgrund der großen Trägheit dieser rotierenden Masse stabilisieren sie Netzfrequenz und Spannung – was Solar- und Windkraftwerke nicht ohne Weiteres können.

Systemdienstleistungen Im Zusammenhang mit den Stromnetzen sind hier technische Leistungen der Netzbetreiber gemeint, um einen stabilen Betrieb zu gewährleisten. Es geht vor allem darum, Frequenz, Spannung und Leistungsbelastung innerhalb von Grenzwerten zu halten. Zum Beispiel darf die Frequenz nicht mehr als 0,2 Hz von den üblichen 50 Hz abweichen.

Umrichter Diese elektronischen Komponenten wechseln Gleich- in Wechselstrom um und umgekehrt. Diese braucht es beispielsweise, um den Gleichstrom aus PV-Anlagen oder Speichern in die übliche Wechselspannung des Stromnetzes umzuwandeln. Sie nennen sich Wechselrichter.

Wasserstoff Wasserstoff ist ein chemisches Element mit dem Symbol H und der geringsten Atommasse. Allerdings kommt es auf der Erde immer als Molekül mit zwei Atomen vor (H2). Wasserstoff ist das häufigste chemische Element im Universum, auf der Erde ist es meist im Wasser gebunden. Wasserstoff findet sich in sehr vielen organischen Substanzen. Im Energiezusammenhang soll H2 vor allem als Energieträger und Speichermedium fungieren.

Wirkungsgrad Bezeichnet das Verhältnis zwischen eingesetzter und nutzbarer Energie. Zum Beispiel wandelt ein Kohlekraftwerk mit 40 % Wirkungsgrad genau 40 % der in der verbrannten Kohle enthaltenen Energie in Strom um.

Übertragungsnetzbetreiber Bezeichnet die Unternehmen, die das Hochspannungsnetz eines Landes betreiben. In Deutschland gibt es vier davon, 50 Hz, Amprion, TransnetBW und TenneT TSO.

Literatur

Alt, Franz (2009): Die Sonne schickt uns keine Rechnung: Neue Energie – Neue Arbeit – Neue Mobilität, Piper Verlag

Bayerische Akademie der Wissenschaften (2012): Die Zukunft der Energieversorgung: Atomausstieg, Versorgungssicherheit und Klimawandel

Bojanowski, Axel (2024): Was Sie schon immer übers Klima wissen wollten, aber bisher nicht zu fragen wagten: Der Klimawandel zwischen Lobbygruppen und Wissenschaft, Westend Verlag

Buchholz, Martin (2016): Energie – Wie verschwendet man etwas, das nicht weniger werden kann? Springer

Droste-Franke, Bert (2012): Balancing Renewable Electricity (Energy Storage Demand Side Management and Network Extension from an Interdisciplinary Perspective), Springer

Eberhardt, Wolfgang (2025): Unser Planet im Wandel, im Selbstverlag erschienen

Ebert, Vince (2022): Lichtblick statt Blackout: Warum wir beim Weltverbessern neu denken müssen, dtv

Evers, Arno A. (2010): Hydrogen Society, Hydrogeit Verlag

Freris, Leon; Infield, David (2008): Renewable Energy in Power Systems, Wiley

Ganteför, Gerd (2024): Plan B für das Klima: Mit den Kräften der Natur den Klimawandel bewältigen, Westend Verlag

E. Heindl, *Energie*, https://doi.org/10.1007/978-3-658-50486-1

Gulia, Nurbej V.; Krenz, Rainer (1989): Der Energiekonserve auf der Spur: Wunschtraum und Wirklichkeit der Speicherung von Energie, Mir Verlag

Hahn, Wilfried (2023): Kernenergie jetzt?!: Warum uns die Energiewende Wohlstand und Frieden kostet, Orgshop

Kafka, Peter (1982): Streitbriefe über Kernenergie, R. Piper

Klimstra, Jacob; Hotakainen, Markus (2011): Smart Power generation, Avain Publishers

Kostner, Sandra (2019): Identitätslinke Läuterungsagenda: Eine Debatte zu ihren Folgen für Migrationsgesellschaften, ibidem

Laar, Michael (2023): Autochthone Architektur weltweit: was wir von unseren Vorfahren lernen können, Deggendorf: Technische Hochschule Deggendorf

Mach, Manfred (2015): Speicherung von elektrischem Strom – Voraussetzung jeder Energiewende, Rhombos-Verlag

Peters, Aribert (2010): Energie für Verbraucher, Bund der Energieverbraucher

Peters, Björn (2025): Schluss mit der Energiewende! Warum Deutschlands Volkswirtschaft dringend Ökologischen Realismus braucht, Orgshop

Popp, Matthias (2010): Speicherbedarf bei einer Stromversorgung mit erneuerbaren Energien, Springer

Radermacher, Franz Josef (2024): All in!: Energy and Prosperity for a Growing World, Murmann Verlag

Rieck, Christian (2020): Die 36 Strategeme der Krise – erfolgreich werden, wenn andere scheitern, Independently published

Rüegg, Walter (2024): Zeitalter der Ängste: aber fürchten wir uns vor dem Richtigen? Edition Königstuhl

Sanders, Charles L. (2009): Radiation Hormesis and the Linear-No-Threshold Assumption, Springer

Schernikau, Dr. Lars; Smith, William Hayden (2022): Unbequeme Wahrheiten: über Strom und die Energie der Zukunft, Independently published

Schlauch, Rezzo (2015): Keine Angst vor der Macht: Die Grünen in Baden-Württemberg, Emons Verlag

Sieren, Frank (2021): Shenzhen – Zukunft Made in China: Zwischen Kreativität und Kontrolle – die junge Megacity, die unsere Welt verändert, ABOD Verlag

Sieren, Frank (2023): China to go: Wirtschaft, Gesellschaft, Kultur – 100 innovative Trends und erhellende Einblicke, Penguin Verlag

Sinn, Hans-Werner (2018): Auf der Suche nach der Wahrheit: Autobiografie, Herder Verlag

Sterner, Michael; Stadler, Ingo (Hrsg.) (2019): Handbook of Energy Storage: Demand, Technologies, Integration, Springer

Thess, André (2025): Der Energiegipfel: Ausweg aus dem Klimakampf, Langen-Müller

Unkonventionelle Pumpspeicher – Schlüsseltechnologie der zukünftigen Energielandschaft? (2015): Tagungsband zum Forum „Unkonventionelle Pumpspeicher" (21. und 22. November 2013), Cuvillier Verlag

University of Europe for Applied Sciences (2022): Brokdorf bleibt: 1972–2021. Eine Gemeinde, ein Kernkraftwerk, viele Geschichten, UE publishing practices

Wehrle, Nico (2024): Die Kosten von erneuerbarer Stromerzeugung mit Energiespeicherung: Eine techno-ökonomische Berechnungsmodellierung auf der Grundlage realer Daten aus Windkraft und Sonnenkraft, Springer Vieweg

Weinberg, Alvin M. (1994): The First Nuclear Era: The Life and Times of a Technological Fixer, American Institute of Physics

Weitere Quellen

AG Energiebilanzen e.V. (2023): Anwendungsbilanzen zur Energiebilanz Deutschland, https://ag-energiebilanzen.de/wp-content/uploads/2023/11/AGEB_23p2.pdf

AG Energiebilanzen e.V. (2025): Energieverbrauch in Deutschland, Daten für das 1. bis 4. Quartal 2024, https://ag-energiebilanzen.de/wp-content/uploads/2025/01/quartalsbericht_q4_2024.pdf

Arbeitsgemeinschaft Energiebilanzen: https://ag-energiebilanzen.de

BDEW: https://www.bdew.de/service/daten-und-grafiken/bdew-strompreisanalyse/

BDEW: https://www.bdew.de/presse/pressemappen/gaspreis-und-co-2-preis/

BMWK: https://www.bmwk.de/Redaktion/DE/Artikel/Energie/kohlepolitik.html

BP Statistical Review of World Energy: https://www.bp.com/en/global/corporate/energy-economics.html

Bundesministerium für Umwelt, Naturschutz, nukleare Sicherheit und Verbraucherschutz (2021): Umweltradioaktivität und Strahlenbelastung: Jahresbericht 2020, https://doris.bfs.de/jspui/bitstream/urn:nbn:de:0221-2023092039261/3/Jahresbericht2020.pdf

Busch, Wolfgang et al.: Pumpspeicher für die Energiewende – Spitzentechnologie auf Eis?

Climatic Research Unit: https://www.uea.ac.uk/groups-and-centres/climatic-research-unit

Council on Clean Transportation: https://theicct.org/

EnergieSchweiz, Bundesamt für Energie BFE (2023): Batterien für Elektrofahrzeuge, https://pubdb.bfe.admin.ch/de/publication/download/11364

Energy Institute: https://ourworldindata.org/fossil-fuels#coal-reserves

Europäische Umweltagentur: https://www.eea.europa.eu/en/analysis/publications/harm-to-human-health-from-air-pollution-2024

Forum Ökologisch-Soziale Marktwirtschaft (2023): Energiekosten: Wie hoch ist die Belastung der Industrie? https://foes.de/publikationen/2024/2024_12_FOES_Energiestueckkosten_Industrie.pdf

Forum Ökologisch-Soziale Marktwirtschaft (2023): Was Braunkohlestrom wirklich kostet. https://foes.de/publikationen/2018/2018-06-25-GPE-Studie-Braunkohle.pdf

Fraunhofer ISE: https://www.ise.fraunhofer.de/content/dam/ise/de/documents/publications/studies/DE2024_ISE_Studie_Stromgestehungskosten_Erneuerbare_Energien.pdf

Gapminder: https://www.gapminder.org/

Global Wind Atlas: https://globalwindatlas.info/en/

International Aluminium Institute: https://international-aluminium.org/

Jahresbericht 2013, Bundesamt für Strahlenschutz (BfS), https://doris.bfs.de/jspui/bitstream/urn:nbn:de:0221-2014061911433/3/BfS-Jahresbericht-2013.pdf

Jessica Lovering, Land-use intensity of electricity production and tomorrow's energy landscape (https://doi.org/10.1371/journal.pone.0270155.g001)

Knebel, Pascal; Buchmüller, Christian (2020): POWER-TO-COOL, Wege der Dekarbonisierung der Energieversorgung für Kühlzwecke, https://www.fh-westkueste.de/fileadmin/Dateien/Forschung/ITE/2020-11_Power-to-Cool_final.pdf

Statistisches Bundesamt (Destatis) (2022): Umweltökonomische Gesamtrechnungen, Private Haushalte und Umwelt. https://www.destatis.de/DE/Themen/Gesellschaft-Umwelt/Umwelt/UGR/_inhalt.html

Statistisches Bundesamt, Statistischer Bericht (2024): Umweltökonomische Gesamtrechnungen. Energiegesamtrechnung. Berichtszeitraum 2010–2022. https://www.destatis.de/DE/Themen/Gesellschaft-Umwelt/Umwelt/_inhalt.html

The Energy Institute (2024): Statistical Review of World Energy (https://www.energyinst.org/statistical-review)

Umweltbundesamt (2019): Wohin geht die Reise? Luftverkehr der Zukunft: umwelt- und klimaschonend, treibhausgasneutral, lärmarm, Dessau-Roßlau, https://www.umweltbundesamt.de/system/files/medien/1410/publikationen/uba_fb_wohin-geht-die-reise.pdf

Universität Oldenburg: https://uol.de/aktuelles/artikel/der-grosse-einfluss-der-turbulenz-386

Stichwortverzeichnis

E. Heindl, *Energie*, https://doi.org/10.1007/978-3-658-50486-1

MIX
Papier aus verantwortungsvollen Quellen
Paper from responsible sources
FSC® C105338

If you have any concerns about our products,
you can contact us on
ProductSafety@springernature.com

In case Publisher is established outside the EU,
the EU authorized representative is:
Springer Nature Customer Service Center GmbH
Europaplatz 3, 69115 Heidelberg, Germany

Printed by Libri Plureos GmbH
in Hamburg, Germany